当代西方心灵哲学中的自然主义弱化走向研究

陈丽 —— 著

A Study on the Weakening Trend of Naturalism in Contemporary Western Philosophy of Mind

中国社会科学出版社

图书在版编目（CIP）数据

当代西方心灵哲学中的自然主义弱化走向研究 / 陈丽著 . —北京：中国社会科学出版社，2023.9

ISBN 978 - 7 - 5227 - 2447 - 8

Ⅰ. ①当… Ⅱ. ①陈… Ⅲ. ①心灵学—研究—西方国家　Ⅳ. ①B846

中国国家版本馆 CIP 数据核字（2023）第 154466 号

出 版 人	赵剑英
责任编辑	朱华彬
责任校对	谢　静
责任印制	张雪娇

出　　版	中国社会科学出版社
社　　址	北京鼓楼西大街甲 158 号
邮　　编	100720
网　　址	http://www.csspw.cn
发 行 部	010 - 84083685
门 市 部	010 - 84029450
经　　销	新华书店及其他书店
印刷装订	北京市十月印刷有限公司
版　　次	2023 年 9 月第 1 版
印　　次	2023 年 9 月第 1 次印刷
开　　本	710×1000　1/16
印　　张	16.75
插　　页	2
字　　数	224 千字
定　　价	98.00 元

凡购买中国社会科学出版社图书，如有质量问题请与本社营销中心联系调换
电话：010 - 84083683
版权所有　　侵权必究

目 录

第一章 自然主义的起源、演变与类型 …………………… (1)
 第一节 "自然主义"的概念辨析 ………………………… (2)
 第二节 自然主义的起源与演进过程 …………………… (12)
 第三节 自然主义的基本观点 …………………………… (20)
 第四节 自然主义的分类 ………………………………… (37)

第二章 表征自然主义 ……………………………………… (52)
 第一节 关于感觉经验的表征概念辨析 ………………… (53)
 第二节 意向性的表征解释 ……………………………… (63)
 第三节 内省的表征解释 ………………………………… (66)
 第四节 感受性质的表征解释 …………………………… (73)
 第五节 意识的表征解释 ………………………………… (78)

第三章 近似自然主义 ……………………………………… (84)
 第一节 关于第一人称观点的还原方案及其问题 ……… (85)
 第二节 关于第一人称的取消方案及其问题 …………… (95)
 第三节 本体论自然主义的谬误 ………………………… (107)
 第四节 第一人称观点的本质 …………………………… (113)

第四章　朴素自然主义 …………………………………………（121）
   第一节　从心身关系问题到常识心理学的地位问题………（121）
   第二节　笛卡尔二元论的遗产………………………………（128）
   第三节　物理主义与整分论概念……………………………（132）
   第四节　物理主义同一论的谬误……………………………（138）
   第五节　常识心理学解释的实质……………………………（143）

第五章　认知多元论……………………………………………（152）
   第一节　后还原主义、非还原主义与非统一性现象………（152）
   第二节　认知多元论对自然主义的超越……………………（158）
   第三节　认知结构的普遍原则………………………………（162）
   第四节　从认知多元论到一元论基础上的实在多元论……（171）

第六章　多元论自然主义………………………………………（177）
   第一节　适合形而上学的多元主义语言……………………（177）
   第二节　从多元主义语言到多元论自然主义………………（180）

第七章　生物学自然主义………………………………………（186）
   第一节　唯物主义和二元论意识观的预设及其问题………（187）
   第二节　意识的本质特征及其在自然中的位置……………（190）
   第三节　意向性是一种生物学现象…………………………（194）

第八章　先验自然主义…………………………………………（200）
   第一节　心灵哲学的"怪圈模式"与先验自然主义　……（202）
   第二节　意识的隐结构………………………………………（208）
   第三节　空间概念革命及其障碍……………………………（212）

第九章　自然主义二元论 ……………………………………（225）
　　第一节　意识的困难问题和容易问题 …………………（225）
　　第二节　随附性与泛心原论 ……………………………（229）
　　第三节　意识科学及其形而上学基础 …………………（233）

结　语 …………………………………………………………（241）

主要参考文献 …………………………………………………（251）

后　记 …………………………………………………………（261）

第 一 章

自然主义的起源、演变与类型

20世纪下半叶以来,一度沉寂的自然主义重新走到了西方哲学特别是英美哲学舞台的中心,甚至有人说当代哲学的一个趋势是发生了"自然主义转向"①。在这场"转向"中,自然主义逐渐成了一种"占主导地位的世界观",成了"哲学界的一种意识形态",或者说成了各派哲学家区别"敌我"的一个"口令",成了一个"公认的信条"或时尚风潮,正如大卫·帕皮诺(D. Papineau)所说:"如今几乎每个人都想成为'自然主义者'。"② 金在权(J. Kim)也说,当今多数哲学家都把自然主义作为一个基本承诺,而且这种承诺还充满了帝国主义色彩,企图独霸一切。③ 可以说,在当代心灵哲学中,尽管各派学说之间存在巨大分歧,但是不仅还原论者、信息论者、非还原物理主义者、功能主义者、进化论者说

---

① P. Kitcher, "The Naturalists Return", *Philosophical Review*, vol. 101, pp. 53 – 114; B. Stroud, "The Charm of Naturalism", in M. De Caro et al (eds.), *Naturalism in Question*, Cambridge: Harvard University Press, 2004, p. 21.

② 参见 L. R. Baker, *The Naturalism and First-Person Perspective*, Oxford: Oxford University Press, 2013, p. 3; S. Horst, *Beyond Reduction*, Oxford: Oxford University Press, 2007, p. 12; W. L. Craig et al (ed.), *Naturalism: A Critical Analysis*, London and New York: Routledge, 2000, p. xi; J. Ritchie, *Understanding Natrualism*, Acumen, 2008, p. 1; D. Papineau, *Philosophical Naturalism*, Oxford: Blackwell, 1993, p. 1.

③ J. Kim, "Mental Causation and Two Conceptions of Mental Properties", unpublished paper delivered at the American Philosophical Association Eastern Division Meeting, Atlanta, Georgia, December 27 – 30, 1993, pp. 22 – 23.

自己是自然主义者，甚至连一些属性二元论者也声称自己的理论是自然主义理论。在这种风潮的影响下，"自然化"成为一场哲学浪潮，"认识论的自然化""语义学的自然化""信念的自然化""意向性的自然化"，尤其是"心灵的自然化"都成了哲学中的时髦话题。当代的自然主义转向，具有重要的意义。德·卡罗（M. De Caro）等人说，这种转向"代表着哲学关于自身以及哲学与科学关系方面的一个重要转向，即使人们对怎样理解这一转向的本质尚未达成一致意见"，分析哲学的命运在很大程度上就与当代科学自然主义的命运息息相关。① 詹姆斯·马登（J. D. Madden）指出，我们不但很难将最近有关心灵的哲学讨论与各种版本的自然主义分开，而且"如果自然主义是正确的，它对于心灵有何意义"这一问题恰恰给很多当代心灵哲学家提供了最大推动力。② 汤姆·克拉克（Tom Clark）则认为："关于我们自身的自然主义观点对于人际间的态度和社会政策具有先进的、人道的意义。世界观的自然主义由于强调我们与宇宙以及与我们当前环境的全部关系而为通向个人的、社会的和存在的关切的有效途径奠定了基础。"③

第一节 "自然主义"的概念辨析

在当代的自然主义转向中，存在一种矛盾现象：一方面，几乎所有人都高举自然主义的大旗，宣称自己的理论是自然主义理论，但另一方面人们却没有对"自然主义"的词义和用法做出清晰的辨析。事实上，"自然主义"一词具有很大的歧义性，在不同的哲学

---

① M. De Caro et al (eds.), *Naturalism in Question*, Cambridge: Harvard University Press, 2004, pp. 13, 1–2.

② J. D. Madden, *Mind, Matter & Nature: A Thomistic Proposal for the Philosophy of Mind*, Washington, D. C.: The Catholic University of America Press, 2013, p. 1.

③ T. Clark, "Worldview Naturalism in a Nutshell", http://www.naturalism.org/worldview-naturalism/naturalism-in-a-nutshell.

家那里往往有不同的甚至截然相反的意义。杰西·霍布斯（J. Hobbs）说，虽然自然主义是哲学圈的人普遍做出的一个承诺，但人们并未对其基本假设做出系统的考察和论证，流行的自然主义意识形态掩盖了很多具体的看法。① 斯特劳德（B. Stroud）也指出，"自然主义"在某些方面与"世界和平"有点类似，即尽管每个人都发誓要献身世界和平，但对于做什么合适、做什么是可以接受的，却存在广泛的争议。他说："就像世界和平一样，一旦你着手具体说明它究竟包含什么、如何实现它，达到并维持一种前后一致的、唯一的'自然主义'就会变得越来越困难。"② 分析这一现象的原因，主要有三个方面。

首先，由于自然科学在解释和预言实践中取得了巨大成功，人们以为"自然主义"或"自然主义纲领"的意义一目了然、无须赘言，其动机和正确性也显而易见，因此很少对"自然主义"的意义作出规定和解释，从而无形中忽视了掩藏于其"光鲜"表面背后的巨大分歧。

其次，由于"自然主义"如今是一个好词，几乎没有人愿意被别人称作非自然主义者，但由于不同哲学家的具体主张存在差异，为了将自己归入自然主义阵营，他们通常会对自然主义做出对己有利的解释，如自然主义承诺较弱的哲学家会对"自然主义"的标准设得低一点、宽松一些，而持强自然主义立场的哲学家则对"自然主义"设置了更高、更严格的标准，因此尽管人们都使用了"自然主义"这个词，但对它的解释却千差万别。

最后，从构词法上看，"naturalism"是由"natural"和"-ism"组成的，因此对"naturalism"的理解主要取决于对"nat-

---

① J. Hobbs, "Naturalism: A Contemporary Shibboleth?" Paper presented at NEH Summer Institute on Naturalism, University of Nebraska at Lincoln, June. 1993.
② B. Stroud, "The Charm of Naturalism", in M. De Caro et al (eds.), *Naturalism in Question*, Cambridge: Harvard University Press, 2004, p. 22.

ural"（"自然的"）作何理解，但恰恰在这个问题上人们的认识差异悬殊。有的哲学家认为，"natural"与"normative"（"规范的"）相对，其本质是描述性的，因此意向的、伦理的、美学的实在因其具有规范性特征而不是"自然的"。有的哲学家则认为，"natural"与"artificial"（"人工的""人造的""人为的"）相对，指的是"天然的""自发的""未经人类干预或加工的"。人们日常所说的"纯天然食品"表达的就是这种意义。科学哲学家亚瑟·法恩（A. Fine）在阐明其自然的本体论态度时就说：这种态度就是"尽量按其自身的情况来看待科学，尽量不给科学增加东西"①。数学哲学家佩内洛普·玛迪（P. Maddy）也说："哲学不是根据数学之外的理由来批评数学并对数学的改革提出建议""从数学之外的任何观点来判断数学方法，在我看来似乎都违背了自然主义的精神，即相信成功的事业……应当根据其自身的情况来理解和评价。"②还有的哲学家认为，"natural"与"supernatural"（"超自然的"）相对，但对于什么是超自然的又有不同的认识。例如，有的哲学家说非物质的东西就是超自然的东西，据此共相、数、集合、命题等抽象实在和信念、愿望等意向实在都是超自然的；有的认为只有神、灵魂、幽灵等虚无缥缈的东西才是超自然的，抽象实在、意向实在等尽管不是物质的但也不是超自然的；还有的则认为一切超出科学范围、不能做出自然解释的东西都是超自然的。例如，在琳妮·贝克（L. R. Baker）看来，"自然的"至少有两种用法：一种用法指任何不是超自然的东西或者不是处于自然领域之外的东西，另一种用法是指与科学相联系的东西，尽管这两种用法都坚持自然的东西必须与自然规律一致，但第二种用法还强调自然的东西必须派生于自然规律或者受自然规律引导。简单说，一种用法是指没有超自然因素

---

① A. Fine, *The Shaky Game: Einstein Realism and the Quantum Theory*, Chicago, IL: University of Chicago Press, 1996, p. 149.

② P. Maddy, *Naturalism in Mathematics*, Oxford: Clarendon Press, 1997, pp. 171, 184.

的东西,另一种用法是指受科学限制的东西。① 不过,对于以什么样的科学和自然解释为标准,哲学家之间又存在分歧,有的说只能以物理学和物理解释为标准,有的则承认其他科学及其解释的自主性。麦克阿瑟(D. Macarthur)就根据对科学的不同理解而将自然主义分为三类:第一类是极端的自然主义,认为所说的科学就是物理学;第二类是狭义的自然主义,承认其他自然科学不能还原为物理学,但同时主张所说的科学仅限于自然科学;第三类是广义的自然主义,认为科学既包括自然科学也包括人文社会科学。② 因此,正如斯特劳德所说,在当代关于自然主义的讨论中,"人们所争执的通常不是要不要成为'自然主义者',而是什么该、什么不该被包括在一个人的'自然'概念中。这是真正的问题,而且这导致了深层次的意见分歧"③。

从词源学上看,"自然主义"(naturalism)一词出现在17世纪三四十年代,最初表示"基于自然本能的行动",1750年之后它开始表示一种关于世界以及人性与世界关系的哲学观点,1850年之后又指文学艺术领域的一种潮流。④ 一般认为,当代自然主义的灵魂和核心精神体现在威尔弗雷德·塞拉斯(W. Sellars)的这句口号中:"科学是一切事物的尺度:是存在的东西存在的尺度,也是不存在的东西不存在的尺度。"⑤ 但哲学家们没有对这句口号的意义做出准确的、没有争议的解释。迈克尔·雷(M. Rea)指出:"在某

---

① L. R. Baker, *The Naturalism and First-Person Perspective*, Oxford: Oxford University Press, 2013, p. 14.
② D. Macarthur, "Taking the Human Sciences Seariously", in M. De Caro et al (eds.), *Naturalism and Normativity*, New York: Columbia University Press, 2010, p. 126.
③ B. Stroud, "The Charm of Naturalism", in M. De Caro et al (eds.), *Naturalism in Question*, Cambridge: Harvard University Press, 2004, p. 22.
④ D. Harper, "naturalism", *Online Etymology Dictionary*, 16 Sep. 2016. < Dictionary.com http://www.dictionary.com/browse/naturalism >.
⑤ W. Sellars, "Empiricism and the Philosophy of Mind", in *Science, Perception, and Reality*, London: Routledge & Kegan Paul, 1963, p. 173.

种意义上,对于自然主义该如何考虑普通的物质对象的问题,实际上还没有一种清晰的回答,这是因为(迄今为止)尚未对成为一个自然主义者是什么意思作出一种清晰的回答。"① 金(J. C. King)也说,自然主义概念在当代明显缺乏精确的定义,你问多少个哲学家自然主义是什么,你就会得到多少种不同的回答。② 而根据弗拉纳根(O. Flanagan)的概括,"自然主义"一词的词义多达14种。③ 由于相关的概念缺乏清晰明确的说明,"自然主义"其实是一个混杂的、包含有多种含义的概念,在不同的领域有不同的意义和用法。例如,在有关宗教的文献中,就有两种宗教自然主义,一种表示根据自然主义解释宗教的倾向,如斯宾诺莎、爱因斯坦等就持有这样的思想,认为神就是自然,还有一种(通常被称作"自然宗教")反对用启示来解释宗教信仰,认为信仰源于纯粹理性。在伦理学中,自然主义指的是根据适用于自然现象的概念来分析伦理学概念的理论,根据这种自然主义,道德谓词与自然科学或经验科学的谓词描述的是相同的东西。在哲学中,"自然主义"也被用于指称原子论、经验论、唯物论、物理主义等各种不同的学说。在相关文献中,对"自然主义"最常见的理解是,认为它是"超自然主义"的对立面,即表示否定神、灵魂、幽灵等超自然实在的学说,从肯定的方面说,自然主义是指这样一种观念或信念,即认为世界上存在和起作用的只有自然的规律和力量,除了自然事物之外不存在别的东西。简言之,存在的只有自然界。还有一种理解是认为"自然主义"表示对有争议的实在或概念(如规范属性、意向属性、抽象概念等)进行自然化的学说。当然,不同的哲学家在具体

---

① M. Rea, "Natrualism and Material Objects", in W. L. Craig et al (eds.), *Naturalism: A Critical Analysis*, London and New York: Routledge, 2000, p. 110.

② J. C. King, "Can Propositions be Naturalistically Acceptable?" *Midwest Studies in Philosophy*, 19 (1994), pp. 53 - 75.

③ O. Flanagan, "Varieties of Naturalism", in P. Layton et al (ed.), *Oxford Handbook of Religion Philosophy*, Oxford: Oxford University Press, 2006, pp. 430 - 452.

的解释方面又有很大差异。例如，有的哲学家说，自然主义表示一种本体论的或形而上学的观点，有的认为它指一种认识论的或方法论的观点，有的则认为它不是一种统一的立场，而是指由各种不同的观点所构成的松散集合体；有的哲学家认为，自然主义的本体论只接纳物质对象，有的认为抽象对象、意向对象等也能包括于其中，而有的哲学家甚至认为自然主义与上帝、灵魂等非自然的或超自然的东西也是相容的；有的哲学家认为，自然主义与物理主义或唯物主义是一回事，有的则否认它等同于任何特定的本体论。罗伊·塞拉斯（R. W. Sellars）早在20世纪初就指出，自然主义是一种含混不清的学说："与其说它是承认一种得到了清晰陈述的学说，不如说它是承认一种方向。"[①] 吉尔（R. N. Giere）也说，哲学中的自然主义"更多指的是一种关于研究对象的总的进路而不是具体的学说。在哲学中，只有通过最一般的本体论或认识论的原理，进而更多的是通过它所反对而不是赞同的东西，才能对自然主义的特征进行刻画"[②]。迈克尔·雷则认为，自然主义根本不是一种哲学立场，而是"一种研究纲领"，即一项以特殊的方式从事研究的计划，而构成自然主义纲领的主要是这样一项计划，即在发展哲学理论时使用且只使用自然科学的方法。[③]

尽管不同的人所说的"自然主义"不尽相同，但他们也有共同的主张。贝克指出，自然主义作为科学的哲学伴侣，是一种在英美占支配地位的世界观，它有很多种类，但各种自然主义至少有两点共同的承诺：（1）都承认科学是关于实际上存在什么以及我们如何

---

① R. W. Sellars, *Evolutionary Naturalism*, Chicago: Open Court Press, 1922, p. vii.
② ［美］罗纳德·N. 吉尔：《自然主义》，载［英］W. H. 牛顿－史密斯主编《科学哲学指南》，成素梅、殷杰译，上海科技教育出版社2006年版，第370页。
③ M. Rea, "Natrualism and Material Objects", in W. L. Craig et al (eds.), *Naturalism: A Critical Analysis*, London and New York: Routledge, 2000, pp. 110–111.

认识它的发现者；（2）都否认任何具有超自然意味的东西。① 帕皮诺（D. Papineau）认为，"自然主义"一词当前的用法主要来自20世纪上半叶的美国哲学的争论。在美国自然主义哲学家看来，自然是唯一的实在，不存在"超自然的"东西；科学方法应当被用于研究包括"人的精神"在内的一切实在领域。在他看来，当代绝大多数哲学家都接受了这样的自然主义，"他们都既反对'超自然的'实在，又承认科学是获得关于'人的精神'的重要真理的一条可能路径（即使不一定是唯一的路径）"②。莫里斯（M. Morris）在说明自然主义时认为，它可以概括为这样的观点："唯一真实的事实是自然科学的事实，或者说只有自然科学的陈述是真实的陈述。"换言之，自然主义就是这样的主张："世界就是由自然对象和自然现象组成的世界，这些对象的唯一属性是自然属性，它们之间的关系是自然关系。简言之，只存在自然事实、自然科学真理。"③ 在刘易斯（C. S. Lewis）看来，自然主义的基本主张是：自然是自行运转的；自然在解释上是自足的。也就是说，自然的实在和过程给我们提供了解释一切可解释之物的丰富资源。④ 舍费尔斯曼（S. D. Schafersman）在对各种自然主义解释进行综合后指出，自然主义主要包含如下主张："（1）自然就是存在的一切，任何存在或发生的东西都是自然的；（2）自然（世界或宇宙）只是由自然因素即时空性的物质因素——物质和能量——构成的，而非物质因素——心灵、观念、价值、逻辑关系等——要么是与人脑联系在一起的，要么是不依赖于大脑而存在的，因而是以某种方式内在于宇宙的结构

---

① L. R. Baker, *The Naturalism and First-Person Perspective*, Oxford: Oxford University Press, 2013, p. 3.

② D. Papineau, "Naturalism", *Stanford Encyclopedia of Philosophy*, http://plato.stanford.edu/entries/naturalism/.

③ M. Morris, "Mind, World and Value", in A. O'Hear (ed.), *Current Issues in Philosophy of Mind*, Cambridge: Cambridge University Press, 1998, p. 303.

④ C. S. Lewis, *Miracles*, New York: Harper Collins, 1947, pp. 7–8.

之中的；(3) 自然的运行是借助于遵循自然规律的自然过程，一切事物原则上都可以由科学和哲学作出解释和理解；(4) 超自然的东西是不存在的，也就是说，只有自然是真实的，因而超自然的东西是不真实的。因此，自然主义是一种与超自然主义对立的形而上学立场。……此外，自然主义是形而上学实在论的一个子集。"① 麦克阿瑟将当代各种自然主义立场的共同承诺称作"基本自然主义"(basic naturalism)，认为它主要包含以下三点：(1) 反对超自然主义，反对任何超自然的东西，无论是超自然的实在还是超自然的心灵能力；(2) 人是自然的一部分，可以由科学做出恰当的研究；(3) 自然主义者尊重自然科学的结论。②

大体来说，人们对自然主义的理解通常包含肯定和否定两个方面。从否定的方面看，自然主义是对超自然主义的否定，即认为世界上不存在"神或设计者"，不存在灵魂、鬼怪、幽灵等超自然的东西，任何非自然主义的或与自然主义不一致的观点都是错误的。从肯定的方面看，又有两个维度。一个是本体论维度，主张只存在科学的自然概念，只有与之一致的东西才有存在地位，否则就不存在，这是强调自然主义是一种关于世界上存在什么的观点；另一个是认识论或方法论维度，主张由于存在的一切都属于自然界，因此我们在进行解释和预言时只能利用自然的因素、规律、力量和方法，简言之，哲学探讨与科学研究具有连续性，这是强调自然主义也是一种理解和研究方法。就这两个维度的关系来说，两者是密切相关的，因为"你对自然界是什么样子的认识，对于你怎样研究其中的事物以及你所认为的理解它们的最好方法是有影响的"③。具体

---

① S. D. Schafersman, "Naturalism is Today An Essential Part of Science", http://www.stephenjaygould.org/ctrl/schafersman_nat.html.
② D. Macarthur, "Taking the Human Sciences Seariously", in M. De Caro et al (eds.), *Naturalism and Normativity*, New York: Columbia University Press, 2010, pp. 124-125.
③ B. Stroud, "The Charm of Naturalism", in M. De Caro et al (eds.), *Naturalism in Question*, Cambridge: Harvard University Press, 2004, p. 22.

来说，本体论的方面支配着认识论的方面，因为只有对自然界中存在什么或者自然界是什么样子做出了说明，认识论方面才有具体的、实质性的内容。

需要注意的是，当代的自然主义更多的不是在与超自然主义相对立的意义来理解的。斯特劳德指出，要认清当代自然主义转向的意义，首先要弄清楚当代自然主义反对什么、所谓"自然主义转向"要摆脱或否定什么。他说，在自然主义与超自然主义相对立的意义上，哲学中是没有发生最近的自然主义转向的，因为至少在过去的一百年间，大多数哲学家都认为任何关于人的信念和知识何以可能的令人满意的解释都只涉及自然界的过程和事件，而不会诉诸超自然的因素，也就是说，在非超自然主义的意义上，大多数哲学家都是自然主义者，这是件好事，但不是新闻。① 德·卡罗也认为，哲学中关于超自然物的观念是与神学和笛卡尔二元论联系在一起的，但这种观念对于理解当代的自然主义是没有帮助的，因为尽管以前的自然主义是根据对上帝或非物质灵魂的拒斥来理解的，但现在关于自然主义的主要问题是出现在哲学而非神学领域，大多数心灵哲学家早就抛弃了笛卡尔二元论。在他看来："'自然主义'一词除了被用于指称否定上帝的存在或表示反对心身二元论之外，通常还被用于表示一个人接受了一种科学哲学，或者表示对一些据说引起争议的实在或概念'进行自然化'的努力。"② 格滕普兰（S. Guttenplan）更是直截了当地指出，从历史上看，"自然的"与"超自然的"相对，而当代心灵哲学争论的聚焦点是能否将心理现象解释为自然秩序的一部分，在此语境下，与"自然的"相对的概念不

---

① B. Stroud, "The Charm of Naturalism", in M. De Caro et al (eds.), *Naturalism in Question*, Cambridge: Harvard University Press, 2004, pp. 22 – 23.

② M. De Caro et al (eds.), *Naturalism in Question*, Cambridge: Harvard University Press, 2004, pp. 2 – 3.

是"超自然的"而是"非自然的"。① 当代自然主义者的目标是心灵、动因、规范性等的自然化,即将它们纳入自然秩序之中,尽管反对自然主义的人认为这样的目标难以实现,但他们并不承诺任何超自然的东西。质言之,与传统自然主义相比,当代自然主义之"新"不在于它反对超自然主义,而在于它重新勘定了哲学与科学的关系,抛弃了"第一哲学"的神话,将科学作为判定事物真实存在的最后仲裁者,将科学作为认识自然、获取知识的最好方法,并努力在自然秩序中为心灵、动因(agency)、规范性等找到一个位置,或者说对它们进行"自然化"。泰伊(M. Tye)说:"很多当代哲学家都认为,极其重要的一个构想是提出一种令人满意的自然主义心灵理论。人们担心如果没有这样一种理论,心理现象就将永远是一个谜。"② 田平也指出:"当代心灵哲学的一个重要特点就在于它的将心灵自然化的目标与视角。"而将心灵自然化就是将心灵纳入到自然的秩序之中,并对心灵的本质和作用等作出一种与自然科学相一致的解释。③ 可以说,"自然化"是当代西方哲学中盛行的自然主义的研究纲领和操作方法,它主张:从最基本的层面来说,世界是物理的、自然的,我们的科学本体论、心理学本体论乃至形而上学本体论都是关于自然事物及其属性的本体论。而自然事物及其属性有基本与非基本之别。前者因得到了物理学等基本科学的研究和认可,因此其存在是确定无疑的,而后者则需要说明,说明的方法就是分析它们与基本事物和属性的关系。如果它们能同一于基本事物和属性,或者能从科学上说明它们随附于基本属性,或者是由基本属性实现的,它们就得到了自然化、被纳入了自然秩序,从而就是存在的,否则就不存在。因此,能否被自然化是判断对象是

---

① S. Guttenplan (ed.), *A Companion to the Philosohpy of Mind*, Cambridge, Mass: Blackwell, 1995, p. 449.
② M. Tye, "Naturalism and the Mental", *Mind*, Vol. 101, 1992, p. 421.
③ 田平:《自然化的心灵》,湖北教育出版社2000年版,第4、13页。

否存在的本体论标准，自然化也是当代自然主义转向所关注的核心问题。①

第二节　自然主义的起源与演进过程

"自然主义"一词出现得比较晚，但自然主义思想却历史悠久。斯特劳德说，在整个人类思想史上，与"自然""自然的"对象或关系以及"自然主义"研究方式有关的观念，比其他任何观念都运用得广泛，可以说不同的时代、不同的地方、出于不同的目的都有运用。② 一般认为，自然主义的观念可以追溯到古希腊早期的自然哲学。在传统印度哲学中，自然主义是印度教六个正统学派中的胜论派、正理派和非正统学派查伐伽（Carvaka）的基础。中国古代的"气论"则是具有鲜明中国特色的自然主义思想。大体来说，西方自然主义思想主要经历了以下几个发展阶段或者说有以下几种类型。

一是古典自然主义阶段。这是自然主义的萌芽期，有代表性的哲学家有泰勒斯、德谟克利特等前苏格拉底自然哲学家以及亚里士多德、伊壁鸠鲁、卢克莱修等。希腊人最初同其他民族一样是以神话的世界观来看待周围的世界的，自然界在他们眼中常常是混乱的、神秘的、变化无常的，人在自然面前只能听从命运的摆布。古希腊哲学的一大进步是逐步摆脱了这种神话世界观，认为自然是非人格的本原，虽然自然有时被等同于神，但它其实是统摄世界的最高抽象原则，而不是与人同形同性的神；自然作为本原是运动变化的自因，事物的存在和运动具有内在的必然原因，而不受外在的神

---

① 高新民：《意向性理论的当代发展》，中国社会科学出版社2008年版，第454页。
② B. Stroud, "The Charm of Naturalism", in M. De Caro et al (eds.), *Naturalism in Question*, Cambridge: Harvard University Press, 2004, p.21.

的支配；秩序和原则都能借助经验观察和理性思辨被发现。① 简而言之，古希腊哲学对世界形成了一种不同于神话而又系统的理性自然观，它把自然作为一个独立于人的东西加以整体地看待，把自然界看成一个有内在规律的、其规律可以为人们把握的对象，同时还发展了复杂精致的数学工具，用以把握自然界的规律。② 这种看待世界、思考世界的原因和秩序的新看法标志着人类思想的一大进步，为自然主义奠定了坚实的基础。

二是近代机械论自然主义阶段。这是自然主义的形成期，主要代表人物有斯宾诺莎、霍布斯、休谟、穆勒、斯宾塞、赫胥利（T. H. Huxley）、海克尔（E. Haeckel）等。这个阶段的自然主义起源于启蒙时代兴起的对宗教的反判，尤其是对宗教所主张的超自然力量和神学世界观的批判，最初主要表现为一种社会和思想解放理论，但随着发展其矛头也指向了与宗教世界观紧密相联的唯心主义、唯灵论等哲学体系。近代自然主义的主要动力来自科学尤其是牛顿力学和达尔文进化论的发展及其不断增长的解释力，可以说近代自然主义是以自然科学为范式而建立起来的，如斯宾诺莎按照几何学模式建立了"伦理学"，休谟以牛顿物理学为榜样建立了"人性科学"，海克尔依据达尔文进化论建立了"一元论哲学"。近代自然主义作为一种世界观、一种关于人与世界关系的总观点，因受近代科学关于世界的机械论图式的影响③，具有鲜明的机械论特征，如有些自然主义者将人的精神活动归结为感官活动，并最终还原为机械运动，得出了"人是机器""心灵是物质"的结论。当然，尽管

---

① 赵敦华：《西方哲学简史》，北京大学出版社 2001 年版，第 4 页。
② 吴国盛：《科学的历程》（第二版），北京大学出版社 2002 年版，第 61 页。
③ 赵敦华先生指出，机械论不仅是近代唯物主义的特征，而且是近代哲学的普遍特征，当时的各哲学派别都受到自然科学的影响而有机械论的倾向，吴国盛先生则将近代机械论的世界观概括为四个方面：第一，人与自然相分离；第二，自然界的数学设计；第三，物理世界的还原论说明；第四，自然界与机器的类比。这些都可看作近代自然主义发展的重要理论背景。参见赵敦华《西方哲学简史》，北京大学出版社 2001 年版，第 171—173 页；吴国盛《科学的历程》（第二版），北京大学出版社 2002 年版，第 239—240 页。

不同哲学家的具体看法存在差异，但他们都主张包括人在内的一切现象都可以用纯自然的术语来解释，而无须诉诸超自然的力量，正如舍费尔斯曼所说，近代自然主义者中"的每一个都想通过发现纯自然的规律来解释自然的过程和对象，以此成为他那个时代——以及科学——的牛顿"①。

三是实用主义的自然主义阶段。它主要流行于美国，在19世纪末20世纪初逐渐形成，20世纪三四十年代达到了巅峰，"二战"后随着主要倡导者的离世特别是逻辑实证主义和分析哲学对美国哲学的影响而走向衰落，其主要代表有桑塔亚那（G. Santyanna）、罗伊·塞拉斯、柯恩（M. R. Cohen）、伍德布里奇（F. J. E. Woodbridge）、杜威（J. Dewey）等。实用主义的自然主义既反对唯物主义本身，又反对心灵与自然、超自然的与自然的等一切形式的二元论，认为它们是最终导致唯心主义的柏拉图—笛卡尔图画的残余，为了克服这些二元论，就要强调统一的自然秩序。实用主义的自然主义主要有两大派别：一派是"纽约自然主义"（New York naturalism）或经验主义的自然主义，本质上是方法论的自然主义，它不是强调构成自然的"材料"，而是强调自然及其多层次的统一，"传统的心—身、自然的—超自然的、个人的—社会的、事实—价值等二元性，都通过诉诸动态的自然过程而非还原为物质的基础，而得到克服。这个起统一作用的因素是普遍的经验主义方法论，而不是还原的形而上学"②。这一派主要包括伍德布里奇的"古典自然主义"、柯恩的"科学自然主义"和杜威的"实验自然主义"等。另一派是以桑塔亚那和罗伊·塞拉斯为代表的"唯物主义自然主义"，实质上是本体论的自然主义。他们和上一派一样，也拒斥

---

① S. D. Schafersman, "Naturalism is Today An Essential Part of Science", http：//www.stephenjaygould.org/ctrl/schafersman_nat.html.

② ［英］托马斯·鲍德温编：《剑桥哲学史（1870—1945）》（上），周晓亮等译，中国社会科学出版社2011年版，第524页。

二元论，也以承认物理对象的相互作用为基础，并把科学当作我们理解这些相互作用的根本途径，但他们认为杜威等人所坚持的自然主义是"半心半意、精疲气短的"自然主义。在他们看来，自然只是整个物质过程的系统，物质过程具有完全不依赖于我们的设计的自在自为的本体论地位，它们在任何经验出现以前很久就开始了，在经验消失以后很久仍将继续存在，因而我们不应仅仅工具主义地看待科学理论，还应对科学理论持实在论的观点，把它看成为我们世界的根本的东西和结构提供了最好的说明。①

四是语言的或逻辑的自然主义阶段。这种自然主义盛行于20世纪中叶，是自然主义在语言分析哲学中的继续，其代表人物主要有维特根斯坦以及石里克（M. Schlick）、卡尔纳普（R. Carnap）、亨普尔（C. G. Hempel）等逻辑实证主义者。这种自然主义的一个主要动力是维特根斯坦的意义理论。维特根斯坦在《逻辑哲学论》中表达了这样的自然主义思想：能说的东西就是能用自然科学命题表达的东西。他从其独特的批判哲学出发，根据其关于语言和意义的观点，断然否认存在非自然的实在、存在非自然的知识，认为形而上学语言都是胡说。在此意义上，也可以将他的自然主义称作批判的自然主义。②石里克等逻辑实证主义者受维特根斯坦的自然主义观点及其早期思想的逻辑—语言形式的影响，进一步指出：以为自然科学的经验方法所能到达的因果链之外还有东西存在，是应予否弃的观点。在他们看来，认识和解释自然是科学家的任务，哲学家的工作是要弄清楚在我们想认识事物时，这种认识的概念和逻辑条件是什么。哲学关注的对象主要是语言，哲学研究的是命题的意义，其任务不是要建立科学理论，而是说明命题有没有意义，"是分别明确的思想与含混的思想，发挥语言的作用与限制语言的乱

---

① 参见［英］托马斯·鲍德温编《剑桥哲学史（1870—1945）》（上），周晓亮等译，中国社会科学出版社2011年版，第526—528页。

② 高新民：《意向性理论的当代发展》，中国社会科学出版社2008年版，第452—453页。

用，确定有意义的命题与无意义的命题，辨别真的问题与假的问题，以及创立一种精确而普遍的'科学语言'"①。换言之，他们认为哲学的目标是对科学进行语言分析，而语言分析的基本方法就是证实原则。对心理语言进行这种分析的结果，导致了对心灵的这样一种理解：一方面将心理学纳入自然科学的框架之中，另一方面将传统的心灵哲学问题作为没有意义的问题而排斥于关于心灵的科学研究之外。

五是科学自然主义阶段。科学自然主义是20世纪下半叶以来英美哲学中"正统的"或占主导地位的自然主义，其代表人物主要有奎因（W. V. O. Quine）、威尔弗雷德·塞拉斯、帕皮诺、阿姆斯特朗（D. M. Armatrong）、罗森伯格（A. Rosenberg）等。科学自然主义的兴起与奎因的自然主义思想密切相关。如有的学者所指出的，奎因的自然主义思想主要包括三个要点：第一，它要抛弃第一哲学或传统认识论；第二，它认为哲学是指向自身、反思自身的自然科学，它必须在自然科学内部、使用自然科学方法、利用自然科学的发现说明我们如何在贫乏的感觉刺激的基础上得到了关于世界的丰富而正确的理论；第三，它认为哲学或认识论的主要研究方法是发生学方法，即对认识发生发展的过程作经验的研究和描述。②在奎因自然主义思想的影响下，科学自然主义者尽管具体的主张不同，但有两个方面的共识：一方面，都赞成一种哲学观或研究哲学的态度，即认为哲学与科学是连续的，正如奎因所说："我不把哲学看作是科学之先的预备性课程或基础性工作，而是把它看作是与科学连续的。……哲学和科学处于同一条船上。"③ 帕皮诺也指出，哲学和科学之间尽管有一些差别，如哲学的普遍性更大、两者收集

---

① 洪谦：《维也纳学派哲学》，商务印书馆1989年版，第5页。
② 参见陈波《奎因哲学研究：从逻辑和语言的观点看》，生活·读书·新知三联书店1998年版，第337—338页。
③ W. V. Quine, *Ontological Relativity and Other Essays*, New York: Columbia University Press, 1969, pp. 126–127.

数据的方法不同、哲学问题倾向于产生某种理论混乱等，但"哲学和科学本质上从事的是相同的事业，它们追求相似的目的、使用相似的方法"①。另一方面，他们都赞成一种世界观，认为描述世界的最好的概念系统是物理科学，世界和自然是同一个东西，其内的一切都属于相同的本体论类型。阿姆斯特朗认为，自然主义就是这种学说，即实在不过是一个包罗万象的时空系统，而这个系统只包含物理学所承认的实体。② 斯泰斯（W. Stace）认为，自然主义是这样的信念："世界是一个由事物或事件构成的系统，其中的每一事物或事件都是在一个关系和规律网中与其他事物或事件相联系的……在这个'自然秩序'之外什么也没有。"③ 泰伊也指出："根据自然主义观点，世界不包括任何超自然的东西……在最底层存在着受微观物理学规律支配的微观物理现象，而在高层存在这样的现象：它们不仅参与了可以用科学规律描述的因果作用，而且与微观物理项目具有一般本体关系，它与用这些高层次规律进行量化和指称的实在的本体关系相同。"④ 当代科学自然主义不仅试图对意义、真、价值、认识等作自然主义的说明，即将它们自然化，而且还将自然化模式推广到了更广泛的领域，从而在当代形成了真正的"自然化转向"。例如，它试图把关于因果性的哲学问题变成量子力学的问题，把关于真和必然性的问题变成建构主义数学的问题，把关于心灵本质的哲学问题变成认知科学中的计算机模拟问题，把哲学中关于有无抽象对象存在的问题变成纯语言学的问题，等等。科学自然主义有两个突出的特征：一个是科学主义特征，表现为对科学

---

① D. Papineau, "Naturalism", *Stanford Encyclopedia of Philosophy*, http://plato.stanford.edu/entries/naturalism/.

② D. M. Armstrong, "Naturalism, Materialism and First Philosophy", in P. K. Moser et al (eds.), *Contemporary Materialism: A Reader*, New York: Routledge, 1995, p. 35.

③ W. Stace, "Naturalism and Religion", *Proceedings and Addresses of the American Philosophical Association* 23 (1949–1950): 22.

④ M. Tye, "Naturalism and the Problem of Intentionality", *Midwest Studies in Philosophy* 19 (September 1994): 129.

的无根据的尊崇和信任。科学自然主义者主张，要真正解决哲学问题必须诉诸科学，要理解世界和我们自己，必须以自然科学为根据和准绳，因为自然科学在我们当前的信念体系中占据着核心位置，它具有比常识或社会科学更大程度的合理性，自然科学成果在进一步的理性研究中比与之冲突的信念更占优势。① 从与传统自然主义相比较的角度看，传统自然主义旨在反对超自然主义，因而是温和的，而科学自然主义是极端的，"从理论基础来说，自然主义的基础是科学主义，即相信科学是基础、标准、权威。它假定世界有实在性，坚信只有在时空中有其地位的东西才是存在的"②。另一个特征是其一元论立场。杜普雷（J. Dupré）在阐述其多元论自然主义时就指出，科学自然主义者承诺了一种有问题的形而上学一元论，它包含如下内容：所有自然科学都能还原为物理学；物理世界的因果封闭性原则；非物理属性都能还原为或至少随附于物理的属性。③ 正是由于坚持这样的一元论立场，科学自然主义者才将科学所认可的对象和所采用的方法看作评判哲学中的形而上学和认识论是否货真价实的唯一标准。

六是新自然主义阶段。这是近年来出现的一种"为自然主义松绑"或者说弱化科学自然主义立场的倾向。新自然主义的倡导者很多，如普特南（H. Putnam）、麦克道威尔（M. McDowell）、彼得·斯特劳森（P. Strawson）、查默斯（D. Chalmers）、德·卡罗、杜普雷、斯特劳德、霍恩斯比（J. Hornsby）等。当然，并非所有新自然主义者都用"自然主义"来称呼自己的主张。新自然主义的名称也多种多样，如有"自由自然主义"（liberal naturalism）、"松散的自然主义"（relaxed naturalism）、"宽容的自然主义"（catholic natu-

---

① J. Kim et al（eds.），*Blackwell Companion to Metaphsics*，Oxford：Blackwell，2009，p. 435.
② 高新民：《意向性理论的当代发展》，中国社会科学出版社2008年版，第596页。
③ J. Dupré，"How to be Naturalistic Without Being Simplistic in the Study of Human Nature"，in M. De Caro et al（eds.），*Naturalism and Normativity*，New York：Columbia University Press，2010，pp. 289 – 303.

ralism)、"第二自然的自然主义"(naturalism of second nature)、"软自然主义"(soft naturalism)、"弱自然主义"(weak naturalism)、"近似自然主义"(near naturalism)、"广义的科学自然主义"(broad scientific naturalism)、"多元论的自然主义"(pluralistic naturalism)、"思想更开放或开阔的自然主义"(more open minded or expansive naturalism)等不同的形式。从本质上说,新自然主义处于科学自然主义与超自然主义之间的概念空间中。一方面,它和科学自然主义一样,认可"当代自然主义的构成性主张"(the constitutive claim of contemporary naturalism),即这一命题:"就我们对它们的认识而言,其存在或真理性与自然规律相违背的实在或解释,都不应当被接受。"[1] 它坚决否认存在超自然的实体(如神、精神、隐德来希或笛卡尔式的心灵)、事件或认识能力,从而与超自然主义划清了界线。另一方面,它又基于其对"自然的""超自然的"不同理解,弱化了科学自然主义的本体论和认识论要求,具体体现在"三个多样性":一个是它坚持科学的多样性,认为科学是存在和知识问题的重要裁决者而非唯一的裁决者,化学、生物学等自然科学以及哲学和其他社会科学都具有相对于科学的自主性;另一个是它坚持理解方式和研究方法的多样性,认为自然科学方法不是获取知识和理解的唯一方法,概念分析、想象性的推测或内省等也是认识和理解不可匮缺的方法,但它们既不能还原为科学的方法也不是超自然的理解形式;最后一个是它坚持存在对象的多样性,认为既存在物理实在或物质性实在,又存在抽象对象、心理现象等非物理的存在。尽管有些实在既不能还原为物理的实在,也不是在本体论上依赖于能做出科学说明的基本实在,又不能被取消,但它们也不是超自然的,因为它们既不违反科学所研究的世界的规律,也不是用反科学的方法掌握的,因而不能把它们看作虚构、幻觉或解不

---

[1] M. De Caro and A. Voltolini, "Is Liberal Naturalism Possible?" in M. De Caro et al (eds.), *Naturalism and Normativity*, New York: Columbia University Press, 2010, p. 71.

开的谜，而应把它们当成自然的东西。综上所述，新自然主义在科学的范围、理解的形式和实在的种类方面都具有鲜明的多元论特征。

第三节 自然主义的基本观点

我们这里要考释的"自然主义的基本观点"主要指当代"正统的"自然主义即科学自然主义的观点，而不涉及方兴未艾的新自然主义思想。

科学自然主义有一个基本原则，即威尔弗雷德·塞拉斯所说的"科学是一切事物的尺度：是存在的东西存在的尺度，也是不存在的东西不存在的尺度"①。换言之，科学自然主义强调自然科学的绝对权威性，认为自然科学是事物的本体论地位和知识的唯一仲裁者。丹托（A. Danto）指出，自然主义作为一种哲学一元论，认为存在或发生的一切都是自然的，意思是说它们都有可能用自然科学方法来解释。② 莱西（A. R. Lacey）说，根据自然主义，"万物都是自然的，即是说存在的一切都属于自然世界，因而可以用适用于这个世界的方法来研究，而明显的例外可以设法予以消解"③。库尔茨（P. Kurtz）也认为，自然主义这场哲学运动"希望用科学、证据和理性的方法来理解自然以及人类在其中的位置"，它"怀疑关于自然之外的超验领域的假定，怀疑关于自然无须使用理性和证据方法就能得到理解的主张"④。马登则指出，自然主义代表着一种方向，

---

① W. Sellars, "Empiricism and the Philosophy of Mind", in *Science, Perception, and Reality*, London: Routledge & Kegan Paul, 1963, p. 173.

② A. Danto, "Naturalism", in P. Edwards (ed.), *Encyclopedia of Philosophy*, New York: Macmillan, 1967, 5: 448.

③ A. R. Lacey, "Naturalism", in T. Honderich (ed.) *The Oxford Companion to Philosophy*, Oxford: Oxford University Press, 1995, p. 604.

④ P. Kurtz, *Philosophical Essays in Pragmatic Naturalism*, New York: Prometheus Books, 1990, pp. 7, 12.

其基本主张是:"对自然中能够被解释的一切都可以作出一种物理的(或科学的)解释,构成自然的事件、实体和过程就是我们能合理地相信存在的一切。"① 在自然主义哲学家看来,高阶的事物和理论必须通过自然化来说明其存在地位和合法性。

然而,由于不同的人对自然化的目的、任务和方法的理解不同,其自然主义主张也存在巨大差异,因而科学自然主义其实是一个"大杂烩",我们很难对之做出整齐划一的概括。要考释自然主义的基本观点,最好的办法是对不同哲学家的具体看法进行分析,以此来呈现科学自然主义的基本特征及其复杂面貌。

莫兰(J. P. Moreland)认为,自然主义作为一个否定性的命题至少暗示着有神论是错误的,它大体上指这样的看法:由物理科学研究的实在所构成的时空宇宙就是存在的一切。从肯定的方面看,自然主义包括三方面的内容:(1)自然主义的认识态度,即拒斥所谓的"第一哲学",接受或强或弱的科学主义立场;(2)关于所有实在的因果解释,即无论我们被告知的实在是什么,只要它们是用自然科学术语所描述的关于一个事件的因果故事即可,而在这种因果解释中起核心作用的是物质原子论和进化生物学;(3)普遍的本体论,其中只有与标准的物理学所认可的实在相似的实在才被承认。② 对于大多数自然主义者来说,这三个组成部分的顺序很重要:通常,自然主义的认识态度可用于辩护自然主义的因果论,而后者反过来又有助于为自然主义的本体论承诺作辩护。此外,自然主义还要求这三个方面保持一致。例如,第三人称的科学认识方式、关于我们的感觉和认知过程如何形成的物理的、进化的解释以及关于这些过程本身的本体论分析之间应当是一致的。任何被看作存在的

---

① J. D. Madden, *Mind, Matter & Nature: A Thomistic Proposal for the Philosophy of Mind*, Washington, D. C.: The Catholic University of America Press, 2013, p. 7.

② J. P. Moreland, "Naturalism and the Ontological Status of Properties", in W. L. Craig et al (ed.), *Naturalism: A Critical Analysis*, London and New York: Routledge, 2000, p. 73.

实在都应当与我们最好的物理理论所描述的实在具有相似性，它们的形成也应当能够根据自然主义的因果解释来理解，它们也应当能用科学的方法来认识。根据这种对自然主义的认识，要成为一个坚定的自然主义者，就要承认一切存在的实在必须满足两个条件：一是它们只处于自然主义的本体论中，也就是说，它们的存在和行为与物理学中的典型的自然实在相似；另一个条件是如果能解释的话，它们至少原则上能被做出一种自然主义的因果论解释。

贝克指出，自然主义是一种关于实在以及我们关于它的知识之本质的哲学观点。对自然主义有强弱两种形式，其中强自然主义主张科学是实在和知识的唯一仲裁者，此即科学自然主义。具体来说，它包含以下几个主张：一是本体论自然主义，认为本体论（指关于实在的完备的库存清单）被科学理论所调用的实在和属性穷尽了；二是认识论自然主义，认为认识论问题（如我们能知道什么或者知识或证成的本质是什么）必须由关于我们的认知能力的科学解释来作出经验的研究；三是方法论自然主义，认为哲学的方法应当限于科学方法；四是解释自然主义，这是方法论自然主义的一个推论，认为所有真正的解释都是科学解释。[1]

德·卡罗的看法与贝克有相似之处。他认为，科学自然主义是一种元哲学观点，对它的内涵、范围和视角可以根据以下几个主张来理解。第一个主张是所谓的"自然主义的构成性命题"（the Constitutive thesis of naturalism），[2] 即坚决地否定非自然主义或超自然主义，因为存在的只有自然的东西，即只存在自然的殊相和自然的属性，或者说自然就是存在的一切，所有基本真理都是关于自然的真理。但这个命题是包括批判科学自然主义的人在内的大多数自然主

---

[1] L. R. Baker, *The Naturalism and First-Person Perspective*, Oxford: Oxford University Press, 2013, p. 5.

[2] M. De Caro, "Varieties of Naturalism", in R. C. Koons et al (eds.), *The Waning of Materialism*, Oxford: Oxford University Press, 2010, p. 367.

义哲学家都认可的，为了与其他自然主义相区别，科学自然主义者对它作了一些限制，将它具体化为下面两个命题。

一个是本体论命题，认为我们的本体论应当而且只应当由科学来塑造，因而完备的自然科学原则上能够说明实在的一切可以解释的方面。这一主张实际上承诺了一种科学主义，即认为自然科学提供了关于世界的唯一真实的图画。而诉诸非科学的实体、事件、过程或属性的话语必须做出相应的处理，要么根据自然科学的假定进行还原或重构，要么被当成有用的虚构，要么被认为起着非指称的或非事实的语言学作用，再要么是被当成"前科学"思维的错觉性表现形式而彻底取消。

另一个是方法论命题，此即奎因所说的"哲学与自然科学是连续的"①。对这一方法论主张有不同的理解。最温和的理解是认为它只是主张哲学观点应与最好的科学理论保持一致，正如杜威所说"自然主义者就是尊重自然科学的结论的人"②。但这种理解实际上只是说哲学不应该诉诸非自然的或超自然的实体或属性，可见它只是重述了上述的自然主义的构成性命题。科学自然主义者对它的理解更严格，主要包括以下几个方面。（1）抛弃第一哲学，即哲学不应再被当成一种超级学科，试图凌驾于科学之上、站在科学之外或在科学之前，对科学所研究的外部世界提供某种说明，并对科学本身的合理性提供某种辩护。（2）哲学家们不应该再追求古典的基础认识论计划，试图找到先天的、基础的和自明的信念来证明其他的信念。（3）如果哲学家所处理的问题科学已经做出了解释，那么哲学应当服从科学的权威，就像普赖斯（H. Price）所说的那样："成为一个哲学自然主义者，就是要相信哲学绝不是与科学不同的事

---

① W. V. O. Quine, "Naturalism; Or, Living within One's Means", *Quintessence*, Cambridge, MA: Harvard University Press, 1990, p. 281.

② J. Dewey, "Antinaturalism in Extremis", in Y. H. Krikorian (ed.) *Naturalism and the Human Spirit*, New York: Columbia University Press, 1944, p. 2.

业，而且在这两者共同的关注点上，哲学应完全服从科学。"①
(4) 科学的经验方法也适合于处理真正的哲学问题，哲学应当采取自然科学的方法，哲学研究"最好在我们关于世界的经验知识的框架内进行"②，哲学理论实质上就是"关于自然世界的综合理论，它们最终应接受经验信息的裁决"③。甚至有人认为，哲学并没有什么特殊的方法，经验方法是哲学研究的唯一合法途径，过去那些所谓的专属于哲学的方法，如分析方法、先验概念分析、思想实验等，要么应予取缔，要么可以承认其中一些是合法的，但这不过是由于它们包含了关于世界的相关经验信息，因而可以被当成广义的科学方法。④

德·卡罗认为，科学自然主义有三种常见的形式：第一种是本体论的科学自然主义，认为科学是判定存在与非存在的标准。它有强、弱两个版本，强的版本主张真正存在的实在就是科学解释所假设的实在，而弱的版本只是主张科学的假设是唯一没有问题的实在。第二种是方法论或认识论的自然主义。它也有强、弱两个版本，强的版本认为只有用自然科学的方法才能得到真正的知识，而弱的版本认为自然科学方法是唯一没有问题的研究方法，这意味着它在某种宽松或实践的意义上，可以有条件地承认非科学知识。第三种是语义学的科学自然主义。它同样有强、弱不同的版本：强的版本认为自然科学所用的概念是我们所拥有的唯一真实的概念，其他概念只有在我们能根据科学概念对之做出解释时才能保留，而弱的版本只认为自然科学所用的概念是我们所拥有的唯一没有问题的

---

① H. Price, "Naturalism without Representationalism", in M. De Caro et al (eds.), *Naturalism in Question*, Cambridge: Harvard University Press, 2004, p. 71.

② D. Papineau, *Philosophical Naturalism*, Oxford: Blackwell, 1993, p. 5.

③ D. Papineau, "Naturalism", *Stanford Encyclopedia of Philosophy*, http://plato.stanford.edu/entries/naturalism/.

④ M. De Caro, "Varieties of Naturalism", in R. C. Koons et al (eds.), *The Waning of Materialism*, Oxford: Oxford University Press, 2010, p. 370.

概念。科学自然主义是想成为一种囊括一切的学说，它有这样的预设，即自然科学能够认识一切现象，能对之做出完全无遗漏的解释。这就涉及"先天"（a priori）问题。科学自然主义反对传统的先天概念，而承认经过修改的先天概念，认为概念分析是可能的，只要关于意义的先天论断容许从经验上验证就行。[①]

莫斯尔（P. K. Moser）和严德尔（D. Yandell）也赞成将自然主义分为本体论自然主义和方法论自然主义两个方面，但认为这两个方面还包含有更具体的形式。他们认为，本体论自然主义的核心论点是："每个真正的实在都是由假设是完善的经验科学所认可的对象（即自然本体论的对象）组成的，或者是以某种方式以这些对象为基础的。"[②] 它有三种形式：第一种是取消的本体论自然主义，认为每个真正的实在都可以由假设是完备的经验科学的本体论捕捉到，而与这些科学无关联的语言可以从话语中取消而不会有任何认知的损失。第二种是非取消的还原的本体论自然主义，认为每个真正的实在要么能由假设是完备的经验科学的本体论捕捉到，要么可还原为能由该本体论捕捉到的某种东西。第三种是非取消非还原的本体论自然主义，认为有些真正的实在既不能被假设是完备的经验科学的本体论捕捉到，又不能还原为任何能由该本体论捕捉到的东西，但所有这些实在都随附于能由该本体论捕捉到的实在。方法论自然主义的核心论点是："每种获取知识的合理方法都是由完善的经验科学方法（即自然的方法）组成的，或者是以这些方法为基础的。"[③] 它也有三种具体的形式：第一种是取消的方法论自然主义，认为获取知识的合理方法所使用的一切用语，包括经验上存在争议

---

① M. De Caro et al（eds.），*Naturalism in Question*，Cambridge：Harvard University Press，2004，pp. 7 - 8.

② P. K. Moser and D. Yandell，"Farewell to Philosophical Naturalism"，in W. L. Craig et al（ed.），*Naturalism：A Critical Analysis*，London and New York：Routledge，2000，p. 4.

③ P. K. Moser and D. Yandell，"Farewell to Philosophical Naturalism"，in W. L. Craig et al（ed.），*Naturalism：A Critical Analysis*，London and New York：Routledge，2000，p. 9.

的用语(如规范性的用语和意向的用语),都可以毫无认知损失地被假设是完备的经验科学方法所使用的用语取代。第二种是非取消的还原的方法论自然主义,认为获取知识的合理方法所使用的一切用语,包括经验上存在争议的用语,要么可以毫无认知损失地被假设是完备的经验科学方法所使用的用语取代,要么可以被还原为那些方法所使用的用语。第三种是非取消非还原的方法论自然主义,认为获取知识的合理方法所使用的有些经验上存在争议的用语,既不能被假设是完备的经验科学方法所使用的用语取代,也不能被还原为那些用语,但这些用语的指称对象随附于假设是完备的经验科学方法所使用的用语的指称对象。

就本体论自然主义与方法论自然主义之间的关系来说,多数哲学家认为它们不必然联系在一起,不能将之混为一谈。德·卡罗指出,自然主义的本体论命题和方法论命题原则上是可以分开的,就是说本体论的科学自然主义者不一定赞成方法论命题,而方法论的自然主义者则很可能赞成本体论命题,因为科学研究具有本体论的预设和含意。[①] 坎贝尔(K. Campbell)指出,自然主义有时是一种关于方法的规则而不是一种形而上学学说,它是通过揭示自然的因果过程来解释和理解世界的。所有真正的知识都是这种自然的、实验性的知识。人自身是自然秩序的一部分,没有特殊的直觉或洞察力能够提供更直接的获取知识的途径。如果自然主义就是这样的研究方法,那么自然界就是由自然科学方法揭示的世界,这本身并未对世界是什么样子或者什么能够存在构成限制。也就是说,你不可能预先说明科学方法能够揭示什么:它不仅能揭示鞋子、船舶等常见的东西,还有可能揭示喷火的巨龙、不老泉或魔法石等。因此,作为一种方法的自然主义主张,本体论应当后验地发展,即科学所

---

① M. De Caro et al (eds.), *Naturalism in Question*, Cambridge: Harvard University Press, 2004, pp. 6–7.

证实的一切都可以接受,而未科学证实的东西则都不能认可。① 彭诺克(R. Pennock)则认为,方法论自然主义是科学的一条基本原则,是一种科学范式,它不以武断的形而上学(或本体论)的自然主义为基础。根据定义,超自然的东西是处于自然界及其主体、力量的范围之外的,也不受自然律的约束,只有逻辑的不可能性限制着超自然的主体不能做什么。他说:"如果我们能把自然知识用于理解超自然的力量,那么根据定义它们就不是超自然的。"由于超自然的东西是我们难以理解的,因此它们不可能为判断科学的模型提供基础,"实验要求观察和控制变量……但根据定义我们不能控制超自然的实体或力量"②。就此而言,方法论的自然主义并未述及超自然的东西存在还是不存在,因为根据定义这是无法进行自然检验的,它只是基于实践方面的考虑而反对超自然的解释,也就是说,反对超自然的解释只是一种实用主义的考虑,这就意味着本体论的超自然主义者赞成并实践方法论自然主义是可能的,事实上也确实有很多科学家既信仰上帝又秉承方法论的自然主义。斯科特(E. C. Scott)也认为,赞成方法论的自然主义不一定要赞成本体论的自然主义。她说,科学采纳了方法论的自然主义而不是本体论的自然主义,它既不否认也不反对超自然的东西,但出于方法论的考虑忽略了超自然的东西,因此将本体论的自然主义与方法论的自然主义分开在逻辑上是可能的,而且有宗教信仰的科学家实际上一直都是这样做的。③ 约翰逊(P. Johnson)进一步指出:"方法论的自

---

① K. Campbell, "Naturalism", in D. M. Borchert (ed.), *Encyclopedia of Philosophy*, 2rd., Vol. 6, Farmington Hills: Thomson Gale, 2006, p. 492.

② R. T. Pennock, "Supernaturalist Explanations and the Prospects for a Theistic Science or 'How do you know it was the lettuce?'" *https: //msu. edu/ ~ pennock5/research/papers/Pennock_ SupNatExpl. html.*

③ E. C. Scott, "Darwin Prosecuted", Review of *Darwin on Trial* by Phillip Johnson, Creation/Evolution, Issue 33, 1993, p. 43.

E. C. Scott, "Creationism, Ideology, and Science", in P. R. Gross et al (eds.), *The Flight From Science and Reason*, The New York Academy of Science, 1996, pp. 514 – 515.

然主义——即这样的原则：科学只能研究那些能为其工具和技术了解的东西——是没有问题的。当然，科学只能研究科学所能研究的东西。只有在科学的限度被认为是实在方面的限制时，方法论自然主义才会变成形而上学的自然主义。"[1] 舍费尔斯曼提出了针锋相对的主张。在他看来，实践或接受方法论的自然主义蕴含着一种关于本体论自然主义的逻辑的和道德的信念，因此它们是不能逻辑地分开的，当然仍可以从实践上或实用主义上将它们分开。大多数科学家在科学中实践自然主义可能是由于他们相信自然主义是一种本体论，而持有神论立场的科学家只是假设而非真信方法论的自然主义，因为他们实际上是超自然主义者。他说："尽管科学作为一个过程只要求方法论的自然主义，但我想由科学家和其他人所作出的方法论自然主义假设在逻辑上和道德上都蕴含着本体论的自然主义。尽管我承认将方法论自然主义与本体论自然主义分开的可能性和可行性，但我相信仅仅为了从事或相信科学而假设自然主义是正确的，这是一种逻辑的和道德的错误。"[2]

霍斯特（S. Horst）通过概括"自然主义的一般性图式"说明了当代自然主义的共识与分歧。他指出，尽管当代心灵哲学中的各种自然主义理论之间分歧很大，但也可以梳理出几个在各个理论中发挥着重要作用的命题。第一个是形而上学的命题，即自然界就是世界的全部。第二个是认识论的、分析的或解释的命题，即表面看不是自然界组成部队的事物（如心灵和规范）实际上都可根据自然现象来说明。上述两个命题又隐含着两个附带的假定：一个是"自然的"被理解为自然科学尤其是物理学的定义域，另一个是对于自然主义理论来说，存在一个对立的类别，它们是诉诸超自然的或精

---

[1] P. Johnson, "Darwinism's Rules of Reasoning", in J. Buell et al (eds.), *Darwinism: Science or Philosophy*, Foundation for Thought and Ethics, 1994, p. 15.

[2] S. D. Schafersman, "Naturalism is Today An Essential Part of Science", http://www.stephenjaygould.org/ctrl/schafersman_nat.html.

神的规律和力量来说明的。基于这些命题，我们可以将各种自然主义的共同之处概括为这样一个"一般性图式"："关于领域 D 的自然主义主张，D 的所有特征都应纳入自然科学所理解的自然的构架之内。"① 相应地，心灵哲学中的自然主义就是这种看法：所有心理现象都应纳入自然科学所理解的自然的架构之内。伦理学中的自然主义、认识论中的自然主义等也可如此类推。

上述一般性图式体现了各种自然主义的一致性，但它只是一种理论图式（theory-schema），而非一种共享的理论，因为上述概括中的一些要素具有歧义性，不同的自然主义对它们的看法不同。在霍斯特看来，除了什么领域应当被自然化（例如，是心灵还是伦理学）的问题之外，这个图式至少在下列三个维度上是有歧义的，它们是区别不同的自然主义的轴线，决定着各种自然主义之间的差异性：（1）所说的"纳入"（accommodation）是一种解释还是一项形而上学的决定；（2）应如何理解"自然科学所理解的自然的架构"；（3）这个一般性图式应被理解成一个肯定性的主张（心灵能被如此纳入），还是一个规范性的主张（它必须被这样纳入，否则就会导致一些可怕的结论）。② 具体来说，首先，在探讨自然主义时，人们经常将关于心灵的特征（如意识和意义）能否由自然科学解释的讨论与关于形而上学问题（如心理状态是否随附于大脑状态）的讨论混为一谈。尽管有些类型的解释与特定类型的形而上学决定密切相关，但形而上学问题与解释问题是不同的。一方面，有些形式的解释（如统计学解释）并没有形而上学的结果。另一方面，有些形而上学必然性是认知不透明的（epistemically opaque），也就是说，它们必然为真，但我们的心灵却不能理解它们为何必定如此，因此并没有相关的解释形式能保证它们的必然的特征。例如，很多非还原的物理主义者和神秘论主义者都相信心理现象随附

---

① S. Horst, *Beyond Reduction*, Oxford: Oxford University Press, 2007, p. 13.
② S. Horst, *Beyond Reduction*, Oxford: Oxford University Press, 2007, p. 14.

于大脑的事实，但却不能由它们做出还原的解释。因此，在考察特定的自然主义主张时，确定它是一个关于解释的主张还是一个关于形而上学的主张抑或是与两者都有关的主张，是非常重要的。其次，就自然科学所理解的自然架构来说，自然主义图式所表达的意思，在很大程度上取决于我们认为什么对于自然科学的运作方式以及它们表征自然世界的方式很重要，也就是说，依赖于你在解释的本质以及科学的形而上学承诺等问题上持什么看法。从历史上看，对这些问题有不同的看法：有些人接受伽利略的分解综合法，因而持还原论立场；有些人则像牛顿那样反对还原论的科学模式，而转向探索描述可观察现象的数学规律，就心灵来说，他们关心的是心身之间或心理状态之间的似规律关系；还有些人想用达尔文的方法，即用生物学术语、用进化论或社会生物学的资源来理解心灵。这些不同的方案反映了关于科学解释以及自然架构的不同看法。最后，自然主义主张有时是一种肯定性的陈述，即关于事物实际上如何的一种二阶的经验性主张，它们可以进行检验并证明是对还是错，如心灵的有些特征（如意识）能否被自然化最终是可以证明的。但有些自然主义者所坚持的并不是经验性的或肯定性的主张而是规范性的主张，他们实质上是主张心灵必然被自然化，否则就会得出不合适的结论，如心理状态除非随附于物理状态，否则就不存在。我们评价肯定性的陈述和规范性陈述的方法是不同的，因此应当确定我们处理的是哪一种主张。①

除此之外，还要注意：由于人们对将某种现象纳入自然科学所理解的自然架构之内的意思有不同的看法，因此上述图式还有可能容纳非自然主义的观点。例如，如果将自然的东西等同于具有因果关系的东西，那么创造世界的上帝以及笛卡尔所说的与身体具有因果关系的非物质灵魂就属于"自然的"对象。但是，如果这样宽泛

---

① S. Horst, *Beyond Reduction*, Oxford: Oxford University Press, 2007, pp. 14–20.

地理解自然主义，自然主义与非自然主义之间的区别就会模糊，因此我们应该对上述图式增加两点限制，或者说我们可以从否定的方面来理解自然主义，即自然主义理论不能是这样的理论：（1）假定存在超自然的实在（如上帝、天使或非物质的灵魂）；（2）采取了这样一种形而上学立场，认为自然科学的本体论不具有根本性（例如先验唯心论、实用主义）。①

自然主义与物理主义、唯物主义、科学主义等的关系十分密切，但相互之间又存在差别。格滕普兰就曾指出，尽管"自然主义"经常与"物理主义""唯物主义"互换使用，但它们的意义并不完全相同，"'物理主义'表明在自然科学中物理学尤其具有基础性的地位，而'唯物主义'的有些含义要追溯到18和19世纪的世界观，即世界实质上是由物质粒子构成的，它们的行为对于解释其他的一切是基础性的"。另外，物理主义和唯物主义一般都承诺了还原论，而自然主义没有这样的承诺。② 因此，考释自然主义的基本观点，应对它们做出细致的辨析。

就自然主义与物理主义的关系来说，常识的看法是"自然主义"和"物理主义"是可以互换的概念，有人说物理主义是自然主义的最早的版本，是极端的自然主义，③ 是自然主义的一个特别严格的版本。④ 伽林·斯特劳森（G. Strawson）指出，如今大多数心灵哲学家都赞成自然主义和物理主义，并认为"自然主义"与"物理主义"可以相互替换，因此在他看来，自然主义就是物理主义，因为它在对非基本属性进行自然化时坚持了一切都是物理的这

---

① S. Horst, *Beyond Reduction*, Oxford: Oxford University Press, 2007, p. 200.
② S. Guttenplan (ed.), *A Companion to the Philosohpy of Mind*, Cambridge, Mass: Blackwell, 1995, p. 449.
③ M. Bunge, *Matter and Mind: A Philosophical Inquiry*, New York: Springer, 2010, p. 104.
④ K. Campbell, "Naturalism", in D. M. Borchert (ed.), *Encyclopedia of Philosophy*, 2rd., Vol. 6, Farmington Hills: Thomson Gale, 2006, p. 492.

一基本原则。① 帕皮诺认为，自然主义承诺了物理学的完备性，主张关于世界的纯物理说明加上物理规律就足以能对所发生的事情做出解释，因此它需要严格的物理主义，即这样的看法：一切个体、事件、属性、关系等都完全是物理实在。②

然而，也有不少哲学家反对将自然主义等同于物理主义。德·卡罗指出，人们之所以认为自然主义就是物理主义，是因为现代科学取得的巨大成功为物理主义一元论（这一命题：世界只包含物理学所认可的实在）提供了基础，而这又与下述两种观念密切相关：一是科学的统一，二是认为物理学是自然科学的典范。但是，由于人们对科学自然主义本身的认识还不一致，甚至在科学自然主义者中间对于科学的统一性及其范围也存在争议，因此科学自然主义并不等同于物理主义，科学的自然主义是比物理主义更宽广的元哲学概念。物理主义以下述命题为基础，即物理学具有绝对的认识论的和本体论的优越性，而科学自然主义尽管与这一命题相容，但并未承诺这一命题。更准确地说："科学自然主义主张作为整体的自然科学具有绝对的本体论的和认识论的优越性，不管其他自然科学能否还原为物理学。"③ 根据关于科学的多元论概念，科学自然主义者所承认的一些实在（如酸、猎食者或音素）既不是也不能还原为物理实在，因此化学解释、生物学解释等原则上不能还原为物理学解释。在此意义上，我们就可以说，尽管物理主义者都承诺了科学自然主义，但并非所有科学自然主义者都是物理主义者。④

对于自然主义与唯物主义的关系，流行的看法也是认为两者是

---

① G. Strawson, "Intentionality and Experience: Terminological Preliminaries", in D. W. Smith et al (eds.), *Phenomenology and Philosophy of Mind*, Oxford: Clarendon Press, 2005, p. 42.

② D. Papineau, *Philosophical Naturalism*. Oxford: Blackwell, 1993, p. 30ff.

③ M. De Caro, "Varieties of Naturalism", in R. C. Koons et al (eds.), *The Waning of Materialism*, Oxford: Oxford University Press, 2010, p. 366.

④ M. De Caro et al (eds.), *Naturalism in Question*, Cambridge: Harvard University Press, 2004, p. 5.

等同的，很多唯物主义者也都称自己是"自然主义者"。这是有原因的，因为从历史上看自然主义者一般都是唯物主义者。库尔茨指出，自然主义的哲学来源是形而上学中的唯物主义和认识论中的经验论以及怀疑主义，因此自然最好参照物质的原则来说明，这些原则包括质量、能量以及其他为科学共同体所接受的物理和化学属性。① 但也有很多哲学家指出自然主义与唯物主义存在重大差别。马登说，自然主义和唯物主义确实有密切的联系，但在严格意义上两者是有差别的。唯物主义是一种本体论的一元论（ontological monism），主张只有一种基本存在即物质性的存在，自然主义则是一种解释的一元论（explanatory monism），主张从根本上说只存在一种解释即物理解释，而不管有多少种存在。成为自然主义者的最简洁的方式就是成为唯物主义者，但有些自然主义者并不赞成唯物主义，因为他们既认为对心灵或灵魂最终能做出物理解释（坚持自然主义），又认为它是非物质的（不支持唯物主义）。当然，尽管自然主义没有直接提出形而上学的主张，但它对本体论是有暗示的。②

邦格（M. Bunge）认为，尽管自然主义是唯物主义的近亲，两者也共享了很多关键的命题，甚至可以说"自然主义是羞答答的唯物主义"③，但两者的差异也很明显：唯物主义所说的"物质"的外延比"自然"要大，它不仅包括物质性存在，还包含社会、文化、思维等。具体来说，"唯物主义"一词具有歧义性。一方面，它可以表示一种道德学说，此即伦理学唯物主义，在此意义上它与"快乐主义"（hedonism）是同义词，主张快乐就在于追求物质财富。另一方面，它也表示一种哲学世界观，此即哲学唯物主义，主

---

① P. Kurtz, "Darwin Re-Crucified: Why Are So Many Afraid of Naturalism?" *Free Inquiry*. Spring, 1998: 18 (2).

② J. D. Madden, *Mind, Matter & Nature: A Thomistic Proposal for the Philosophy of Mind*, Washington, D. C.: The Catholic University of America Press, 2013, pp. 5 - 7.

③ M. Bunge, *Matter and Mind: A Philosophical Inquiry*, New York: Springer, 2010, p. 96.

张一切真实的东西都是物质的。哲学唯物主义与自然主义有很大的重合之处,如两者都反对超自然主义,都承认世界或实在只是由具体事物构成的,但它们对物质的理解不同:自然主义涉及的是物理学、化学和生物学所研究的物质,而否认思维的、社会的、人工的物质。因此,自然主义不如唯物主义全面,有的自然主义者不一定是唯物主义者,有的唯物主义者也不一定是自然主义者。例如,有的人认为实在的构成要素不是物质的东西,而是事实(维特根斯坦)、事态(阿姆斯特朗)、过程(怀特海),这些概念显然都有反对将世界物质化的倾向。有的人则承认社会现象和人造物也是物质的样态,这些显然都超出了自然科学所关注的范围。因此,"自然主义和唯物主义是局部重叠而非相互包含的关系"[①]。他还根据其所倡导的科学唯物主义指出,唯物主义是一个学说大家族,包含着从最温和的唯物主义(自然主义)到最强硬的主义(物理主义或取消式唯物主义)等不同的类型,"自然主义和无神论一样,是一种否定性的看法,即认为自然之外无物存在,但它没有说明自然内部有什么。而唯物主义不仅主张超自然的东西是神话,而且还阐述了宇宙的本质"[②]。

舍费尔斯曼也认为自然主义不一定承诺唯物主义,后者虽然承认存在非物质因素,但认为它们是由物质因素产生的或者与物质因素相联系,如果物质因素不存在,非物质因素也不会存在,而自然主义则与唯心主义或二元论是相容的,如有些早期的实证主义者就是现象论者,而现象论就是一种唯心主义。因此,"自然主义的范围比唯物主义要宽广,可以容纳各种各样的形而上学立场,如唯心主义或唯物主义、一元论或二元论、无神论甚至有神论,因为自然的神性可以被看作是宇宙中固有的(泛神论)或者是包含在自我之

---

① M. Bunge, *Matter and Mind: A Philosophical Inquiry*, New York: Springer, 2010, pp. 121 – 122.

② M. Bunge, *Matter and Mind: A Philosophical Inquiry*, New York: Springer, 2010, p. 139.

中的，因此唯心主义、二元论和有神论都是自然主义内部的合法立场"①。

再看自然主义与科学主义的关系。一般认为，自然主义承诺了科学主义，即认为自然科学提供的自然图景是唯一真实的图景。例如，奎因就极力推动哲学的自然科学化，认为自然科学特别是精确科学是哲学的最高典范，自然科学的一般方法（如观察实验法、归纳法、类比法、逻辑和数学方法等）也是哲学研究的主要方法。正如陈波所说："在他看来，本体论与自然科学处于同等地位；认识论则是心理学的一章，因而是自然科学的一章。整个哲学与科学共处于一个知识连续体之中，而这个知识整体则接受经验的证实或证伪。"② 德·卡罗等人指出，科学自然主义不仅承诺尊重自然科学的成果，而且承诺了更强的主张，即科学在方法、知识、本体论或语义学问题上是也应当是唯一的、真正的或没有问题的标准。③ 贝克也认为，科学自然主义是受科学引导或派生于科学的，它与科学完全一致。④ 然而，在马登看来，自然主义与科学主义不同。科学主义是这样的主张，即科学方法是获取知识的唯一途径。同时，它也暗示着对一切实在都可做出物理的解释。因此，自然主义有时是根据科学主义来定义的，即表示否定这样的观点：存在或可能存在原则上超出了科学解释范畴的实体或事件。质言之，科学主义和自然主义是描述下述观点的两种方式：一切事物都是科学所涉及的这种实体的集合，一切真理最终都是由与这些基本的科学实体有关的真

---

① S. D. Schafersman, "Naturalism is Today An Essential Part of Science", http://www.stephenjaygould.org/ctrl/schafersman_nat.html.
② 陈波：《奎因哲学研究：从逻辑和语言的观点看》，生活·读书·新知三联书店1998年版，第336—337页。
③ M. De Caro et al (eds.), *Naturalism in Question*, Cambridge: Harvard University Press, 2004, p. 9.
④ L. R. Baker, *The Naturalism and First-Person Perspective*, Oxford: Oxford University Press, 2013, p. 26.

理决定的。① 舍费尔斯曼认为科学与自然主义之间关系很密切，自然主义的存在在很大程度上要归功于科学的发展。例如，由于科学家首先发现了心灵之外的宇宙是无意义、无目的的，之后自然主义哲学才确认了这一事实。但自然主义与科学不同：科学不是形而上学，而是一种认识方式或一种有效的方法，它以独特而系统的方式揭示了自然的秘密，而自然主义是一种哲学、一种形而上学或本体论，它假设了一幅关于实在、存在物和存在的特殊图画，这幅图画排除了超自然的东西。② 邦格则认为，自然主义不一定都坚持科学至上的原则，只有科学自然主义坚持科学主义。③

此外，人们还讨论了自然主义与还原论、思维经验原则以及与唯灵论、宗教的关系。就与还原论的关系来说，有的人认为自然主义肯定要坚持还原论，有的人则认为自然主义不一定是还原的。就与思维经济原则的关系来说，有的人认为自然主义就是经济主义，或者说经济主义要遵循方法论的自然主义。就与唯灵论、宗教的关系来看，一般认为自然主义是与超自然主义相对立的，如邦格就认为自然主义不否认心理现象和精神性的东西，但反对各种形式的唯灵论。④ 不过，也有人认为即使超自然主义应予克服，但这并不必然意味着要否弃唯灵论和宗教，因为很多拒斥超自然主义的人并不否认存在多种形式的具体精神，如佛教就是如此。⑤

---

① J. D. Madden, *Mind, Matter & Nature: A Thomistic Proposal for the Philosophy of Mind*, Washington, D. C.: The Catholic University of America Press, 2013, pp. 4 – 5.

② S. D. Schafersman, "Naturalism is Today An Essential Part of Science", http://www.stephenjaygould.org/ctrl/schafersman_nat.html.

③ M. Bunge, *Matter and Mind: A Philosophical Inquiry*, New York: Springer, 2010, p. 101.

④ M. Bunge, *Matter and Mind: A Philosophical Inquiry*, New York: Springer, 2010, pp. 94 – 95.

⑤ O. Flanagan, *The Really Hard Problem: Meaning in a Material World*, Cambridge, Mass: The MIT Press, 2007, p. 63ff.

第四节 自然主义的分类

当代自然主义作为一种"研究纲领"、"研究取向"或"学说大家族",包含有不同的样态和种类。

第一,根据所涉及的领域,自然主义可分为宗教自然主义、哲学自然主义、科学自然主义、语言学自然主义、伦理学自然主义、法学自然主义、价值论自然主义,等等。例如,语言学自然主义也称生物语言学,认为语言是自然的、本能的,因此语言学从根本上说是一门自然科学,人们天生就有一种普遍语法,即所有具体语法的语法交集。例如,乔姆斯基(N. Chomsky)和平克(S. Pinker)就认为,语言不是文化的产物,而是人的一种本能,人们懂得如何说话,就如同蜘蛛懂得如何结网;语言能力的获得不同于一般的学习模式,语言是人类大脑组织中的一个独特构件,我们每个人头脑中都装有一部"心理辞典"和一套"心理语法",语言就是用语法规则组合起来的词语。这种自然主义特别重视从物理学、生物学、神经科学的角度研究语言。① 价值论自然主义认为,我们的基本价值是自然的而非约定俗成的,是主体间的而非主观性的,因为人们有大致相同的基本需要,而这又是由人们共同的生物构造决定的。② 伦理学自然主义分为两种:一种可称作朴素的伦理学自然主义,主要代表有古希腊斯多葛派的芝诺以及休谟、逻辑实证主义者,他们都倡导"遵循自然",认为道德规范是自然的。这种伦理学自然主义在最近的灵长类动物学和行为经济学研究中已得到了部分证实。另一种可称作精致的伦理学自然主义(sophisticated ethical natural-

---

① 参见[加]史蒂芬·平克《语言本能:人类语言进化的奥秘》,欧阳明亮译,浙江人民出版社2015年版。

② M. Bunge, *Matter and Mind: A Philosophical Inquiry*, New York: Springer, 2010, p. 113.

ism），它试图将道德规范还原为自然科学特别是人的生物学，[①] 如索伯（E. Sober）、威尔逊（D. S. Wilson）等在对道德规范进行自然化时就借助了进化生物学理论。[②] 上述自然主义总的思想是将人性科学还原为自然科学尤其是神经科学，有人将这种自然化倾向戏称为"神经帝国主义"（neuroimperialism），它试图用神经科学语言解释人的所有行为，近年来它还分化出很多分支，如神经经济学、神经历史学、神经法学、神经伦理学、神经市场学、神经诗学等。[③] 另外，还有人文主义的或宗教的自然主义，其基本特点是：在坚持反对超自然主义基本立场的同时，不再只强调物理学等自然科学在存在和解释方面的基础地位，而认为因果性具有开放性，世界可能会充满奇迹，有些因果作用有可能成为新的组织层次突现的条件，因此我们对自然化的标准和基础应持开放的、宽松的态度。这类自然主义一般都带有浓厚的人文主义色彩甚至是宗教情怀，因而具有更大的包容性和自由性。例如，有一种宗教自然主义试图调和科学与宗教的关系，认为关于自然与超自然、自然与神的二分法是没有道理的，因为传统宗教并没有这样的划分，把神看作超自然的只是后来的发明，事实上神并不是超自然的，而是在自然之中的。在它看来，自然本身是神圣的，即使不存在传统所说的自知、自动的神，我们也有理由追问自然的这样的根源，它超越自身进到了有情识的造物身上，因此即使没有人格化的神性，也有理由说无限的面向突现存在的自我超越性具有根本的存在价值。这种宗教自然主义一般有三种表现形式：一是"表述主义"的有神论，认为神是表述自然的谓词；二是基于存在的有神论，认为神是所有存在物中的自

[①] A. Edel, "Naturalism and Ethical Theory", in Y. V. Krikorian (ed.), *Naturalism and the Human Spirit*, New York: Columbia University Press, 1944, pp. 65–95.

[②] 参见 E. Sober and D. S. Wilson, *Unto Others: The Evolution and Psychology of Unselfish Behavior*, Cambridge, MA: Harvard University Press, 1998.

[③] M. Bunge, *Matter and Mind: A Philosophical Inquiry*, New York: Springer, 2010, pp. 116–118.

动呈现者或者说是自我馈赠的礼物；三是基于无限性的有神论，认为神是充满在宇宙生物进化中的爱的本质。① 再如，在一定意义上，中国古代的气自然主义也是一种弱自然主义，因为它没有在物质与非物质之间划出界线，因此，"即使气宇宙论的整个传统超出了当代自然科学的范围，但它是关于自然的合理的、连贯的、可以接受的观点"，作为一种弱自然主义形式，它"可以与未来或成熟的科学和睦共处"。②

哲学自然主义有形而上学自然主义、逻辑自然主义、语义学自然主义、认识论自然主义、方法论自然主义等多种形式或分支。形而上学自然主义认为，宇宙与自然是重合的，不存在超自然的事物。它依据强度不同又可分为两类：一类否认心理现象尤其是意识和自由意志的存在，因此常被称作激进的或取消的自然主义。例如，神经科学家利纳斯（R. Llinás）主张，自我只是作为运算实体而存在的一种构造，即"一种复杂的特征（自我）向量"③。丘奇兰德等也认为，大脑基本上是一个计算机，因而是没有好奇心、自我知识（意识）、创造力和自由意志的。④ 另一类是温和的自然主义，它承认存在具有创造力的心灵。这两类自然主义都低估了社会、环境对心灵的影响，因而不太重视发展心理学和社会心理学。逻辑自然主义也有强弱两种形式。一般认为，是亚里士多德首先提出了强逻辑自然主义思想。根据这种自然主义，逻辑是普遍的本体论，包含所有对象（真实的和想象的）的最一般规律。有的人还将逻辑看成任意对象的物理学。人们普遍认为这种自然主义是不正确

---

① N. H. Gregersen, "Varieties of Naturalism and Religious Reflection", in *Philosophy, Theology and Science*, 2014（1）: 5 – 8.

② Jee Loo Liu, "Chinese Qi-Naturalism and Liberal Naturalism", in *Philosophy, Theology and Science*, 2012（1）: 83 – 84.

③ R. Llinás, *i of the Vortex: From Neurons to Self*, Cambridge, MA: MIT Press, 2001, p. 128.

④ 参见 P. S. Churchland and T. J. Sejnowski, *The computational brain*, Cambridge, MA: MIT Press, 1993.

的，因为逻辑是主题中立的，而科学规律则适用于物质事物。弱逻辑自然主义认为，逻辑规律就是思维规律，进而是心理学（或神经科学）规律。杜威就是这样的自然主义者，因为他认为逻辑是一种生物学的产物，是进化的顶点。① 逻辑自然主义有时也表现为数学自然主义，认为数学对象的存在方式与原子和星辰一样，因而它其实是一种泛化的柏拉图主义。② 语义学自然主义认为，意义、真等语义学的关键概念都应当以自然主义的方式来说明。例如，布伦塔诺（F. Brentano）就把指称等同于意向性，认为心理现象的独特性就在于其对一个对象的指涉而不在于所说的现象。③ 塞尔（J. Searle）也将意向或意向性（心理学范畴）与指称或关于性（语义学范畴）合为一体。④ 杜威则主张，意向不是一个心理对象，而是一种行为属性，即词语能引发外显行为倾向。⑤ 认识论自然主义认为，认知是一个自然过程，因而是科学研究的主题。据此，柏拉图的理念王国是编造的，知识的理念本身也是如此。强认识论自然主义进一步指出，认识论已丧失了自主性，应被认知科学取代。但人们一般认为，由于人的发展和进化具有生物社会学性质而非纯生物学的，因而如果没有社会认识论（也称社会认知神经科学）的帮助，认知科学并不能解决所有重要的问题，对于进化尤其如此。⑥ 方法论自然主义强调这种不言而喻的实践原则，即依据一定的程序和方法将测量工具设计、制造和操作中的超自然的、异常的现象排除掉。它也有三种形式：一是弱方法论自然主义，认为哲学应该运用自然科学的方法和成果来处理一切问题；二是强方法论自然主义，也被称作科学主义的自然主义，认为科学方法适用于包括人文社会

---

① 参见 J. Dewey, *Logic: The theory of inquiry*, New York: H. Holt, 1938.
② M. Bunge, *Matter and Mind: A Philosophical Inquiry*, New York: Springer, 2010, p. 99.
③ 倪梁康：《面对实事本身：现象学经典文选》，东方出版社 2000 年版，第 49—50 页。
④ J. Searle, *Freedom & Neurobiology*, New York, NY: Columbia University Press, 2007, p. 6.
⑤ 参见 J. Dewey, *Experience and nature*, La Salle, IL: Open Court, 1958.
⑥ M. Bunge, *Matter and Mind: A Philosophical Inquiry*, New York: Springer, 2010, p. 101.

科学在内的一切研究领域；三是极强方法论自然主义，主张将人文社会科学还原为自然科学，威尔逊（E. O. Wilson）的社会生物学就是其典范。①

第二，根据与科学的不同关系，自然主义可分为科学自然主义和非科学自然主义。前者主张："所有现象都受制于自然规律，而且/或者自然科学方法可用于所有研究领域。"② 它承认科学至高无上的地位，认为科学尤其是物理学在本体论和认识论上具有绝对的优先性。物理主义是一种典型的科学自然主义，它主张真正的、不可还原的自然科学只有物理学，真正的实在只有物理实在，真正的解释、知识只有物理的解释或知识，其他实在、解释或知识要有存在地位，必须能根据自然科学尤其是物理学进行自然化（要么能还原为物理的东西，要么可以被当成有用的虚构，再要么具有非指称、非事实的语言学作用），否则就不存在。例如，阿姆斯特朗就认为，实在不过是一个包罗万象的时空系统，这个系统只包含物理学所认可的实体。不可还原的目的或目的论在这个系统中没有位置，因为它蕴含着意向性，而不可还原的意向性暗示着自然主义是错误的。他说，在分析这个包罗万象的时空系统时，"如果所涉及的原则与当前的物理学原则截然不同，特别是如果它们诉诸目标之类的心理实在的话，那么我们就可以将这种分析当成对自然主义的证伪"③。帕皮诺也说自己的自然主义就是物理主义，他不仅反对二元论、认识论的内在主义，主张哲学与经验科学是连续的，而且还主张一切自然现象（包括化学、生物学、心理学、社会学等专门科学所研究的现象）归根结底都是物理的。就心灵来说，不仅心理之

---

① M. Bunge, *Matter and Mind: A Philosophical Inquiry*, New York: Springer, 2010, pp. 101 – 102.
② R. Boyd et al (eds.), *The Philosophy of Science*, Cambridge: MIT Press, 1991, "glossary".
③ D. M. Armstrong, "Naturalism, Materialism and First Philosophy", in P. K. Moser et al (eds.), *Contemporary Materialism: A Reader*, New York: Routledge, 1995, p. 36.

物由物理之物决定，而且两者在某种意义上就是同一种东西。① 科学自然主义者也常把自己称为"科学实在论者"，因为对他们来说科学就是第一哲学。

非科学自然主义的代表有普特南、戴维森（D. Davidson）、罗蒂（R. Rorty）等。它否认自然科学尤其是物理学的霸权地位，反对科学主义、实证主义，而具有鲜明的多元论色彩，认为其他科学以及所涉及的实在、属性、解释、陈述等具有自主性。普特南指出，科学自然主义的吸引力是以对非基本实在（如意向的、规范的属性和陈述等）的恐惧为基础的，担心如果承认了它们就会陷入超自然主义。但是，反对科学自然主义并不等于承认超自然的或神秘的解释，而是否认"任何一种语言游戏能适合于我们所有的认知目标"，即赞成概念多元论。意向的话语、伦理学的陈述以及关于意义和指称的陈述等尽管只是奎因所说的"二级概念系统"（second-class conceptual system）而非"一级概念系统"（first-class conceptual system），但它们也是一种具有自己适用范围的语言游戏，因而是真实的陈述，也和其他陈述一样完全受真值和有效性规范的控制。② 在戴维森看来，科学自然主义通常包含这样的主张，即有关人的思想的研究可以模仿自然科学或者被纳入自然科学，其中模仿说明这种研究应当是经验性的、描述性的、方法论上是准确的，而纳入则意味着要还原为自然科学。③ 但在基础逻辑学、决策论和形式语义学中，这两个方面是可以分开的。根据他的"异常一元论"（anomalous monism），心理现象与物理现象之间没有严格的似规律关系，

---

① D. Papineau, *Philosophical Naturalism*. Oxford: Blackwell, 1993, pp. 1, 9 – 11.

② H. Putnam, "The Content and Appeal of 'Naturalism'", in M. De Caro et al (eds.), *Naturalism in Question*, Cambridge: Harvard University Press, 2004, pp. 61 – 70.

③ D. Davidson, "Could There Be a Science of Rationality", in M. De Caro et al (eds.), *Naturalism in Question*, Cambridge: Harvard University Press, 2004, pp. 167 – 168.

但它们之间是个例同一的,即"心理事件等同于物理事件"①。换言之,从本体论上说,只存在一种实在,即"一切事件都是物理的"②,但对一个事件可以有多种描述方式,"如果一个事件可用纯物理的词汇来描述,它便是物理的;如果它可用心理的词汇来描述,它便是心理的"③。关于心理现象、合理性、意向状态等的理论在我们日常理解、解释和预言人的思想和行动时是必不可少的,它们不能从法则上还原为自然科学,但却都是描述性的、在方法论上也是准确的。就心理现象来说,它们具有整体论、外在论和规范性的特征,这些特征对获得严肃的心理学科学构成了障碍,但由此并不能判定就不能存在一种科学心理学,因为能否得出这一结论,取决于你如何理解"科学"的含义,取决于心理的这些特征是否对它构成障碍。事实上,我们由此只能推出心理学既不能还原为物理学,也不能还原为其他自然科学。倘若如此,那么除非能被还原为自然科学是成为科学的一个必要条件,否则无法还原本身并不表明不能作这样还原的理论就没有成为科学的资格。④

德·卡罗等人的自由自然主义也是一种非科学自然主义。德·卡罗和麦克阿瑟说:自由自然主义"不是一个有准确定义的信条,而是最好被看成一系列陈述一种新自然主义形式的尝试,它想公正地对待包括社会和人文科学在内的科学的范围和多样性……公正地对待包括非科学的、非超自然的理解形式在内的理解形式的多样性。……此外,有些人还想承认非科学、非超自然

---

① [美]唐纳德·戴维森:《真理、意义与方法——戴维森哲学文选》,牟博选编,商务印书馆2008年版,第438页。
② [美]唐纳德·戴维森:《真理、意义与方法——戴维森哲学文选》,牟博选编,商务印书馆2008年版,第443页。
③ [美]唐纳德·戴维森:《真理、意义与方法——戴维森哲学文选》,牟博选编,商务印书馆2008年版,第438页。
④ D. Davidson, "Could There Be a Science of Rationality", in M. De Caro et al (eds.), *Naturalism in Question*, Cambridge: Harvard University Press, 2004, p.157.

的实在的可能性"①。自由自然主义既反对超自然主义，也反对科学自然主义，它想占据两者之间的概念空间。它与超自然主义的区别，在于它赞成自然主义的构成性命题，认为"就我们对它们的认识而言，其存在或真理性与自然规律相违背的实在或解释，都不应当被接受"②。而超自然主义由于承认"自然之外"还有实在存在，因而认为存在违反自然规律的实在。例如，根据有神论的超自然主义，自然之外还存在上帝，自然的存在依赖于上帝，自然的规律性会被上帝打断，而且上帝的干预是无法做出自然的预言和解释的。自由自然主义与科学自然主义的区别，在于它持有更宽广的本体论和认识论态度，"对有争议的实在（如道德实在、抽象实在、现象学实在、模态实在或意向实在）的认识论和本体论持有比科学自然主义者更开放的态度"，想以此为非科学但也非超自然的实在类型留下空间。也就是说，两者都认可自然主义的构成性命题，但自由自然主义对它作了弱化的解释，这体现在它增加了两个附加条件：一个是认识论条件，主张即使有些有争议的实在能实际地还原为科学实在，或者被证明在本体论上依赖于科学实在，但要充分说明这些实在的特征，仍须求助于这样的理解形式，它们既不能还原为科学的理解也不是超自然的，如概念分析、想象性推测或内省等。另一个是本体论条件，认为可能有些实在（如数）既没有也不能对科学所研究的世界有因果影响，而且它们既不能还原为能由科学说明的实在，又不在本体论上依赖于它们，但也不是超自然的，因为它们没有违反自然规律。③ 换言之，从本体论上说，自由自然主义拓

---

① M. De Caro and D. Macarthur, "Introduction: Science, Naturalism, and The Problem of Normativity", in M. De Caro et al (eds.), *Naturalism and Normativity*, New York: Columbia University Press, 2010, p.9.

② M. De Caro and A. Voltolini, "Is Liberal Naturalism Possible?" in M. De Caro et al (eds.), *Naturalism and Normativity*, New York: Columbia University Press, 2010, p.71.

③ M. De Caro and A. Voltolini, "Is Liberal Naturalism Possible?" in M. De Caro et al (eds.), *Naturalism and Normativity*, New York: Columbia University Press, 2010, p.75.

展了自然的范围，它不仅包含科学自然主义所认可的实在，而且还包含没有因果作用的实在，这样这些实在就没有违反世界的因果封闭性原则，因而不会违反任何科学规律。德·卡罗说："在自由自然主义者看来，这一事实即一类有争议的实在没有因果力，绝不是一个问题，反倒是把它作为真实的而接受的一个必要条件（即使不是充分条件）。然而，这种实在的存在与自然科学的主张是完全相容的，因为它们的存在并不意味着违背了自然世界的因果封闭性。因此，自由自然主义者不会由于接受了这些实在的可能性而被推向超自然主义。"① 从认识论上说，自由自然主义拓展了理解模式的范围，理解能用非科学方法解释的属性也不要求任何与理性理解相矛盾的特殊的理解模式。总之，根据自由自然主义，有些实在不能从科学上做出解释或消解，但也不是超自然的，因为它们不违反科学所研究的世界规律，也不是用反科学的方法理解的。德·卡罗说："非因果属性（如模态属性）可能存在，它们不能从本体论中取消，也不能还原为能作出科学解释的属性，并且在本体论上也不依赖于这些属性；它们没有因果效力，因此它们没有也不可能违反任何科学规律；它们可以用既与科学的理解不同又不与之冲突的方式来说明。这些本体论的和认识论的观点展示了自由自然主义何以能既不同于科学自然主义，又不会成为一种伪装的超自然主义。"②

第三，根据对物理学与其他科学关系的不同态度，自然主义可分为还原论自然主义和非还原论自然主义。既然自然主义把科学作为本体论上的存在与否和认识论上的认知对错的标准，那么接下来自然会有这样的问题：什么是科学？事实上，如何界定科学是将各

---

① M. De Caro and A. Voltolini, "Is Liberal Naturalism Possible?" in M. De Caro et al (eds.), *Naturalism and Normativity*, New York: Columbia University Press, 2010, p. 78.

② M. De Caro and A. Voltolini, "Is Liberal Naturalism Possible?" in M. De Caro et al (eds.), *Naturalism and Normativity*, New York: Columbia University Press, 2010, p. 82.

种自然主义区别开的一个重要特征。对此,人们既有一致的看法,如都认为科学就是要发现自然规律、做出成功的解释和预言,但也有不少分歧,如对下述问题就莫衷一是:有没有多种多样的自主科学?各门科学与物理学是什么关系?物理学能否对一切都做出说明?其他科学是否有必要还原为物理学?根据对这些问题的不同回答,自然主义可分为还原论自然主义和非还原论自然主义两大阵营。前者认为,本体论是由物理学或者从物理学逻辑地产生的科学决定的,一切科学都可还原为物理学。换言之,只存在一个本体论层次,即物理学的层次,生物学、心理学、社会学等各门科学仅就其能还原为物理学而言才具有科学的合法性。各种形式的还原都瞄着物理学的方向,都是将高阶的东西(理论、属性、规律或词语)还原为低阶的东西,而低层次的东西因更靠近物理学而具有优越性。例如,热就是分子运动,这里热这种属性就被还原为了分子运动这种属性,而后者就是一种奠基于物理学的属性。当然,人们对还原的本质有不同理解:第一种也是传统的理解来自欧内斯特·内格尔(E. Nagel),认为还原就是借助桥梁法则将高阶理论从物理学推导出来。[1] 第二种理解认为还原就是一种解释关系:如果一属性能根据基础属性做出还原的解释,它就被还原了。[2] 第三种理解认为,一属性的还原取决于能否根据它与其他属性的因果的或法则学的关系来对它做出阐释。[3] 第四种理解认为还原是一种决定关系,即低阶事实决定高阶事实的关系。[4] 还原论自然主义的核心主张是不存在多个本体论层次,因此它要求还原要一直进行到微观物理学,其目标也是要把所有层次都还原为最低层次。贝克认为,还原论自然主义有一个通用的形式:以属性 P 为例。属性 P 得到还原,

---

[1] [美]欧内斯特·内格尔:《科学的结构》,徐向东译,上海译文出版社2002年版,第11章"理论的还原"。

[2] J. Kim, *Supervenience and Mind*, Cambridge: Cambridge University Press, 1993, p. 10.

[3] J. Kim, *Mind in a Physical World*, Cambridge MA: MIT Press, 2000, pp. 24–27.

[4] D. Chalmers, *The Conscious Mind*, New York: Oxford Univeristy Press, 1996, p. 107.

当且仅当有属性 Q_1、Q_2……Q_n 在成功的微观物理学理论中被提到了，以至于 Q_1、Q_2……Q_n：（1）是局部的；（2）P 强随附于（supervene）Q_1、Q_2……Q_n。因此，还原论自然主义为真，当且仅当所有属性 P 都能还原为某些微观属性 Q_1、Q_2……Q_n。[①]

非还原论自然主义认为，本体论是由所有科学共同决定的，生物学、心理学、社会学、历史学等具有处于不同的本体论层次的领域，它们不能还原为物理学。贝克指出，非还原论自然主义就是这种主张："存在一些真实的属性，它们不是强随附于局域的微观物理属性。"[②] "局域的"这一限定在这里很重要，因为非还原论者认为真实的属性整体地随附于微观物理属性，而整体随附性显然是非局域的，因此对非还原论自然主义的限定只是：存在一些真实的属性，它们不是强随附于局域的微观物理属性。例如，非还原论自然主义者认为，具有认为湖里有水这一思想并不强随附于局域的微观属性，但却是一种真实的属性。就心灵主义词语来说，它们被用于成功的解释和预言之中，而且不能从成功的心理学理论中取消。科恩布利斯（H. Kornblith）指出，这些让我们有充分理由相信"这些词语真的具有指称。这是一个人主张心理状态和过程真实存在的全部证据"[③]。因此，如果非还原论自然主义是正确的，那么心理状态以及人们在这些状态下所例示的属性就是不可还原的。此外，非还原论者也否认解释还原论，认为各种非物理科学的解释都是存在的，但它们不能还原为用物理学词汇所作的解释。非还原论者仍是唯物主义者，认为一切具体对象最终都是由微观物理粒子构成的，

[①] L. R. Baker, *The Naturalism and First-Person Perspective*, Oxford: Oxford University Press, 2013, p. 8.

[②] L. R. Baker, *The Naturalism and First-Person Perspective*, Oxford: Oxford University Press, 2013, pp. 10–11.

[③] H. Kornblith, "Naturalism: Both Metaphysical and Epistemological", in P. A. French et al (eds.), *Philosophical Naturalism*, vol. 19, Midwest Studies in Philospy, Notre Dame: Notre Dame Press, 1994, p. 41.

但世界上除了存在最终的微观构成成分之外，还存在具有因果力的不可还原的宏观对象，因此，"虽然非还原论者在具体对象的最终构成成分上是一元论者，但他们根本不是关于本体论的一元论者。……总之，非还原论自然主义者对有关科学（进而有关本体论）的多元论持开放态度"①。

第四，根据自然化基础的差异，自然主义可分为朴素自然主义（naïve naturalism）和精致自然主义（sophisticated naturalism）。前者认为，一切可取之物都是自然地产生的，即都是人性的一部分，要么是天赋的，要么是大脑中固有的（hard-wired）。例如，自私自利、进取精神或公正都是我们基因中有的，理性和科学也不过是常识的延伸，一切自然的东西都优于人工的东西。浪漫主义者的口号"回归自然""感觉胜过理性"就体现了朴素自然主义的精神。精致自然主义认为，人类虽然很复杂，但仍然是动物，因此应当照顾他们的生物学需要，并将各种人性科学建立在生物学的基础之上。它还特别强调应对社会科学、伦理学、认识论等进行"自然化"。精致自然主义包括人文主义的自然主义（如斯宾诺莎的自然主义）、生机论的自然主义（如尼采的自然主义）和实用主义的自然主义（如杜威、詹姆斯等人的自然主义）等不同类型。人文主义的自然主义主张实在与自然、自然与神是同一的，它强调我们人类的神圣性，其核心精神就是康德所说的"所有人都应被当成目的而不是工具来对待"。生机论的自然主义主张，我们的一切观念和行动都应服务于个体的生存。实用主义的自然主义与生机论自然主义关系密切，两者都坚持人类中心论尤其是自我中心论，但前者以行动为导向，也希望利用科技来改善人类的状况，后者则完全排斥理性和

---

① L. R. Baker, *The Naturalism and First-Person Perspective*, Oxford: Oxford University Press, 2013, p. 11.

科学。①

第五，根据所持本体论标准的强弱，自然主义可分为强自然主义和弱自然主义。弱自然主义只是主张不存在超自然的实在，而强自然主义不仅同意这一点，而且还主张科学是实在和知识的唯一主宰。具体来说，强自然主义包含下述两个主张：（1）从根本上说，实在只不过是自然科学所谈论的东西；（2）我们的信念最终只能由科学方法证明。可见，强自然主义是由本体论和认识论两方面的论断组成的，其本体论论断还有一个推论，即实在完全可以用"科学语言"即不包含时态或索引词的语言来描述。② 总之，根据强自然主义，实在就是科学所知的一切，科学所知的就是存在的一切。

第六，根据自然主义的不同反应，自然主义可分为祛魅的自然主义（disenchanted naturalism）和乐观的自然主义（optimistic naturalism）。③ 前者主张，物理学能对世界是什么样子的作出全面的解释，我们所关心的价值、意义等其实都是幻觉。罗森伯格说："世界实际上是什么样子？它就是费米子和玻色子以及能由它们构成的一切，没有什么东西是不能由它们构成的。与费米子和玻色子有关的一切事实决定或'确定'着关于实在的其他事实以及这个宇宙或其他宇宙中存在的东西。""所有其他事实——化学的、生物的、心理的、社会的、经济的、政治的、文化的事实——都随附于物理的事实并最终都能由它们来解释。如果物理学原则上不能确定一个推

---

① M. Bunge, *Matter and Mind: A Philosophical Inquiry*, New York: Springer, 2010, pp. 93–94.

② L. R. Baker, *The Naturalism and First-Person Perspective*, Oxford: Oxford University Press, 2013, p. xvi.

③ 对这两种自然主义有不同的认识：罗森伯格是把它们作为不同的自然主义种类，祛魅的自然主义主张将目的、意义等处于物理学范围之外的东西取消掉，而乐观的自然主义者实际上是还原论者，认为通过自然化可以保留它们；而贝克认为这两种自然主义不是不同的自然主义种类，而是对自然主义所持的不同态度。参见 L. R. Baker, *The Naturalism and First-Person Perspective*, Oxford: Oxford University Press, 2013, p. 17, n. 13.

定的事实，那么它就根本不是事实。"① 因此，一旦我们理解了基础物理学的范围和意义，有关价值、意义、爱和目的等的问题就能从科学中读取到简单答案。从本体论上说，祛魅的自然主义只承认微观物理学所认可的规律和实在，认为意义、爱、价值和目的等都是幻觉，物理学已经把它们排除了，因此它留给我们的是普遍的虚无主义，如罗森伯格所说：科学对伦理学和道德持虚无主义态度，不存在道德事实或正确的道德，只有适应；心灵也不过是神经科学（它又可还原为物理学）所发现的东西。② 乐观的自然主义重视价值、意义等问题，认为它们是真实的，并且还试图对它们做出与自然主义相一致的回答。例如，托马斯·内格尔（T. Nagel）就认为，宗教气质就是由追求完满的愿望、与实在整体相联系的愿望、"对与整个宇宙融洽和谐的渴望"所描述的东西。③ 凯切尔（P. Kitcher）认为，伦理判断和伦理实践完全可以按自然主义方式来理解，伦理实践是以人的基本欲望为基础的，而生活的目的是我们自己的创造，是人类评价实践的组成部分，因此说没有上帝生活就会失去目的和意义是无稽之谈。④ 总体来说，所有祛魅的自然主义者都是还原论者，而乐观的自然主义者都是非还原论者，但并非所有还原论者都是祛魅的自然主义者。非祛魅的还原论者就是金在权所说的"保守还原论者"而非取消论者，⑤ 他们认为有关意义、目的、道德等的言论是合法的或有用的，但它们没有本体论意义，

---

① A. Rosenberg, "Disenchated Naturalism", in B. Bashour et al (eds.), *Contemporary Philosophical Naturalism and Its Implications*, New York: Routledge, 2014, p. 19.

② A. Rosenberg, "Disenchated Naturalism", in B. Bashour et al (eds.), *Contemporary Philosophical Naturalism and Its Implications*, New York: Routledge, 2014, p. 22.

③ T. Nagel, *Secular Philosophy and the Religious Temperament*, Oxford: Oxford University Press, 2010, p. 6.

④ P. Kitcher, "Challenges for Secularism", in G. Levine (ed.), *The Joy of Secularism*, Princeton, NJ: Princeton University Press, pp. 23 – 32.

⑤ J. Kim, *Physicalism, or Something Near Enough*, Princeton: Princeton University Press, 2005, p. 160.

丹尼特（D. Dennett）、刘易斯（D. Lewis）和金在权等就是这类非祛魅的自然主义者。贝克认为，还原与取消之间的不同是概念的而非本体论的，因此祛魅的自然主义者与非祛魅的自然主义者之间的差异只是态度问题。[①]

近年来，在心灵哲学中出现了一种新的情况，即科学自然主义的霸权地位开始动摇，人们开始对其本体论和认识论标准作"弱化"处理，从而提出了各种新的自然主义形式。在这种新的走向中，新的理论形态不断涌现，令人目不暇接、眼花缭乱。下面，我们就其中讨论较多、影响较大的形式作梳理考释。

[①] L. R. Baker, *The Naturalism and First-Person Perspective*, Oxford: Oxford University Press, 2013, p. 25.

第 二 章

表征自然主义

德雷斯基（F. Dretske）将其心灵理论称作"表征自然主义"（representational naturalism），认为处理和使用表征是心灵的主要任务，因此深入理解表征的本质及其自然主义基础就可以更深入地理解心灵。表征自然主义是由表征论题定义的，这个论题至少包括两个组成部分：（1）一切心理事实都是表征事实；（2）一切表征事实都是关于信息功能的事实。① 表征论题背后的工作假设是，无论我们如何详细和精确地认识心灵的生物学机制，都不能更好地理解心灵的本质。理解大脑及其工作机制当然是有用的，但这对于理解心灵远远不够，这就像对于照相机，你可以谈论光圈、焦距、快门速度等，但如果你不知道照片是什么、不知道相机是干什么的，那么即使你对相机的工作机制了如指掌，你仍不可能知道什么是照相机。德雷斯基认为，表征自然主义是解决意识问题的唯一途径，尽管它不能消除与心灵有关的所有神秘性，但它去除了内省的神秘性，可以让我们更好地理解意识经验为什么有时间性而无空间性，还能对意识的第一人称的质的特征（感受性、主体性）做出客观的解释，为意识的功能或目的做出合理的说明，所有这些优点都来自它将心灵看作大脑的表征的一面。应该说，当代多数哲学家对于用表征论题来解释命题态度并无多少异议，但对它在解释感觉事件方

---

① F. Dretske, *Naturalizing the Mind*, Cambridge, Mass：MIT Press, 1995, p. xiii.

面的表现心存疑虑，因此德雷斯基在阐述表征自然主义时也主要聚焦于感觉经验。

第一节 关于感觉经验的表征概念辨析

感觉经验是意识最主要的所在地，现象学经验支配着我们的心理生活，正如马塞尔（A. J. Marcel）所说：如果没有感觉经验，我们可能就不会有意识概念。① 根据表征论题，一切心理事实都是表征事实，那么经验的性质、事物在感觉层次显现给我们的样子就是由事物的被表征为具有的属性构成的。但德雷斯基认为，并非一切关于表征的事实都是表征事实，因此也并非所有表征都是心理的，经验是一种特殊的表征，即非概念的表征形式。为了理解表征论题的实质，我们有必要对表征的本质及其不同形式进行一番考释。

一 表征事实与关于表征的事实

根据德雷斯基的定义，"一系统 S 表征一属性 F，当且仅当 S 具有指示某个领域的对象的这种 F（提供关于它的信息）的功能。S 执行其功能（当功能得到执行时）的方式是通过居于与 F 的不同确定值 f_1、f_2……f_n 相应的不同状态 s_1、s_2……s_n"②。以汽车的速度表为例。它的功能是表征汽车的速度，向司机等提供速度信息。速度表的不同状态（指针的不同位置）对应的是不同的车速，每个状态都携带着不同的车速信息，如指针指着"50"表示车速是每小时50公里，指着"100"则表示车速是每小时100公里。速度表具有指示车速的功能以及指针指着"50"表示每小时50公里，都是关于速度表和它的这个状态的表征事实，这是设计速度表的目的，是

---

① A. J. Marcel, "Phenomenal experience and functionalism", In A. J. Marcel and E. Bisiach, *Consciousness in Contemporary Science*. Oxford: Clarendon Press, 1988, p. 128.

② F. Dretske, *Naturalizing the Mind*, Cambridge, Mass: MIT Press, 1995, p. 2.

它应当做的事。当然，应当做并不表明实际做，有时由于故障速度表指着"50"却没有携带每小时50公里的信息，而是携带着每小时30公里的信息，这里速度表就出现了错误表征。

另外，速度表是通过电路与轮轴的连接来传递速度信息的，这个事实是关于表征系统的事实，却不是表征事实。没有电路，速度表不能传递速度信息，但有电路也并不能说明速度表的功能就是传递速度信息。因此，"关于S的表征事实是关于S被设计来做什么的事实，是关于它应当携带什么信息的事实"①。

根据表征自然主义，表征事实（representational facts）与纯粹的关于表征的事实（facts about representations）不同，就像心灵不同于大脑一样。神经学家知道很多与大脑有关的事实，这些事实最终甚至就是关于心理表征（经验和思想）的事实，但这并不会使有关这些事实的知识成为关于心灵的知识，因为"认识心灵、认识心理事实就是认识表征事实，而不仅仅是认识关于心理表征的事实"②。就速度表而言，重要的不是它是否提供了速度信息，而是它是否有提供速度信息的功能。这说明对于表征，我们不仅要根据信息论来理解，还要根据目的论来理解，换言之，表征不仅能携带信息，而且携带信息还必须是它的功能，这体现了表征思想中的规范性因素。因此，并非所有携带信息的事实都具有携带信息的功能，有无功能的信息，但没有无功能的表征，即使某个表征系统出了故障没有正常执行其功能，但我们仍会认为它有那样的功能。就此而言，"感官产生世界的表征，这不仅是因为它们在正常状态下传递了关于世界的信息，而且是因为这就是它们的工作"③。

根据上述分析，感官的功能是表征世界，即提供有关世界的信息，但这些功能源于何处、它们要提供什么信息、我们关于对象的

---

① F. Dretske, *Naturalizing the Mind*, Cambridge, Mass: MIT Press, 1995, p. 3.
② F. Dretske, *Naturalizing the Mind*, Cambridge, Mass: MIT Press, 1995, pp. 3 – 4.
③ F. Dretske, *Naturalizing the Mind*, Cambridge, Mass: MIT Press, 1995, p. 5.

经验与关于对象的思想何以不同、是什么使某些表征能让它们所处的系统意识到表征对象，要回答这些问题，我们还得考虑有关表征的其他概念。

二 自然表征与约定表征

系统或状态的功能就是设计它来做的事情。由于设计有不同的缘由，不同的缘由会产生不同的功能，从而会有不同的表征形式。根据来源不同，功能可分为自然获得的功能和按约定赋予的功能，从而表征也可分为两种，即自然表征（natural representations）和约定表征（conventional representations）。

如果一个事物携带信息的功能来自其设计者、制造者或使用者的意向或目的，那么由此所产生的表征就是约定的表征。例如，根据人类的设计，将水银放在有刻度的玻璃管里就能提供温度信息。这里，提供温度信息是温度计的功能，但这种功能是人类赋予的，因此它们的温度表征是约定表征。而旗杆和金属回针也能携带温度信息，因为它们的体积会随温度的变化而变化，但携带温度信息却不是它们的功能，即不是设计它们要做的事情，因此尽管它们与温度计携带了同样的温度信息，但它们并不表征温度。就人类的感官来说，它们携带信息的功能是一种生物学功能，源于人类的进化史，因此包括本体感觉在内的知觉系统能产生关于人体内外状况的表征，从而具有提供相关信息的功能。不过，人类感官的这种功能尽管源于自然选择的进化过程，在某种意义上也源于一种设计，但这种设计不同于人的设计，正如基切尔所说："达尔文的重要发现之一是，我们可以想象没有设计者的设计。"[1] 感觉执行信息功能所产生的表征具有一种内容，即它们所说、所意指的东西，这种内容

---

[1] P. Kitcher, "Function and design", *Midwest Studies in Philosophy*, 18, *Philosophy of Science*, P. French, T. Uehling, Jr., and H. Wettstein, eds. Notre Dame, IN: University of Notre Dame Press, p. 380.

并不依赖于我们的目的和意向，因此感官在执行其功能时所产生的内部状态（经验、感觉等）具有本源的意向性，即它们所表征、意指的东西并非来自我们，就此而言，这些表征可称作自然表征。根据自然表征与约定表征的划分，心理状态都是自然表征。①

三 系统的表征与获得的表征

尽管心理状态都是自然表征，但心理状态既包含感觉经验，也包括思想、信念，要将这些不同的表征形式区别开，还需要考察它们之间的差别。

德雷斯基认为，经验是感觉表征，而思想、信念等是概念表征，"所有表征都是关于（所称的）事实的表征，但并非所有这些表征都是概念表征"②。例如，你可以从知觉上觉知（如看到或闻到）粥煳了，但如果你不理解什么是粥或者煳了是什么意思，也就是说，你对粥煳了这一事实没有概念觉知，那么你就不会相信粥煳了，这时你"闻到"粥煳了却没有把粥"闻成"煳了。对于具体对象和事件，感觉表征与概念表征之间的区别一般很明显，但对于数、差异、大小、颜色等抽象对象则会出现歧义性。德雷斯基说："当我们用一个抽象名词或短语描述我们所看到、听到或感觉到的东西（即我们觉知或意识到的东西）时，所描述的一般是关于某个未详细说明的事实的概念觉知。"③ 例如，当你说小明觉知到了他的蓝衬衣的颜色，这就意味着他觉知到衬衣是蓝色的，即以某种概念的方式表征了这种颜色，如将它表征为蓝色或天空的颜色等，如果他不是从概念上知道他的衬衣是什么颜色，我们就不能说他看见了他衬衣的颜色。这两种表征之间的差别对于思考表征属性的方式以及思考我们因此而意识到的属性都很重要。

---

① F. Dretske, *Naturalizing the Mind*, Cambridge, Mass: MIT Press, 1995, p. 9.
② F. Dretske, *Naturalizing the Mind*, Cambridge, Mass: MIT Press, 1995, p. 9.
③ F. Dretske, *Naturalizing the Mind*, Cambridge, Mass: MIT Press, 1995, p. 10.

"现象学的"（phenomenal）一词通常用于描述感觉的觉知模式。现象学觉知就是一种不需要概念觉知的觉知模式。因此，一个人从现象学上意识到了衬衣的颜色，却不一定意识到某种东西是蓝色的。在德雷斯基看来，这两者的区别就是系统的表征（systemic representations）与获得的表征（acquired represenatations）的区别。①他说，无论感觉、经验还是信念、思想都是表征，而一切表征都是特殊的或个例的状态或事件。但个例状态的指示功能有两个不同的来源：（1）状态的指示功能以及其表征地位来自它所处的系统，他将之称作系统的指示功能，将它们所产生的表征称作系统的表征。例如，温度计的功能是提供温度信息，如果 a 是水银柱处于刻度 70 时的状态，那么它就具有指示温度是 32 度的系统功能，因此状态 a 就系统表征温度是 70 度。（2）状态的指示功能不是来自它所处的系统，而是来自它所属的状态类型。德雷斯基将这些功能称作获得的指示功能，将它们所产生的表征称作获得的表征。还以温度计为例。不管 a 的系统表征是什么，它都能获得一种特殊的指示功能。比如，通常 a 是水银柱处于刻度 70 时的状态，它表示温度是 70 度，如果在这个点上我们不是标上"70"而是标上"危险"，那么 a 状态就表示危险，指示危险的功能就是 a 的获得的指示功能，而关于危险的表征就是获得的表征。总之，个例状态能以系统的方式进行表征，也能以获得的方式进行表征，但它们获得表征的东西未必就是它们系统表征的东西。

基于上述分析，德雷斯基指出："经验状态的表征属性是系统的，而思想或一般的概念状态的表征属性是获得的，因此经验的表征内容是由它们所属的感觉系统的生物学功能决定的。一个经验系统表征世界的方式是由它所属的系统的功能决定的。因此，一个感觉状态的性质（事物在最基本的、现象学的层次上看起来、听起来

---

① 参见 F. Dretske, *Naturalizing the Mind*, Cambridge, Mass：MIT Press, 1995, pp.12–13.

和感觉起来是什么样子）是从种系上决定的。""信念表征世界的方式是从个体发生上决定的。"① 正由于此，关于 k 是红色的系统表征（一种红的感觉）与关于 k 是红色的获得的表征（k 是红色的信念）不同，尽管它们都是关于 k 是红色的表征。

对上面的划分，我们可以用下图来展示：

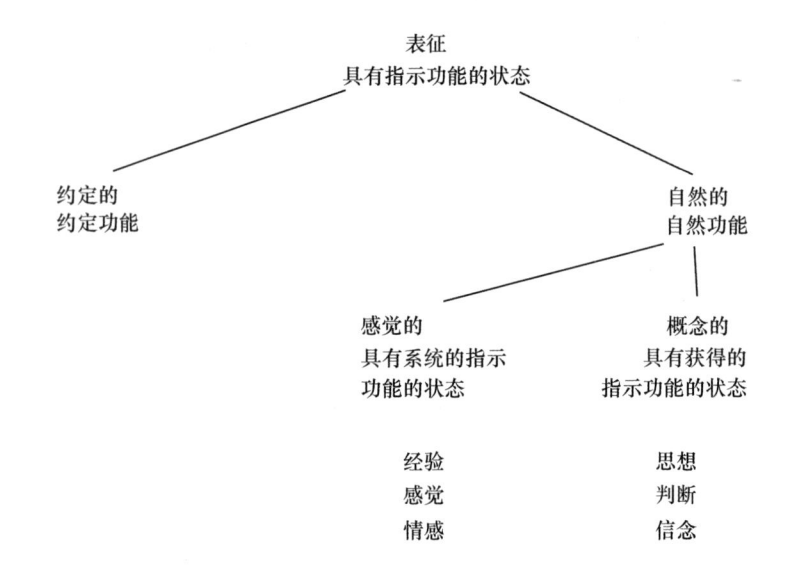

```
                     表征
                具有指示功能的状态
              /                    \
        约定的                      自然的
        约定功能                    自然功能
                              /              \
                        感觉的              概念的
                     具有系统的指示       具有获得的
                      功能的状态         指示功能的状态

                        经验              思想
                        感觉              判断
                        情感              信念
```

根据表征自然主义，第一，经验是系统表征，但并非所有的系统表征甚至并非所有的自然系统表征都是心理的。经验是服务于建立获得表征的自然系统表征，是可以通过学习进行校准以更有效地服务于有机体的需要和愿望的系统表征。它们作为状态的功能是为认知系统提供信息，以便在控制和调节行为时进行校准和使用。第二，感觉系统具有种系发生的功能，因而在很大程度上具有福多所说的模块性（modularity），即硬连线、信息封装的等。② 第三，表征系统借以执行其信息功能的状态有一种结构，它能让这些状态获得功能，但不一定是显性地获得这些功能的。以钟表为例。只要我

---

① F. Dretske, *Naturalizing the Mind*, Cambridge, Mass：MIT Press, 1995, p. 15.

② 参见 J. Fodor, *Modularity of Mind*. Cambridge, MA：MIT Press, 1983, pp. 47 – 101.

们将"12"归属给了钟针的某个位置,余下的指示状态(钟针的位置)就会获得一种隐含的指示功能。也就是说,一个状态通过显性地获得一种指示功能,所有指示状态都能获得一种隐性的指示功能。第四,某种感觉形式不是只有指示某种属性的功能,而是有多种指示功能。例如,听觉不仅可以提供有关音高和声音强度的信息,还能提供有关音色和声音方向的信息。视觉不仅提供了色彩、位置的信息,还能提供形状和运动的信息。第五,经验的主观性质即现象学的表象是经验将事物系统表征成的样子。① 我们用汽车速度表的两种设计来做个说明。根据第一种设计,车速表是通过记录轮轴的转动来表征车速。由于不同的汽车会使用规格不同的轮胎,而装大轮胎的轮轴比装小轮胎的转速要慢,因此要准确表征车速,厂家会让用户对车速表进行校验。比如,如果我的车使用正常规格的轮胎,我会将"50"标在速度表指针的 a 位置,如果你的车使用大轮胎,你会在 a 位置标上数字"60",这样当轮轴转动使速度表指针到达 a 位置时,我的车速就是每小时 50 公里,而你的是每小时 60 公里。质言之,指针位置 a(系统的这一状态)在两台车上具有相同的系统功能,即指示轮轴的转速是 N,由于校验不同,它们具有不同的获得功能,在我的车上 a 状态的获得表征是 50mph,在你的车上它的获得表征是 60mph。如果我们把速度表看成一种"知觉"装置,那么我们可以说个体系统有相同的"经验",即关于轮轴的转速 N 的"经验",却有不同的"信念",即关于车速的信念。换言之,a 在所有汽车上的系统表征都相同,即表征轮轴的转速 N,这是关于 N 的一种经验,但它在不同汽车上的获得表征不同,在我的车上它的获得表征是 50mph,在你的车上是 60mph。就是说,在校验之后,我车上的速度表会将轮轴的转速 Nrpm"看作"速度为 50mph,而你的速度表因校验不同,虽然也"看见了"相同

---

① 参见 F. Dretske, *Naturalizing the Mind*, Cambridge, Mass: MIT Press, 1995, pp. 19-22.

的东西（轮轴的转速是 N），但会把它"看作"60mph：我们的速度表有相同的"经验"，但这种经验却产生了不同的"信念"。第二种设计是第一种的改进版：速度表指针的位置改由轮轴的转速和车轴离地面的高度两个信息源决定，这样不管轮胎大小，指针都可靠地指示车速，而且速度表在工厂里就进行了校验，由此，速度表的个别状态（指针位置）就具有指示速度的系统功能，就是说速度表的设计是用来提供车速的信息而不是轮轴转速的信息。根据上面的类比，我们可以说速度表"经验"了车速而不是轮轴的转速。至于它"相信"什么则取决于速度表的状态被归属了什么指示功能，即它的获得表征是什么。如果 a 状态有指示速度 50mph 的系统功能，我们在此时的指针位置标上"50"就会赋予它指示车速每小时 50 公里的获得功能。如果我们不关心具体的车速，也可以将速度表的表盘分成"慢速""中速""高速"三个部分，这样 a 状态（具有指示速度为 50mph 的系统功能）就与 b 状态（具有指示速度为 48mph 的系统功能）就具有相同的获得功能，即都指示中速。在这种情况下，速度表"经验"到了 50mph 和 48mph 之间的不同，但把这两个速度都"看成"中速，即从概念上说它"忽略"了 48mph 与 50mph 之间的感觉差异。这说明感觉系统具有传递连续性质的信息的功能，而认知系统往往只关注对个体系统的需求和目的更有用的概略信息。就经验的主观性质来说，我们也可以说第一种设计的速度表具有车轴转速感受性，而第二种设计的速度表具有速度感受性，但它们都以同样的方式"描述"（获得表征）事物在它们看起来的样子，即将车速"描述"为每小时多少公里。

四 表征的属性与表征对象

表征对象与表征的属性之间的区别实质上是表征的指称与表征的含义之间的区别。表征有含义，这就是它们对之具有指示功能的属性，表征经常也有指称，即它们表征了其属性的对象，但含义不决定指称，含义相同的两个表征可能有不同的指称。例如，温度计表征的属性是温度，但表征同一温度的温度计却可能有不同的表征对象，如有的表征水温，有的表征气温。

上述例子说明，表征不提供与外部对象的关系，或者说表征不表征语境。就此而言，德雷斯基说经验作为一种表征是一种从物的（de re）表征模式，"决定其指称（即它所表征的对象）的不是它是如何表征的，而是某种外部的因果或语境关系，可称之为C"[①]。也就是说，从物的表征模式的指称是从语境上决定的。由于经验的真实性取决于其指称，取决于它所经验的对象，因此经验的真实性部分是由语境（C）决定的。如果S将k表征为蓝色，那么语境C就会让k成为S的表征对象，因此，C决定着k是蓝色的这一表征是否真实。然而，与表征具有关系C的k（而不是其他对象或者根本没有对象）不是这个表征的表征对象，表征将k表征为蓝色，但它们这样表征却不会将它表征为它们的对象。因此，S表征k并不是关于S的表征事实。它是关于一个表征的事实，但不是一个仅仅与系统对之具有指示功能的东西有关系的事实。S具有指示那些与它具有关系C的对象的F的功能，但它没有指示从而也没有表征哪些对象或是否有对象与它具有关系C。当我们说S（它的功能是指示F）表征k时，就暗示了对于某个F来说S表征或错误表征了k的F。因此，S表征k，暗指了一个表征事实，即对某个F来说，S表征了k的F。但它也暗指了一个非表征事实，即k与S具有关系C。因此，关于表征对象的事实是混合（hybrid）事实，即表征事实与关于表征的事实的混合。

根据上述分析，在我说S将某物表征为蓝色时，这时的"某物"并不是一个存在量词，它指的是与S具有关系C的任何对象或

---

① F. Dretske, *Naturalizing the Mind*, Cambridge, Mass: MIT Press, 1995, p. 24.

根本不是什么对象。因此,当存在某个蓝色的东西时,S会将它表征为蓝色的,如果这个东西不是蓝色的,它也可能将之错误地表征为蓝色,而当不存在这个东西时,它也会错误地表征某个东西是蓝色的,这时S的表征内容既不为真也不为假。总之,对于感觉经验来说,其错误表征采取了两种形式,即有表征对象时,它错误地将不是蓝色的对象表征为蓝色的,而在没有表征对象时,它将根本不存在的对象表征为蓝色。

五 表征载体与表征内容

根据表征解释,感觉经验具有表征特征。德雷斯基指出,在这方面经验与故事有点相似。对于一则故事来说,它至少指两个方面的内容:一是讲述故事的词语,二是这些词语所表达的意思,他将前者称作故事的载体,将后者称为故事的内容。故事的载体在书中,而故事的内容并不在书中。

经验也有表征的载体和表征的内容。经验的载体就是头脑中的具有表征内容的物理状态,而经验的内容是它所表达的关于世界的故事,"正如使一个故事成为故事的是它所讲述的事情,即故事内容,同样,使一个心理状态特别是经验成为经验的是它所经验的对象"①。我们都可以讲述一个关于蓝狗的故事,也会有关于蓝狗的经验,但蓝狗故事(蓝狗载体)既不是蓝色的也不是像狗一样的。因此,我们观察一个经验蓝狗的人的大脑并不会发现蓝色的和像狗一样的东西,而只会发现大脑中灰色物质和其中的电化学活动。换言之,我们只看到了经验载体,而这与经验内容完全不同。因此,根据表征论题,使头脑中的东西成为心理的事实,即皮质中的电化学活动转变为蓝狗经验的事实,是不能通过观察大脑来发现的,"使皮质中的某种电活动模式变成一种蓝狗经验的,是关于这种活动表

---

① F. Dretske, *Naturalizing the Mind*, Cambridge, Mass: MIT Press, 1995, p.36.

征什么、它有指示什么的功能的事实。某物所表征的东西、它对之具有指示功能的东西,并不是一个人通过观察皮质、表征就能发现的事实。……观察一个拥有一个经验的人的大脑不会告诉你这个人在经验什么。经验载体在那里,但经验内容不在,而且就像故事一样,是内容使经验(故事)成为它这样的经验(故事)"①。就此而言,心灵是不在头脑之中的。

第二节 意向性的表征解释

通常认为,意向性是心理现象的标志。布伦塔诺(F. Brentano)说:"每一心理现象的特征在于具有中世纪经院哲学家所说的对象的意向性的(亦即心理的)内存在和我们可以略为含糊的词语称之为对一内容的指称,对一对象(不一定指实在的对象)的指向,或内在的客体性的东西。每一心理现象都把某物当做为对象而包容于自身之中,尽管方式可能不同。在表象中总有某物被表象,在判断中总有某物被肯定或否定,在爱中总有某物被爱,在恨中总有某物被恨,在欲望中总有某物被欲求,如此等等。这种意向性的内存在是为心理现象所专有的。没有任何物理现象表现出类似的性质。所以,我们完全能够为心理现象下这样一个定义,即它们都意向性地把对象包含于自身之中。"② 德雷斯基认为,表征自然主义可以对意向性做出令人满意的解释,通过把心理事实特别是关于感觉经验的事实看成自然秩序的一部分,看成总体的生物学和发展设计的表现,就能解释意向性来自何处以及它为何产生。

第一,错误表征能力被看作意向性的首要标志。③ 也就是说,

---

① F. Dretske, *Naturalizing the Mind*, Cambridge, Mass: MIT Press, 1995, p. 37.
② [德]布伦塔诺:《心理现象与物理现象的区别》,陈维纲、林国文译,载倪梁康主编《面对实事本身:现象学经典文选》,东方出版社2000年版,第49—50页。
③ R. Chisholm, *Perceiving: A Philosophical Study*. Ithaca, NY: Cornell University Press, 1957.

心灵具有在 k 不是 F 时 "说" 或 "意指" k 是 F 的能力。根据表征自然主义，表征是具有系统的或获得的指示功能的状态，心灵的系统表征能力来自自然选择的进化过程，但根据不同的语境，它具有不同的获得表征能力，在有些情况下，它的获得表征与系统表征并不一致，从而会出现错误表征。当然，心灵的自然表征与符号、图表、量表、仪器等不同，它并非来自我们自身，心理状态以本源的而非派生的方式表现了意向性的错误表征能力。

　　第二，意向性也被称作关于性（aboutness），即一事态指称或关于另一事态的能力。如小明看见小王，听到小王说话，具有关于小王的思想和愿望。除非小明具有使小王成为其对象、成为他的思想、经验或愿望所关于的对象，否则他就不可能具有关于小王的能力。同时，我们的经验和思想不仅会指称对象，还会涉及对象的属性。例如，我们看见一个篮球，这时我们不仅经验到篮球这个对象，还会经验到它的颜色、形状、运动以及质地。我的经验既关于这个篮球也关于篮球的这些属性。在我面前没有篮球即没有具有我所经验的这些属性的对象时，我也可能经验这些属性，就像在出现幻觉或做梦时那样。也就是说，不管是否有一个对象，经验仍是关于橘黄色、圆形的、会运动和橡胶质地的经验。人造物如测量仪器在派生的意义上也能表现出关于性。但这里要注意的是，虽然关于性可以根据对一表征状态来理解，而指称是由语境关系决定的，但这并不意味着意向性就是两个对象之间的一种因果或信息的关系。使 S 关于对象 k 的不只是 k 与 S 之间有关系 C，与 S 有关系 C 是 S 关于 k 的必要但非充分条件。与 k 具有关系 C 的系统是一个表征系统，具有指示那些与它具有 C 的对象的 F 的功能。如果 S 没有这种功能，如果不存在 S 应该指示的关于 k 的东西，那么即使 k 与 S 有关系 C，S 也不会关于 k。

　　第三，心理状态不仅有指称、关于性，有指称的对象，而且它们还是以某种方式表征其对象的，塞尔将这些表征方式称作心灵的

"侧面形态"（aspectual shape），他说："每个意向状态具有一个特定的侧面形态，而这一侧面形态是它自身的组成部分，是使它成为它所是的状态的组成部分。"① 例如，在想一只皮球时，我们总是以某种方式想它，如认为它是红的不是蓝的、是圆的不是方的、是静止的不是运动的，等等。德雷斯基说："当一个对象被表征时，它总是在某个方面之下被表征的。即使在没有对象时，这个方面仍然存在。"② 经验的对象也是如此。我们关于某个对象（如苹果）总是某个方面的样子，如红的、圆的和硬的等，因此，经验是关于对象的，但我们只有在某个侧面之下进行经验才能经验一个对象。德雷斯基说："指示功能针对这一属性而非那一属性的专一性（即使这些属性具有法则的联系），解释了表征的侧面形态。"③ 因此，表征论题很好地解释了经验和思想的侧面特征。

第四，指向性也是内在于经验的一种属性，是经验借以指向某个对象或事实的性质，无论是否实际地存在客观的指称对象，经验都表现出了这种指向性。米勒（I. Miller）说："由于一行为无论是否有一个对象都有指向性，因此解释这一行为的指向性的必定是与这个对象不同的东西。在胡塞尔看来，这种'东西'就是行为的意向对象。"④ 他认为，意向对象决定着哪个对象是经验的对象。因为一个经验要被指向，它就要有一个意向对象。而说经验有指向性，就是说它们有一种可主观理解的性质，从而如果它们有一个客观的指称，即它们所关于的某个对象，这种性质就决定着它是哪个对象。德雷斯基认为，如果这样理解指向性，就应该存在某种主观的经验性质，但实际上经验并没有这样的性质。当我们经验一个对象时，我关于它的经验中并没有什么决定着我经验的是哪个对象。事

---

① ［美］约翰·塞尔：《心灵的再发现》，王巍译，中国人民大学出版社2005年版，第130页。
② F. Dretske, *Naturalizing the Mind*, Cambridge, Mass: MIT Press, 1995, p. 31.
③ F. Dretske, *Naturalizing the Mind*, Cambridge, Mass: MIT Press, 1995, p. 32.
④ I. Miller, *Husserl*. Cambridge, MA: MIT Press, 1984, p. 16.

实上，如果经验指向什么对象是由经验的语境属性或关系属性决定的，指向性就与关于性相同，它就不是表征意向性的一个额外的方面。当然，有时经验表征的属性只适用于唯一的对象。例如，视觉经验将对象表征为处于特殊的场所，这些场所只能被一个对象占据。某物被表征为在这里或那里。但我在某个时刻可以将不止一个对象表征为红色的，因而被表征为红色的一个对象不会决定我在表征的是哪个对象。但是，如果我将一个对象表征为在这里（按通常的理解，只有一个对象能被表征为在这里），那么将它表征为在这里就决定着被那样表征的是哪个对象，即被表征为在这里的对象。如果这是指向性，那么指向性就不与经验的对象指称相联系，而与所说的这个对象被表征为具有某些特殊的属性相联系。①

第三节 内省的表征解释

内省是一种特殊的意识，即反思性意识，是非推理地觉知当下心理事件的一种特殊能力。内省知识是心灵关于自身的直接知识，内省是我们获得这种知识的过程。尽管人们对内省的本质和内省知识的权威性存在分歧，但都承认自我认识与认识他人之间存在重大的差异，问题是如何解释自我认识、如何解释第一人称的权威性。

德雷斯基认为，表征自然主义可以排除有关内省的神秘性，可以对内省知识提出一种简单而可信的解释。根据表征理论，人通过内省所认识的是其心理生活的事实，即关于内部表征的事实，但一个人为获得这些事实而感知的对象和事件很少是内部的和心理的，他是"通过觉知物理对象来觉知表征事实"。例如，要知道 A 看起来比 B 长，人们不是通过对将 A 表征为比 B 长的经验觉知，而是通过觉知 A 和 B，即觉知经验的对象。"根据关于心灵的表征理论，

---

① F. Dretske, *Naturalizing the Mind*, Cambridge, Mass: MIT Press, 1995, p. 34.

内省是被取代的知觉（displaced perception），即通过觉知外部的（物理）对象而得到的内部（心理）事件的知识。"① 只要我们知道内省不是人向内看的过程，内省之谜就会消失。

一　被取代的知觉

在很多情况下，我们知觉到的事实并不是我们所感知的对象的事实。例如，我们在称体重时所感觉到的对象是体重秤，但获知的事实是体重。这种知觉对象在一个地方而知觉事实在另一个地方的情况是很常见的。在这些情况下，人们知道 k 是 F，如看到或听到 k 是 F，这不是通过看和听 k 本身，而是通过看和听 h。这时，知觉事实被知觉对象取代了。德雷斯基说："当存在 k 的概念表征但没有相应的感觉表征时，就会发现知觉的取代，即看见 k 是 F 不是通过看见 k 而是通过看其他对象 h。"② 例如，我在看体重秤而知道体重增加了 5 磅时，就存在关于我体重增加了 5 磅的概念表征，但我的感觉表征是关于体重秤而不是关于我。换言之，从感觉上说，我的表征（系统表征）是体重秤的颜色、位置、大小、形状等属性，而不是我的属性，但从概念上说，我所表征的属性是我体重增重了 5 磅，这是我的属性，而不是体重秤的属性。因此，知觉的取代需要关联性信念，即感知对象（h）的属性与知觉信念的对象（k）的属性之间有某种合适的关系。如果你不知道你站在体重秤上，从而不相信它指针的位置指示体重，那么你看体重秤也不会看到你的体重是多少。

内省知识是关于心灵即心理事实的知识。根据表征论题，心理事实是表征事实，因此内省知识是关于一表征的概念表征，即关于某种东西是一个表征或者具有某种表征内容的事实。在这个意义

---

① F. Dretske, *Naturalizing the Mind*, Cambridge, Mass：MIT Press, 1995, p. 40.
② F. Dretske, *Naturalizing the Mind*, Cambridge, Mass：MIT Press, 1995, p. 41.

上，内省知识是元表征。① 注意，这里的元表征不是指关于表征的表征，而是指关于表征是表征的表征。例如，照片可以看作关于所照对象的一种形象的表征，我们可以用多种方式表征这张照片，如可以将它表征为一张纸、表征为重 2 克的一张纸、表征为长方形，等等，我们也可以把它表征为小明的照片，这时我们产生了一种元表征。

内省知识是一种元表征，是关于某种东西（一个思想、一个经验）是一个思想或一个经验的表征，或者更具体地说，是关于这的思想或关于那的经验的表征。② 例如，如果 E 是一种蓝色经验（感觉表征），那么关于这个经验的内省知识就是关于它是一个蓝色（或关于颜色的）经验的概念表征。也就是说，如果内省知识是一种被取代的知觉，那么，对于一个蓝色经验来说，它是通过不是关于经验而是关于其他对象的感觉表征而被从概念上表征为蓝色经验。因此，一个人经验蓝色，不是通过经验蓝色经验，而是通过经验某个被取代的对象。这个被取代的对象通常是蓝色经验所关于的对象，即人所看到的蓝色对象。

二 他心知问题

内省是关于自己心灵的直接知识，而他心知就是认识他人心灵的事实，它们都是关于表征的认识论所研究的问题。德雷斯基认为，借助于考察一个人如何理解测量仪器怎样表征它们的对象，我们可以更容易地探知他心知的本质。

德雷斯基指出，这里探究的问题不是：一个人如何知道测量仪器表征的是什么对象或者它是否表征了一个对象。如前所述，S 表

---

① 参见 Z. W. Pylyshyn, "When is attribtuion of beliefs justified?" *The Behavioral and Brain Sciences*, 1 (1978): 593. J. Perner, *Understanding the Representational Mind*. Cambridge, MA: MIT Press, p. 35.

② F. Dretske, *Naturalizing the Mind*, Cambridge, Mass: MIT Press, 1995, p. 44.

征 k 是一个混合的表征事实。S 表征某个对象的压力、速度或曲率等，这本身不是关于 S 的表征事实。说 S 表征 k 既是指（1）k 与 S 有关系 C，也是指（2）对于某个 F 来说，S 表征任何满足（1）的对象的 F。（1）不是一个表征事实，从而不是一个心理事实。那么，认识仪器的"心灵"就是要知道（2）而不是（1）。如果仪器能内省，能知道它们自己的表征状态，那么它们就知道它们是如何表征它们所表征的东西，就知道什么决定着它们所表征的 F 的值，但它们并不知道它们表征的对象是什么或者知道存在这样表征的对象。S 具有指示它所表征的东西的功能，但并没有指示它们表征的对象是什么或者存在这样的对象的功能。当然，我们了解仪器如何表征其对象与了解另一个人如何表征其对象不同，因为对于仪表的表征功能我们只需看看说明书就行，因为制造商在出厂前就规定和标度好了。例如，压力表的面板上都标着磅/每平方英寸（psi），因此，如果我们看到指针指着"14"，我们就知道压力表将水箱的压力表征为 14psi。但人类的大脑上没有这样的标度。

德雷斯基说，为了考察他心知问题，我们可以假设仪表上没有解释性或说明性的符号。我们的任务是寻找它的指示功能以及其状态的意见。例如，如果我们假设面前的仪表是压力表，其指针的位置具有表征压力的系统功能，那么我们接下来要解决的问题是，当它指针处于某个位置（如 P）时，P 表征什么意思、它将压力表征为什么。只有这样，我们才知道压力表如何"经验"世界，它的表征"心灵"中在发生什么。但解决这个问题只观察指针位置 P 不行。根据表征论题，对于仪表指针的读数，我们必须确定 P 对于压力应该携带什么信息、P 具有提供什么信息的系统功能，由此我们才能知道 P 将压力系统表征成了什么。只要我们知道这些，我们就知道如果系统自身能内省的话，它要知道它如何表征事物就必须知道什么。德雷斯基说："要揭示 P 在压力方面的意义，就要揭示它有指示什么压力的功能。要揭示它有指示什么压力的功能，就要揭示这个仪表处于状态 P 并且以其应该起作用的方式起作用时压力是多少。如果压力是 14psi，那么若仪表做了其功能所要求的事情，它所占据的状态就必然具有批示 14psi 的功能。这就是 P 的意义。"① 也就是说，如果一个系统的功能是指示 F，那么在它正常工作时，事物"呈现"给它的就是事物实际的样子，它所占据的状态就表示 F 的实际值。因此，通过确定系统正常工作时的 F 的实际值就能将意义归属给这些状态。

当然，对于像人类感官这样的自然系统，我们在实践中会遇到确定其目的或系统功能的问题，因为我们不可能回到过去观察为它们提供系统的指示功能的自然选择过程，而且即便我们能回溯这一过程，我们也难以在多种信息中究竟提供哪一种信息是它的功能。这个问题涉及的是系统的指示属性中的哪些是对其选择负有因果的特性。因此，"要确定一个系统（无论是自然的还是人工的）如何表征一个对象，外部观察者必须知道这个系统对该对象做出的反应的意义，而系统的反应的意义就是当仪表像设计的那样起作用时作为这种反应的对象的 F 的值"②。例如，如果一个系统对 k 的反应是 P，而且当它功能正常时，P 就是系统对 10psi 压力的反应，那么系统就会将 k 表征为有 10psi 压力。如果这时 k 中的压力是 14psi，那么系统的 P 状态就错误表征了 k 的压力。也就是说，如果压力表工作正常，将它与一个位于 10psi 的水箱相连，我们就能说出 P 意指 10psi，但为了 P 意指 10psi，压力表不一定要工作正常，因为即使是错误表征，它也有那样的意义。

三 第一人称权威的根源

表征系统自身与想了解它如何表征系统的外部观察者之间存在一种非对称性。表征系统自身拥有携带着系统功能正常时世界是什

---

① F. Dretske, *Naturalizing the Mind*, Cambridge, Mass：MIT Press, 1995, p. 48.
② F. Dretske, *Naturalizing the Mind*, Cambridge, Mass：MIT Press, 1995, p. 50.

么样子的信息的状态，但外部观察者没有这样的状态。例如，对于外部观察者来说，我们要了解压力表将 k 表征成什么，就必须既看压力表又看世界。看压力表，是为了确定它工作正常，而看世界（k）则是要了解当压力表处于状态 P 时世界是什么样子。只有这两个信息源相结合，我们才知道状态 P 的信息功能是什么、处于状态 P 的压力表在执行其功能时世界是什么样子。但压力表在处于状态 P 时，它要获得这一信息只需要看看世界、看看它已"看到"的一切（k）就可以了。P 即压力表因"看到"k 而使自身所处的状态是表征世界并携带着关于它自身的信息的状态。这样用表征术语来思考知觉的结果，就是把自我知识变成了被取代的知觉，即一个系统借助于知觉其他东西而获得了它自身的信息。德雷斯基说："根据关于心灵的表征理论，这就是第一人称权威的根源。"①

当然，并非所有表征系统都有自我知识。这里只是说明，每个表征系统在表征世界时都拥有它要知道它如何表征世界所必需的一切信息。但要具有自我知识，只知道这些信息是不够的，还需要信念，即元表征能力，就是将一个人自身或他的一些内部状态表征为某种表征的能力，而这种能力并不是所有表征系统所具有的。由于内省是在表征外部对象的活动中获得关于内部事件的信息的过程，因此，"问题并不在于知道你相信和经验什么，而在于知道你相信和经验它。问题的焦点不在内容，而在一个人对该内容所持的态度、与它的关系"②。例如，假如我对汽车品牌了如指掌，我可以轻松地认出面前的汽车是长安、吉利还是奇瑞，但我对这辆车属于谁却无法判断。同样，我们对于我们所思、所体验的东西具有绝对的权威性，但却未必了解对这些心理状态的态度。表征系统对于它们如何表征事物具有优势的（privileged）信息，但它们却不一定知道这就是它们所做的事情。德雷斯基说："表征系统具有提供有关世

---

① F. Dretske, *Naturalizing the Mind*, Cambridge, Mass：MIT Press, 1995, p. 53.
② F. Dretske, *Naturalizing the Mind*, Cambridge, Mass：MIT Press, 1995, p. 54.

界而非有关它们自身的信息的功能。就心灵是表征系统来说，这也适用于心灵。我们通过内省所知道的不是我们有一个心灵，而是什么'在'心灵之中，即知道事物被表征的方式。"①

德雷斯基认为，在这一点上，关于内部心理事件的内省知识与关于外部世界的知觉知识完全相似。我们看到、听到、闻到的是存在于外部世界的东西，而不是存在于外部世界。例如，我知道面前是一个番茄而不是一根香蕉或一支铅笔，因为我看到它是一个番茄。但我不可能看或感觉我的视觉和触觉经验是真实的。感官的职能是告诉我们什么在外部世界中，而不是告诉我们它们在正常工作，告诉我们存在一个外部世界。如果我们知道存在外部世界，这不是通过看或闻。有关内部事态的知识也是如此。如果我们不仅知道我们经验和思考的东西（存在于心灵"中"的东西），而且还知道我们经验和思考它（知道存在心灵），那么我们并不是通过内省知道的。

大多数表征系统并不知道它们如何表征世界，但它们拥有关于它们如何表征世界的信息，这些信息比外部观察者的信息更直接。因此，一系统或许知道有关它自己的表征状态的事实，但它肯定始终有关于它自己的表征状态的信息，这些信息足以让它知道表征状态的内容。但要形成内省知识，还需要能形成无表征的概念资源和合适的关联信念。例如，如果我家的狗只在快递员来时才叫，那么我要形成取代知觉，即根据狗叫声而"听见"快递员来了，就既必须对快递员有所了解，这样我才会相信快递员到了，又必须具有狗叫是快递员到了的可靠信号的关联信念。因此，只得到有关心理事实的信息还不足以有内省。在快递员到了时，婴儿或猫会得到同样信息，即他们也听到了狗叫，而且狗叫也携带着同样的信息，但他们听到狗叫时并不像我一样知道快递员到了，因为他们缺乏必需的

---

① F. Dretske, *Naturalizing the Mind*, Cambridge, Mass: MIT Press, 1995, p. 57.

概念和关联信念,"他们缺乏为他们得到的信息所关于的对象提供概念具身的能力"①,因此他们没有内省知识,或者说他们有信息,但没有理解力。

德雷斯基说,表征论题"揭示了有关心灵的内容、有关我们思考和经验的东西的第一人称权威的来源。它告诉我们我们如何知道它是我们经验的F,但它没有告诉我们我们如何(或是否)知道我们经验到F,我们如何(或是否)知道我们与F具有那些使F成为心灵的一部分(即一种心理内容)的关系"②。

第四节 感受性质的表征解释

俗话说,要想人不知,除非己莫为。从认识上说,一个人在某段时间或某些场合对某些事情具有权威性,可以了解别人不知道的事情,但根据唯物主义,世界上没有只能由一个人知道的事情,不存在个人享有特权的(person-privileged)事实。不过,从直觉上看,我们对自己的主观心理生活、对我们的心理感受很熟悉,但对别人的感受却难以切身地了解。德雷斯基认为,之所以有这样的直觉,是因为我们还没有真正理解我们在谈论主观状态时究竟在谈论什么。根据他的表征论题,"经验的性质即感受性质同一于对象被系统表征而具有的属性。S系统表征事物所具有的这些属性原则上是可以为其他人知道的。尽管我们每个人都对自己的经验拥有直接信息,但并不存在优势通道。如果你知道往哪里看,你对于我经验的特征就会获得同我相同的信息。这是用自然主义术语思考心灵的一个结果。主观性变成了客观秩序的一部分"③。

如前所述,对于一个对象的表征有感觉表征和概念表征之别。

---

① F. Dretske, *Naturalizing the Mind*, Cambridge, Mass: MIT Press, 1995, p. 60.
② F. Dretske, *Naturalizing the Mind*, Cambridge, Mass: MIT Press, 1995, pp. 57–58.
③ F. Dretske, *Naturalizing the Mind*, Cambridge, Mass: MIT Press, 1995, p. 65.

对于感觉经验的性质，德雷斯基区分了关于"看"（"显现""看起来"）的两种意义，一种是信念（doxasitc）意义。① 如果小明面前有条狮子狗，那么说这条狗在他从信念意义上看起来像一条狮子狗，就是说 S 关于狗的知觉使 S 相信面前是条狮子狗。换言之，说这条狗在 S 从信念意义上看起来像一条狮子狗，意味着 S 有"狮子狗"的概念，理解什么是狮子狗，并且对她以这种方式所看到的东西进行了分类或辨别。另一种是现象（phenomenal）意义。如果这条狗在小明和我看起来是一样的，它在我看起来是一条狮子狗，那么它在小明看起来肯定也是一条狮子狗，不管她是否理解什么是狮子狗、是否有"狮子狗"概念。德雷斯基说："说这条狗在 S 从现象上看起来是一条狮子狗，所表达的意思是：（1）这条狗在 S 看起来就是狮子狗通常在 S 看起来的那个样子；（2）这条狗在 S 看起来与其他狗（如斗牛犬、梗类犬等）不同。（2）可称为辨别（discriminatory）条件。"② 辨别条件很重要。如果你有红绿色盲，你就难以将交通信号灯的红灯与绿灯区别开，因为你从现象上看绿灯的样子与看红灯的样子相同，也就是说你不满足辨别条件，这保证了颠倒感觉性是可能出现的。

德雷斯基认为，颠倒感受性问题是行为主义者和功能主义者的问题，因为他们是用行为的或功能的术语来定义经验性质的。表征论题作为一种自然主义理论，可以避免颠倒感受性质问题。根据表征论题，知觉经验的质的特征是不能从功能上定义的，但可以从物理上定义，"通过将感受性质同一于经验系统表征事物所具有的属性，关于心灵的表征方案就做了两件事：（1）它尊重这个普遍具有的（甚至为功能主义者所具有）的直觉，即经验的质的方面是主观的或私人的，它们不一定会在系统的行为（或行为倾向）中表现出来。（2）它对感觉经验提供了一种解释，这种解释使经验的质的方

---

① F. Dretske, *Naturalizing the Mind*, Cambridge, Mass: MIT Press, 1995, p. 67.
② F. Dretske, *Naturalizing the Mind*, Cambridge, Mass: MIT Press, 1995, p. 68.

面可得到客观的测定。在将感受性质同一于经验的属性、将经验的属性同一于系统表征的属性并将后者同一于这样的属性——即感官具有提供有关它们的信息的自然功能——时，关于经验的表征方案使感受性质像身体器官的生物学功能一样可客观地测定"①。当然，我们在实践中找到某种状态的系统功能可能很困难，有时甚至是不可能的，但对于功能实质上并没有私人的或第一人称专有的东西。因此，关于经验的表征解释不仅为感受性质留下空间，还为研究它们提供了一种客观的方法。

德雷斯基说，感受性质是一种表征属性，"感觉模态 M 下的感受性对于 S 就是对象在 M 中从现象学上向 S 显现的样子"。根据表征论题，感受性质同一于现象学属性，即从感觉上系统地表征一对象所拥有的那些属性。这意味着关于另一个人或动物的感受性质的问题就是关于这个人或动物的系统表征状态的问题，即这些状态对什么属性具有系统的指示功能的问题。② 在前文中我们谈道，一个经验将于对象的系统表征就是表征系统工作正常时该对象所处的情况，对于自然表征来说，其工作正常的判据是自然选择的功能，而对于人造物来说，其工作正常的判断标准是设计者或制造者的目的和意图。例如，我们设计和安装门铃的目的是获得到访者的信息。如果门铃响了，那么在它"看起来"门口有人，这就是门铃的意义。但门铃并不会分别到访者是快递员还是查水表的。换言之，门铃的意义只涉及有到访者，但不涉及访者具体是什么人或是谁，因为表征系统的状态所表示的是它具有指示功能的一切对象。对于人和动物来说，他们感觉系统之间的关键区别不在于辨别力的精细或敏锐程度，也不在于他们的感觉系统所提供的信息，而在于他们的感觉系统具有提供什么信息的功能。德雷斯基说："两个表征装置可能有相同的辨别力，从而有相同的功能，但却可能占有不同的表

---

① F. Dretske, *Naturalizing the Mind*, Cambridge, Mass: MIT Press, 1995, p. 72.
② F. Dretske, *Naturalizing the Mind*, Cambridge, Mass: MIT Press, 1995, p. 73.

征状态,因此,它们的经验可能是不同的,即使这种不同不会'表达'在可以分辨的表现上。虽然这意味着感受性质不能从功能上定义,但它并不意味着它们不能从物理上定义。只要能用物理术语对系统具有携带信息的功能所要求的条件做出描述,它们就能从物理上定义。只要我们对指示功能有一种自然主义理论,我们就会对表征进而对感受性质有一种自然主义理论。"①

主观现象的表征解释是一种客观的自然主义理论,不少哲学家认为客观的理论不可能解释主观的现象。托马斯·内格尔(Thomas Nagel)说:"每一种主观现象本质上都与一个观点相联系,客观的物理理论似乎必然会放弃这个观点。"② 德雷斯基认为,表征解释并没有放弃主观的观点,而是对它们作出了解释,"观点就是由表征的事实决定的"③。例如,青岛崂山上的雷达与武汉磨山上的雷达表征了它们附近的飞机的位置和运动。这两部雷达有不同的观点,它们表征了不同对象,我们只看雷达屏幕无法了解它们有不同的观点,因为两者的屏幕看起来完全一样。它们观点的不同不是由它们如何表征它们那部分天空决定的,而是由它们表征的是哪部分天空决定的。也就是说,这两部雷达对世界的不同观点来自它们与世界的不同联系,这种联系使它们对世界的不同区域敏感,从而使它们表征世界的不同区域。然而,观点的不同不是关于系统的一个表征事实,各种经验在主观上的不同,不仅仅是由于它们是不同对象的经验从而构成了不同的观点。任何对象都必然在世界上占有不同的位置,从而两个表征不同对象的系统就具有关于世界的不同观点,即关于不同位置的观点。德雷斯基认为,由表征不同对象而产生的"观点"的不同就是比罗(J. I. Biro)所说的固定的(fixed)观点

---

① F. Dretske, *Naturalizing the Mind*, Cambridge, Mass: MIT Press, 1995, p. 78.
② 参见 T. Nagel, "What is it like to be a bat?" *Philosophical Review*, 83 (1974), no. 4: 435–450.
③ F. Dretske, *Naturalizing the Mind*, Cambridge, Mass: MIT Press, 1995, p. 79.

(可通过改变位置而互换的观点)① 的不同。青岛崂山上的雷达可以运到武汉磨山,从而可以与武汉磨山上的雷达有相同的固定观点。但固定的观点并不是心理的东西,占有或改变固定观点并没有内格尔所说的"像"什么的东西。他说,不同的观点可能有相同的经验,经验状态的不同不是观点不同的结果,而是对地点的观察方式的不同,"就具有一种经验是什么样子、就经验的性质来说,造成其不同的不是这个经验所关于的对象,因而不是我们的(固定的)观点,而是从该观点表征这些对象的方式"②。

杰克逊(F. Jackson)也基于"黑白玛丽"思想实验指出,如果你不亲自经验色彩,你就难以了解某些知识,即"色彩看起来是什么样子"的知识,也就是通常所说的感受性质。他说:"感受性质是物理主义描述所遗漏的东西……人们可能有一切物理信息,而并没有一切应有的信息。"③ 感受性质是无法客观测定的,如果你要知道经验F是什么样子,你就必须经验F。德雷斯基认为,杰克逊的推理是错误的,这里的关键是要确定一个系统如何表征世界。在他看来,感受性质是事物在某种感觉模态下所显现的样子。例如,如果苹果在S看起来是红的和圆的,那么红和圆就是S关于苹果的视觉经验的感受性质。而如果事物永远是它们看起来的样子,那么,"感受性质,即定义具有该经验是什么样子的属性,就完全是当知觉是真实的时候,人们感知对象所拥有的属性"④。例如,如果某个寄生物仅在寄主是18摄氏度时才会依附于寄主身上,那么当寄生物的知觉真实时,寄主所拥有的属性是18摄氏度这一属性就是寄生物关于寄主的经验的感受性质。因此,无论是谁,只要他知道什么是18摄氏度,知道这个属性是什么,就知道寄生物的经验

---

① 参见 J. I. Biro, "Consciousness and subjectivity", In *Villanueva* 1991, pp. 113–134.
② F. Dretske, *Naturalizing the Mind*, Cambridge, Mass: MIT Press, 1995, p. 80.
③ [澳]弗兰克·杰克逊:《副现象的感受性质》,载高新民、储昭华主编《心灵哲学》,商务印书馆2002年版,第86页。
④ F. Dretske, *Naturalizing the Mind*, Cambridge, Mass: MIT Press, 1995, pp. 83–84.

具有什么感受性。当然,知道 S 感觉 F 是什么样子,与知道成为在感受 F 的 S 是什么样子是不同的,要知道成为 S 是什么样子,我们必须知道 S 对于感受性所感觉到的一切属性。①

第五节 意识的表征解释

意识研究在西方源远流长,自古希腊苏格拉底提出"认识你自己"之后,哲学研究的重点就开始从自然转向人本身尤其是人的心理世界,意识也随之成为哲学研究的一个重要课题。但"意识"是一个有多重含义的概念,探究意识的本质,首先要把不同层次或含义的意识区别开。

德雷斯基指出,就经验来说,至少要区别有意识的经验和无意识的经验,两者的不同不是"经验方面的不同,而是经验者的不同,即人们对其所具有的经验的认识的不同,也就是我们觉知的对象与我们关于对象的觉知之间的不同"②。由于忽略或混淆了两者之间的这种区别,当代意识研究还存在不少误区。为此,他借助罗森塔尔(D. Rosenthal)关于意识的两个概念对意识的不同含义进行了区别。

罗森塔尔认为,传统哲学尤其是笛卡尔哲学所描绘的意识与心理和图画是极其错误的,是许多错误和混乱的根源。在他看来,意识不是心理的充分而必要的特征,因为有些心理是无意识的,意识只与有意识的心理状态有关,而有意识的心理状态简单说就是我们意识到发生了或正存在的心理状态。他说,意识就是一种思想,"一般来说,我们意识到某种东西就正好是我们有关于它的某种思想"。"因而,把心理状态是有意识的与某人有一种对于他处于那种

---

① F. Dretske, *Naturalizing the Mind*, Cambridge, Mass: MIT Press, 1995, p. 94.
② F. Dretske, *Naturalizing the Mind*, Cambridge, Mass: MIT Press, 1995, p. 97.

心理状态中的同时发生的思想等同起来就是再自然不过了。"① 基于罗森塔尔的划分,② 德雷斯基将意识划分为"生物意识"（creature consciousness）和"状态意识"（state consciousness），前者是指一种生物可以失去或恢复意识，能意识到某种东西或者意识到它是如此这般的情况，后者的意思是说，有意识者的某些心理状态、过程、事件和态度被认为要么是有意识的要么是无意识的，而当我们说它们是有意识或无意识的时候，我们不是向存在者而是向它的某个状态或过程归属意识或否认其有意识。状态或过程等不同于它们所属的生物，它们不会意识到什么东西或意识到什么东西是如此这般的情况。他认为，在这种意义上，"有意识的"（conscious）与"觉知"（aware）是同义词，它们都是作为及物动词使用的，意识到某种东西或事实就是觉知到它。另外，看、听、闻、尝、感觉等作为不同的知觉形式，都是特定的意识形式。换言之，意识是属，而看、听、闻等都是种。看见一个人是意识到这个人的一种方式，你也可以通过感觉、听和闻来意识到这个人。有时候，你可能没有特别注意到你所看、闻或听的东西，但如果你看见、闻到或听到它，你在相关的意义上就意识到了它。因此，一个人可以意识到、看见或闻到 F 却不一定觉知到它是 F，即不一定觉知到一个人觉知到 F。例如，你可能听到了门铃声却没有觉知到这是门铃声。就此而言，如果一个人意识到某个对象，那么他关于这个对象的经验本身就肯定是有意识的。也就是说，我们很自然地会认为关于某种东西（不管是对象、事件、属性还是事实）的生物意识要求生物的某个状态是有意识的。德雷斯基说："有意识的心理状态特别是经验是我们借以而有意识的状态，而不是我们所意识到的状态。它们是

---

① D. Rosenthal, "Two Concepts of Consciousness", In D. Rosenthal (ed.). *The Natural of Mind*. Oxford University Press, 1991, pp. 470–471.

② 参见 D. Rosenthal, "A theory of consciousness", Report no. 40, *Research Group on Mind and Brain*, ZiF, University of Bielefeld, 1990.

使我们有意识的状态,而不是由于我们意识到它们而成为有意识的状态。它们是使我们能够看、听和感觉的状态,而不是我们所看见、听见或感觉到的状态。"①

当然,并非所有经验都会让人意识到某个对象。例如,我们在梦中或出现幻觉时所具有的经验就不会让人觉知到任何对象,但尽管没有觉知到任何对象,我们的经验却与觉知到真实对象时的经验一样是有意识的。在没有觉知到对象的情况下,经验使人所觉知到的是属性。你做梦时可能梦到一只粉红色的小老鼠,这时你的环境中并没有一只老鼠,但你具有一种表征状态。也就是说,在没有什么具有粉红色的、具有老鼠形状等属性时,你的感觉表征仍将梦中的这种东西系统地表征为具有这些属性。你在具有这些表征时肯定觉知到了这些属性,它们就是真实地看见粉红色老鼠的人所觉知到的属性。因此,使你意识到这些属性的,与使看见老鼠的人意识到老鼠的东西是相同的,即一种将某种东西表征为粉红色和老鼠形的内部状态。德雷斯基说:"他们之间的不同不在于他们经验到什么属性,而在于它们所觉知到的属性,因而不在于他们的经验的质的特征,而在于他们经验什么对象。"②

德雷斯基认为,上述分析也适用于疼痛、痒、饥、渴、恐惧等感觉和情感。疼痛不是一种由于一个人对它的意识而成为有意识的心理事件。我们关于一棵树的视觉经验是关于一个无意识对象即树的觉知,同样,疼痛也是关于无意识的身体状况(如受伤的部位)的一种觉知。因此,我们体验到疼痛、口渴、饥饿等时所觉知到的性质不是心理事件的性质,而是身体的物理状态的属性,即被觉知为渴、饿或疼痛的属性。他说,在正常情况下,疼痛、痒之于相关的身体物理状态就像嗅觉、视觉和听觉经验之于环境的物理状态,"这些经验都是有意识的,但这并不是因为我们意识到了它们,而

---

① F. Dretske, *Naturalizing the Mind*, Cambridge, Mass: MIT Press, 1995, pp. 100–101.

② F. Dretske, *Naturalizing the Mind*, Cambridge, Mass: MIT Press, 1995, p. 102.

是因为它们使我们意识到了相关的身体状态。我们在感觉疼痛（饥饿、口渴等）时所意识到的不是身体状态的内部表征（疼痛），而是这些表征（疼痛）所表征的身体状态。……疼痛和视觉经验一样，是关于对象的觉知，而不是我们所觉知的对象"①。

根据表征论题，人所具有的经验不是由经验对象决定的，而是由经验所表征的对象的属性决定的。如果经验表征的属性相同，那么知觉到对象和没有知觉到对象的人都处于相同的表征状态，因而都具有相同的知觉状态。这两种状态都是有意识的，但这不是因为它们所属的生物意识到了它们，而是因为它们使生物意识到了某种东西，"它们使一个人意识到了作为这个表征的对象的任何属性，而且……是意识到这些属性的载体的任何对象（与这个表征具有关系C）。这就是关于意识的表征理论。意识状态是自然表征，就经验来说是系统表征，而就思想来说是获得的表征。有意识的生物就是这些状态发生在其身上的生物"②。

上述对意识本质的思考也有助于理解意识的功能或目的。通常认为，意识的生物学功能非常明显，因为如果动物不能看、听、闻到其环境中的对象，它们就无法找到食物、避开天敌，总之就无法生存繁衍。但德雷斯基认为，对于意识的功能和目的来说，重要的不仅是知觉有什么进化的优势，也是关于经验的感觉知觉有什么进化优势，"如果心理状态被变成了有意识的状态，这不是由于意识到它的拥有者，而是由于它使其拥有者意识到了别的东西（无论所表征的状态是什么），那么有意识的状态和过程的价值就在于它使其拥有者所意识到的东西"③。例如，当你遇到一只老虎时，重要的不是看见一只饥肠辘辘的老虎，而是知道它是一只饥肠辘辘的老虎，知道它在哪里、它要往哪儿走。也就是说，重要的是以某种与

---

① F. Dretske, *Naturalizing the Mind*, Cambridge, Mass: MIT Press, 1995, p. 103.
② F. Dretske, *Naturalizing the Mind*, Cambridge, Mass: MIT Press, 1995, p. 104.
③ F. Dretske, *Naturalizing the Mind*, Cambridge, Mass: MIT Press, 1995, p. 117.

行为相关的方式对它做出概念表征，表征为一只饥肠辘辘的老虎、表征为危险、表征为正在向你走过来等。因此，在生存竞争中，重要的不是你看到的东西，而是你对所看到的东西的认识，重要的是对经验所产生的"结论、信念和知识，而不是通常产生了这些知识的经验"①。那么，我们为什么要有经验呢？感觉经验的功能、动物意识到对象及其属性的原因，就在于它能使动物做那些没有感觉经验的动物无能力做的事情，这就是对经验功能问题的解释。因此，"在寻找意识的生物学功能时，我们应该寻找生物意识的生物学功能。如果让动物觉知到其周围发生的事情有一种生物学目的、有某种竞争优势，那么由于意识状态就是使一个人有意识的状态，这样状态意识就有一种生物学目的、有同一种目的。意识状态的功能就是使生物有意识，使他们意识到要生存和繁衍就必须意识到的一切。如果存在一个关于看、闻和听的优势的问题，那么就只会有一个关于意识状态和过程的功能的问题"②。

根据表征论题，意识状态就是表征状态，即某种具有提供信息功能的状态。就知觉经验而言，这种功能是系统功能，它来自拥有这些状态知觉系统。这样，如果一个状态的系统功能是提供与其系统具有适当语境关系的对象的 F 有关的信息，那么这就是关于 F 的一个有意识经验，从而会使其拥有者感觉觉知到 F。因此，将某个状态变成有意识的状态，是通过对某个属性 F 获得指示 F 的值的功能。由于状态是通过自然选择的进化过程获得其系统功能的，因此自然选择就是意识经验的来源和创造者。③

当然，自然选择并不是直接选择了意识经验，而是通过选择其他东西，让它们因被选择而变成有意识的东西。我们用一个人工选择的例子来说明。可变电阻器并不天然就是音量开关，但如果选择

---

① F. Dretske, *Naturalizing the Mind*, Cambridge, Mass：MIT Press, 1995, p. 119.
② F. Dretske, *Naturalizing the Mind*, Cambridge, Mass：MIT Press, 1995, p. 122.
③ F. Dretske, *Naturalizing the Mind*, Cambridge, Mass：MIT Press, 1995, p. 162.

了一个可变电阻器并将它安装在放大器上，它就会变成了一个音量开关。同样，自然选择过程也不是直接从意识开始的，它最先选择的是具有各种需要以及满足这些需要的资源的有机体，它把这些有机体作为原材料，"自然选择用这种原材料所做的是发展并把携带信息的系统用于效应器机制，这种机制能通过合适的有指向性的、有时限的行为使用信息来满足需要。一旦某个指示器系统被选择来提供所需的信息，它就具有了提供这种信息的功能。因此，这些系统通过履行其信息义务而产生的状态就变成了它们对之具有提供信息的（系统）功能的条件的表征。结果，出现了这些状态的有机体就觉知到它们的内部表征所表征的对象和属性。它们看见、听到和闻到了东西。通过一个选择过程，它们在知觉上意识到了周围发生的事情"①。不过，自然选择与人工选择有重要区别。对自然选择来说，只有某个有机体实际做了 X，它才会选择它来做 X，它不会凭空地选择一个没有这种功能的有机体。也就是说，如果一个系统没有实际地传递信息，它的信息传递就不可能被选择，从而它也不可能获得传递信息的功能。如果一个信息传递系统要获得传递信息的自然功能、要产生自然表征，它所传递的信息就必须实际地做了某事，它必须对适应有积极的贡献，必须对有机体有用并且被有机体实际地使用。否则，自然选择就不可能选择这个系统。

另外，自然界的各种事物都是经过长期的进化才获得其功能的，这是否意味着意识也是逐渐出现的、生物是逐渐变得有意识的？德雷斯基认为，对此的回答是既肯定又否定，做出哪种回答取决于我们谈论的是类型还是个例、是种类还是个体。对于类型或种类来说，应该做出肯定的回答，因为人类意识进化的过程是一个渐进的过程，但对于个例或个体来说，回答是否定的，因为我们的意识并不是以渐进的方式获得的。②

---

① F. Dretske, *Naturalizing the Mind*, Cambridge, Mass.: MIT Press, 1995, p. 164.
② F. Dretske, *Naturalizing the Mind*, Cambridge, Mass.: MIT Press, 1995, p. 167.

第三章

近似自然主义

自近代笛卡尔以来,"我是什么"一直是心灵哲学研究的一个焦点问题。各派哲学家一般都赞成笛卡尔的看法,即认为人是能思维的东西,但对于"能思维的东西是什么"却有不同的看法,如持唯心主义和二元论立场的哲学家通常认为它是非物质的心灵,而有些唯物主义哲学家则认为它是大脑,并致力于探究特定的神经状态何以能是思维所涉及的心理状态。贝克认为,信念、愿望等心理状态不是脑状态而是整个人的状态,因为思维者既不是非物质的心灵,也不是物质的大脑,大脑只是思维的器官,真正的思维者只能是人(person)。这样一来,心灵哲学的核心问题就既不是传统的心身问题,也不是当代的心脑问题,而应该是人—身问题(person/body problem)。人—身问题包含"人是什么"和"人与其身体是什么关系"两个子问题。贝克对这些问题的回答包含两个因素,即"构成观"(constitution view)和关于第一人称观点的思想。她认为,人是由人的身体构成的,但又不等同于身体,区别人与非人的存在的一个标志是第一人称观点。她说:"某物成为人,是由于具有一种我称作'第一人称观点'的能力。某物成为人,是由于成为一个由作为某种机体的身体——人形动物(human animal)——构成的。"① "人是具有第一人称观点的物质性存在。"② 第一人称观点是"形成人的（person-making）属性，它能让人成为由人的身体构成的人"③。在贝克看来，第一人称观点是一定会出现在基本本体论中的一种倾向属性，它既不能由科学解释，也不能被消解，既不能被取消，也不能被还原为其他非观点或非第一人称观点的东西，因此，世界上确实存在一种不可取消的人的因素，显然这是科学自然主义无法容纳和说明的，因为科学自然主义认为世界是非人的，它只承认能由科学说明的自然实在存在。既然科学自然主义不能容纳第一人称观点，它就是不完备的，那么为了容纳和说明第一人称观点，我们就要对科学自然主义做出修改，基于此贝克提出了其"近似自然主义"。

第一节 关于第一人称观点的还原方案及其问题

贝克认为，第一人称观点的发展要经历两个阶段。一是初级阶段，这是人类的婴儿（或无语言的其他人）与某些非人类动物所具有的第一人称观点；二是健全阶段，这是拥有复杂的概念和语言能力的人才能具有的第一人称观点。④ 处于初级阶段的存在者拥有意识和意向性，处于健全阶段的存在者会具有很多新能力，他们不仅拥有意识和意向性，还能以第一人称的方式设想他们自身。针对围绕健全阶段的第一人称观点的各种自然化方案，她提出了自己的反

---

① L. R. Baker, *Persons and Bodies: A Constitution View*, Cambridge: Cambridge University Press, 2000, p. 4.

② L. R. Baker, *Persons and Bodies: A Constitution View*, Cambridge: Cambridge University Press, 2000, p. 6.

③ L. R. Baker, *Persons and Bodies: A Constitution View*, Cambridge: Cambridge University Press, 2000, p. 11.

④ L. R. Baker, *The Naturalism and First-Person Perspective*, Oxford: Oxford University Press, 2013, p. xxii.

驳。我们首先分析她对还原方案的反驳。

一 对约翰·佩里的自我解释的反驳

佩里用于解释第一人称现象的核心概念是"自我概念"（self-notion）。他以一个物品散落的购物者为例来说明这个概念。假如佩里在超市购物时发现地上有散落的糖，他判断肯定有个人购物车里的糖袋漏了。于是，他想沿着糖的踪迹去寻找这个购物者。在此过程中，他会形成不同的信念，如相信这个购物者没注意他购物车里糖袋漏了，后来他在反光镜里看见一个物品散落的购物者，他又形成了这样的信念，即相信他在反光镜中看到的这个人就是物品散落的购物者。他继续逛，发现糖的痕迹越来越明显，他最终明白他自己就是那个物品散落的购物者。也就是说，在此之前他具有关于物品散落的购物者的信念，但他并没有意识到他自己才是这些信念的对象。当他逐渐相信他自己就是物品散落的购物者时，他才停下来检查购物车并确定一袋糖漏了。佩里用自我概念来解释"知情地（knowingly）指称自己"。他还将概念（对一个事物的观念）与信念群（对一个普通概念的大量信念）作了区分。① 佩里认为，我们每个人都有一个通过"是我"来表达的自我概念。因此，物品散落的购物者的问题在于，他对自己有两个"分离的"概念，即物品散落的购物者概念和自我概念。这个购物者对同一内容有两个信念，这个内容可以用"某个人的物品散落了"来表达，但它与不同的信念相联系。信念之间并不是通过相同的人来统一的，而是通过"它们包括相同的概念或者相连接的概念"来统一的。② 换言之，当佩里的两个概念，即他的自我概念与他的物品散落的购物者概念能够相互连接时，他才会相信是他自己的物品散落了。

---

① J. Perry, *Identity, Personal Identity, and the Self*, Indianapolis: Hackett, 2002, pp. 193 – 194.

② 参见 J. Perry, *Identity, Personal Identity, and the Self*, Indianapolis: Hackett, 2002.

对于"分离的"概念，佩里还用另一个例子进行了解释。假如佩里看到一个人正一瘸一拐地向他走来，但他没认出这个人是他的朋友 AL。佩里说，我对这个人形成了一个概念。但在那时，我对 AL 有两个不相联系的概念……随着他走近，我积累了关于他的信息，最终我认出他是 AL。在那时这两个概念相互连接了，这个新获得的知觉信息与旧信息结合在一起，我会问：AL，你怎么一瘸一拐了？如果这个同一是暂时的，这些概念能保持它们的同一性；如果不是，那它们可能会合并为一。[①] 佩里的自我概念是"知觉的自我—提供信息的方式的贮存室与自我—独立的行动方式的动力因素"[②]。也就是说，尽管佩里也同意自我在行动与自我认识中的作用，但它只是认识论的或实用主义的概念。他说："自我表达了一种相对于自主体的作用，即同一性作用，而且也有一些认知与行动的特殊方式，它们与同一性相联系。"因此，对于佩里来说，自我概念能对第一人称现象做出解释，这样一来，第一人称概念在本体论上就不重要了，本体论上是否包含第一人称属性的例示也无关紧要，那么本体论的自然主义就是安全的。

贝克指出，"一个人知情地指称自己"蕴含了"一个人用第一人称指称自己，并同时意识到他所指称的就是他自己"。当佩里用"物品散落的购物者"来指称他自己时，他并没有意识到他指称的对象就是他自己。只有当他从第一人称观点出发时，他才能够用"我就是那个物品散落的购物者"来知情地指称他自己。[③] 在贝克看来，佩里存在两个方面的问题。首先，佩里对于有关他自己的两个概念（用"是我"表达的概念和物品散落的购物者这个第三人称概念）如何相互连接并没有作出非第一人称的解释。就 AL 的例

---

① J. Perry, *Identity, Personal Identity, and the Self*, Indianapolis：Hackett, 2002, p. 196.

② J. Perry, "The Self, self-knowledge, and Self-Notions", in *Identity, Personal Identity, and the Self*, Indianapolis：Hackett, 2002, p. 202.

③ L. R. Baker, *The Naturalism and First-Person Perspective*, Oxford：Oxford University Press, 2013, p. 50.

子来说，AL 的两个概念的相互连接依赖于佩里认出 AL。如果不解释是什么导致了这种连接，其实就没有说明这两个概念如何相互连接。此外，假如佩里认为相互连接构成了或解释了这种识别，他就要对这种连接为什么不会陷入不正确的因果链的问题做出解释。也就是说，他必须说明什么是连接的"正确"方式，即什么是产生识别的方式，而不是再次引入他试图解释的东西。就此而言，连接的唯一证据就是识别。因此，佩里并没有提供第三人称的还原解释。就物品散落的购物者的例子来说，正是当佩里意识到他自己就是物品散落的购物者时，他的自我概念与物品散落的购物者概念才发生了相互连接。但是，这并没有向我们说明意识到"我才是物品散落的购物者"如何能够根据第三人称事项之间的亚人连接来理解。贝克说："我不认为他的自我概念获得了成功。尽管佩里能够区分他的自我概念与约翰·佩里概念，但他没有说明如何区分他的自我概念与我的自我概念……因此，我不认为佩里提供的自我概念解释符合他的还原要求。"其次，佩里试图根据与同一性相联系的认知方式来解释第一人称现象，但如果一个人没有用第一人称将自己设想为自己的能力，与同一性相联系的认知方式对于第一人称现象就是不充分的。另外，我们也无法区分知情地指称自己与不知情地指称自己之间的区别。贝克说：如果没有强健的第一人称观点，你如何知道真实的自我知识与仅仅关于某个人碰巧是你自己的知识之间的区别？具有自我概念甚至对做出这个决定也是不充分的，除非你知道哪个概念是你的自我概念。你不会知道哪个概念是你的自我概念，除非你知道什么样的信念通常会被以自我提供信息的方式而采用。如果你不知道哪些信息会以自我提供信息的方式采用，你就不知道任何特定的信息来自哪个"频道"。因此，佩里并没有说明如何避免不可还原的第一人称观点。[①]

[①] L. R. Baker, *The Naturalism and First-Person Perspective*, Oxford: Oxford University Press, 2013, pp. 52 – 54.

二 对大卫·刘易斯从己模态的信念的反驳

刘易斯（David Lewis）自信能够通过推理成为一名主流的自然主义者，他的基本本体论只包括电荷这样的微观物理属性，因此是一种彻底的第三人称本体论。刘易斯的知识与信念分析，为知识和信念的对象提供了一种第三人称解释，也就是说，他对态度对象提出了一种全新的观点来容纳贝克所说的 I^*—信念与 I^*—知识。根据刘易斯的观点，态度的对象不是命题，而是属性，具有一种态度就是向自我归属一种属性。因此，所有知识与信念都是属性的自我归属。①

刘易斯自称对于信念和愿望，是一名"强健的实在论者"。他将由 I^*—语句（第一人称语句）表达的自我信念与从物模态的（de re）信念、从言模态的（de dicto）信念进行区分。从言模态的信念，是指 P 是世界上在 P 那里存在的属性的自我归属。从物模态的信念，是在适当的描述 Z 下，一个属性 X 归属给一个个体 Y，这里的这种适当描述既指示了 Y 的一种本质也指示了与 Y 熟悉的一种关系。I^*—信念（第一人称信念）是从物模态的信念的一个特例，熟悉的关系就是同一性关系。刘易斯说："属性的自我归属是在同一性关系下对一个人自己的属性的归属。"② "从己模态的（de se）信念与世界无涉，而与一个人自己有关。它是凭借我向自我归属我认为自己具有的属性。"③ 例如，当我说"我相信我*住在武汉"时，我就自我归属了"住在武汉"这种属性。因为在刘易斯

---

① 参见 D. Lewis, "Attitudes De Dicto and De Se", *Philosophical Review* 88 (1979): 513 – 543.

② 参见 D. Lewis, "Attitudes De Dicto and De Se", *Philosophical Review* 88 (1979): 513 – 543.

③ D. Lewis, "Reduction of Mind", in *Papers in Metaphysics and Epistemology*, 291 – 324. Cambridge Studiesin Philosophy, Cambridge: Cambridge University Press, p. 317.

看来,"我有 F 的自我信念的内容就是属性 F 本身"①。如果我说"我相信你住在武汉",我与你就具有一种熟悉关系(或者掌握本质的一种描述),而且我的自我归属与某个住在武汉的人就具有一种熟悉的关系。如果我说"我相信许多人住在武汉",我就自我归属了"世界上有许多人住在武汉"的属性。在上述三个信念中,第一个是从己模态的信念,第二个是从物模态的信念,第三个是从言模态的信念。

贝克认为,刘易斯的立场并没有以非第一人称术语来解释第一人称现象。刘易斯认为,所有信念都是属性的自我归属,但当刘易斯使用这个术语时,自我归属只是对碰巧是他自己的某个人的归属。要自我归属一个属性就是他用第一人称把这个属性归属给他自己*,任何属性的自我归属都需要自我归属者意识到她正在将这个属性归属给她自己*。俄狄浦斯可能已经自我归属了这样一种属性,即世界上处于紧要关头时杀死了拉伊俄斯的某个人。但如果俄狄浦斯没有意识到是他*自己在紧要关头杀了拉伊俄斯,他就没有自我归属这种属性,即在紧要关头杀死拉伊俄斯。因此,属性的自我归属需要自我归属者具有一种健全的第一人称观点。贝克说:"刘易斯根据自我归属的整个解释都预设了每个相信者都具有健全的第一人称观点。"②

三 对认知科学还原方案的反驳

坚持第三人称本体论的自然主义者认为,从广义上说,认知科学是一门自然科学,它对第一人称观点有大量实验研究。因此,从认知科学的角度看,并不是第一人称观点驳斥了自然主义,而应该

---

① D. Lewis, "Reduction of Mind", in *Papers in Metaphysics and Epistemology*, 291-324. Cambridge Studiesin Philosophy, Cambridge: Cambridge University Press, p. 317.

② L. R. Baker, *The Naturalism and First-Person Perspective*, Oxford: Oxford University Press, 2013, p. 58.

是自然主义根据经验研究驳斥了第一人称观点。贝克认为,"用第一人称将一个人想象为他自己*"与"想象某个人实际上是他自己"之间存在重要的区别,前者而非后者与健全的第一人称概念相联系。如果认知科学不承认这一区别,就会遗漏有关实在的重要因素。她围绕这一区别对认知科学家进行了反驳。她说:"我关注的是,为了拥有内在生活我们需要什么?我对此的回答是:我们要有健全的第一人称观点,即我们将自己想象为我们自己*的能力。正是这一能力做出了这个至关重要的区别,即将自己完全想象为另一对象与从'内部'想象自己之间的区别。对于获得关于我们自己的信念来说,无论第一人称观点是否可靠,事实上我们都做出了这一区别,因此我们具有第一人称观点。如果我们不能够做出这一区别,我们就不会具有任何关于我们*正在做什么或思考什么的信念。"① "对于任何认知理论来说,不承认这一区别都是一个严重的概念缺陷。"②

第一,从认知科学家所区分的两种认知加工系统来看。系统1是自动而快速地运转,而且它的运转是几乎无须费力、无感觉地自发控制的,系统2则会分配注意力给需要它的心理活动,包括复杂的计算。系统2的运行通常与动因、选择和专注等主观经验相关。③ 在贝克看来,系统1与他所说的"基础的第一人称观点"相一致,他说:"包括天赋技能的系统1的能力是我们与其他动物所共有的。我们天生就能知觉周围的世界、识别对象、引导注意力以及避免失去、害怕蜘蛛。"④ 系统2比系统1更接近健全的第一人称观点。"当我们思考我们自己时,我们相当于系统2,有意识、能推理的

---

① L. R. Baker, *The Naturalism and First-Person Perspective*, Oxford: Oxford University Press, 2013, p. 65.
② L. R. Baker, *The Naturalism and First-Person Perspective*, Oxford: Oxford University Press, 2013, p. 63.
③ D. Kahneman, *Thinking, Fast and Slow*. New York: Farrar, Straus and Giroux, pp. 20 – 21.
④ D. Kahneman, *Thinking, Fast and Slow*. New York: Farrar, Straus and Giroux, pp. 21 – 22.

自我具有信念、能做选择、能决定思考什么以及做什么。"① 系统 2 是依靠注意力运转的,它们"需要注意力而且当注意力离开时,它们就会被破坏"②,而注意力并不能区别以下两种情形,即你正表现一种健全的第一人称观点与你并没有表现一种健全的第一人称观点。贝克认为,尽管系统 1 与系统 2 的双重加工过程构想可能对机制做出一种重要的区别,但它并不支持这种关键的区别,即用第一人称将自己想象为自己*与想象某个人实际上就是他自己之间的区别。因此,双重加工过程观点并没有为强健的第一人称观点留下空间。③

第二,从认知科学家关注的内容及其认识论根据来看。认知科学家认为,我们对我们的决定和非知觉判断是没有内省过程的,将决定和判断归属给我们自己依赖于自我解释,正如将决定和判断归属给别人,要依赖于对他们行为的解释。唯一的差异在于,对于我们自己,我们有一种更大的基于证据的基础。那么,什么是自我解释呢?贝克认为,认知科学没有把"关于某个身体恰好是你自己的解释"与"从第一人称对你自己的解释"区别开,而这正是他所指出的关键区别。例如,假定一位认知科学家正在研究一位匿名被试参加内隐联想测验的结果,并判断这个被试有偏见,而这位认知科学家并不知道自己就是那位被试。他的判断事实是关于他自己的,但他不是在第一人称的意义上谈论自己。他可能会要求对这位被试进行治疗,但却不会要求对他自己进行治疗。这个例子表明我们需要上述区别,"如果自我解释与来自自我的知识有关,那它最好是这样的解释,即用第一人称将自己想象为自己,而不仅仅是想象某个人实际上就是他自己。因此,强健的第一人称观点与内省一

---

① D. Kahneman, *Thinking, Fast and Slow*, New York: Farrar, Straus and Giroux, p. 21.
② D. Kahneman, *Thinking, Fast and Slow*, New York: Farrar, Straus and Giroux, p. 22.
③ L. R. Baker, *The Naturalism and First-Person Perspective*, Oxford: Oxford University Press, 2013, p. 64.

样，也是自我解释所预设的"①。

第三，从明确的表征主义观点来看。根据表征主义观点，我们在思考一个人时，需要通过个例化来指称这个人的一种心理表征。例如，《纽约时报》专栏作家 Maureen Dowd 戏称总统候选人 Mitt Romney 为"Mittens"。假定 Romney 形成了许多关于 Mittens 的信念，但没意识到他*就是 Mittens，那么他可能会说：我认为照片中背对着我们的人是 Mittens，但他会否认照片中的人就是他自己。表征主义者对此的解释是：当 Romney 把自己看作 Mittens 时，他标记了一种心理表征，但是当他用第一人称将自己想象为自己*时，他标记了不同的心理表征。贝克指出，上述关键的区别并不是反映标记的心理表征之间的差异。如果把一个人想象成自己*只是一种特殊的心理表征标记，我们的心理生活就会平淡无奇。她说："认为把自己想象为自己*与想象某个人实际上就是他自己之间的区别只是标记的心理表征的问题，这对我们生活中的 I*—思想是不公正的，而且对它们的道德意义也是不公正的。因此，付诸心理表征不足以还原上述区别。"②

第四，从元认知来看。元认知是读心能力的一种细小的转换，也就是根据他人的行为，将对他们进行的第三人称心理状态归属转向我们自己的一个微小转换，元认知"只是将我们的读心能力向我们自己打开的结果"③。但这并不能将以下两者做出区别：一是对实际上是我自己的某个人打开我的读心能力，二是对我用第一人称想象为我自己*的那个我自己打开读心能力。贝克指出，这里存在一个困境，即元认知要么需要 I*—概念（第一人称概念）要么不需

---

① L. R. Baker, *The Naturalism and First-Person Perspective*, Oxford: Oxford University Press, 2013, pp. 67–68.

② L. R. Baker, *The Naturalism and First-Person Perspective*, Oxford: Oxford University Press, 2013, p. 69.

③ P. Carruthers, "How We Know our Own Minds: The Relationship between Mindreading and Metacognition", *Behavioral and Brain Sciences* 32 (1): 121–182. p. 123.

要。如果不需要，它就不能做出上述关键的区别，这样也就遗漏了健全的第一人称观点。如果元认知需要 I*—概念，它就不是微小的转换，而是偷偷引入了健全的第一人称观点，因此并没有将它还原为非第一人称术语。如果不预设一种非还原的健全的第一人称观点，那么，在任何情况下，我们都不能认为元认知为对我们自己打开了读心能力，使我们能做出上述区别。因此，元认知要么不能做出这种区别，要么不能还原或取消第一人称观点。①

贝克指出，承认上述区别有两方面的理由。一方面是理论的理由，这一区别与健全的第一人称观点统一了我们所有的自我导向的态度，例如，我很高兴我*……，我期望我*……等。而很多认知科学家只关心知道、相信等认识状态，因此留给我们的是混乱的自我导向态度。为了理论的统一性，我们应该选择健全的第一人称观点。另一方面是经验的理由。这又可以分为两种，一种是我们需要上述区别来理解人们做了什么、说了什么，而这一事实是证明存在这一区别的经验证据。另一种是这个区别对发生的事情有影响。例如，"我相信我*破坏了杰克的财产"与"我相信被试 2 破坏了杰克的财产"，而说话者本人就是被试 2。如果前者为真，说话者就会采取措施对杰克做出赔偿；而如果后者为真或前者为假，说话者就不会对杰克做出赔偿。信念会导致接着发生的行为的不同，而且两个信念之间的唯一区别就在于前者直接表明了一种健全的第一人称观点。②

综上所述，认知科学并不能驳倒上述区别和健全的第一人称观点，而且如果不承认健全的第一人称观点，认知科学就不能够识别出上述区别。因此，包括认知科学理论在内的任何非人的理论都难

---

① L. R. Baker, *The Naturalism and First-Person Perspective*, Oxford: Oxford University Press, 2013, p. 70.

② L. R. Baker, *The Naturalism and First-Person Perspective*, Oxford: Oxford University Press, 2013, p. 71.

以容纳上述区别。①

第二节　关于第一人称的取消方案及其问题

依据与命题内容和经验的关系，心灵哲学通常将心灵分为两类：一是意向状态，二是意识，即现象学的或质的状态。长期以来，有关取消主义的讨论大多都聚焦于意识状态，而对意向性一般持还原论立场，但近年来意识取消论开始悄然兴起。意识取消论者认为，意识是不存在的，因而也不存在如何将其纳入自然秩序的问题，民间心理学关于意识的很多论断和原则都根本得不到科学支持，因而都是错误的。因此，即使第一人称观点不能被还原，也会面临被取消的命运。贝克以丹尼尔·丹尼特和托马斯·梅青格尔的意识取消论观点为对象，对有关第一人称的取消方案进行了驳斥。

一　对丹尼特的意识取消论的反驳

丹尼特对意识科学持乐观态度，他说："认为意识是一种超越人类知识范围的神秘现象，是一种失败主义观点，它没有什么特别之处。"② 然而，"内在的观点与科学的观点之间的分歧与自然中的其他解释的分歧不同"③。丹尼特处理这一分歧的方法是，说明实在中并无第一人称观点的位置，从而取消了第一人称观点。他认为，我们可以从第三人称观点建构一种意识模型，因为所有科学都是从第三人称观点来建构的。④

---

① L. R. Baker, *The Naturalism and First-Person Perspective*, Oxford: Oxford University Press, 2013, p. 72.

② D. Dennett, "Daniel Dennett." In *Mind and Consciousness: 5 Questions*, ed. Patrick Grim, 25-30. 5 Questions. Automatic Press, 2009, p. 28.

③ D. Dennett, "Daniel Dennett." In *Mind and Consciousness: 5 Questions*, ed. Patrick Grim, 25-30. 5 Questions. Automatic Press, p. 27.

④ D. Dennett, *Consciousness Explained*, Boston: Little, Brown. 1991, p. 71.

丹尼特的意识解释包括两个阶段。第一阶段即他所说的"异己现象学"(hetero-phenomenology),其基本意思就是,一名理论家即异己现象学家无须假设任何第一人称要素,即可从被试本人的观点来描述被试的心灵。丹尼特说:"异己现象学是一条从客观的物理科学及其在第三人称观点上的坚定立场通向一种现象学描述方法的中立道路,它原则上可以公正地对待最私密的、最难以言表的主观经验,但也不放弃科学的方法论原则。"① 异己现象学方法的初始材料是通过录音带、录像带与脑电图等装置记录被试可观察的特征,如被试发出的声音,身体的移动以及脑状态。以被试发出的声音为例,异己现象学家通过许多解释过程来陈述材料,首先通过将录音带中的声音解释为句子,然后通过将这些句子解释为言语行为。得出的结果就是从这位被试自己的观点出发所得到的有关世界的文本,这一结果并没有背弃科学。第二阶段是对被试大脑中真实发生的事件进行神经科学的解释。这一阶段的结果就是丹尼特关于意识的"多草稿模型"。简而言之,第一个阶段是要清理任何第一人称解释,第二阶段是要确定和解释第三人称的神经状态。

两个阶段都依赖于丹尼特的意向系统理论。意向系统理论主要涉及以下步骤:"首先,你决定把要预言其行为的对象看作是一个有理性的自主体;其次,根据它在世界上的位置和目的,推测那个自主体应当有什么信念;再次,基于相同的考虑,推测它应当有什么愿望;最后,做出预言:这个有理性的自主体为了达到目的将根据其信念行动。"② 尽管物理的立场与设计的立场是"预测策略更为基础的立场",但是意向立场意义却极为深远。它不仅能够被用来预测人、动物与人工产品的行为,而且能够用来预测亚系统的行

---

① 参见刘占峰《解释与心灵的本质——丹尼特心灵哲学研究》,中国社会科学出版社2011年版,第36页。
② [美]丹尼尔·C.丹尼特:《意向立场》,刘占峰、陈丽译,商务印书馆2016年版,第28页。

为。因此，意向立场这一策略能够被用来预测任何实在的行为，任何实在的行为也能够通过归属心理状态来预测，而无须承诺任何内在机制。

因此，异己现象学的解释过程并没有将异己现象学家排除在科学的领域之外，因为根据丹尼特关于内容的意向系统理论，解释过程只是达到由物理科学解释的层次的一种方式，它们并没有提出任何本体论的主张。另外，意向系统理论的价值在于它提供了一种使用意向语言的方式，如"吉尔相信她听到了一声汽笛"，这并未承诺任何实在中的事态；意向语言只是一种预测工具。意向系统理论使异己现象学的解释合理化了，在这些解释中，"我们把发出噪音者看作是一个自主体，事实上，理性自主体具有表现意向性或者'关于性'的信念、欲望和其他心理状态，他的行动能够根据这些状态的内容来解释或预测"[①]。但这种理论并不关心"完成这种理性能力的内在结构"[②]。异己现象学的重点是要清理对有意识事件的任何指称材料，从而清理有关第一人称现象的承诺的材料。这个过程是要使这些材料能够由物理理论做出合理的解释。意识的多草稿模型则说明了大脑中真实发生的事情如何能解释关于私有的主观经验的主观信念。大脑中真实发生的事情也能够从意向立场得到解释。从意向立场来看，连续的大脑过程是在不断地编辑与创造内容。因此，称为"多草稿模型"。

贝克指出，丹尼特的意识理论并不一定要假定被试的信念为真，而只需假定她有这些信念。这样丹尼特的解释中就存在一个问题，即仍然存在残留的第一人称指称，甚至从异己现象学家的角度看也是如此。假定被试说："我看见了一个不断移动的点。"这个材

---

① D. Dennett, *Consciousness Explained*, Boston：Little, Brown. 1991, p. 76.

② D. Dennett, "Intentioanl Systems Theory", in *Oxford Handbook of Philosophy of Mind*, ed. Brian P. McLauglin, Ansgar Beckermann, and Sven Walter, 339 - 350. Oxford：Clarendon Press, 2009, p. 346.

料肯定是"她相信她*看见了一个不断移动的点"。那么,神经科学的任务就是要解释当她说"我看见了一个不断移动的点"时,她大脑中发生了什么。尽管神经系统方面的证据有可能证明"被试实际上看见了一个不断移动的点"是可疑或错误的,但是在丹尼特看来,她相信她*看见了一个不断移动的点,仍然是正确的,而这就是理论要解释的材料。然而,即使这一点并不明显,但那个材料仍然承诺了第一人称观点。贝克指出,如果这个材料仅仅是"被试报告她*看见了一个不断移动的点",那由录音带证实的这个材料就可以根据意向立场来解释。但这个材料仍然蕴含着第一人称指称:"她*"是异己现象学家的表述,即被试对她自己有一种第一人称指称的归属。也就是说,不仅实验的被试做出了第一人称指称,而且丹尼特的异己现象学家也必然会给被试归属第一人称指称。因此,异己现象学家和被试都承诺了存在第一人称指称。在贝克看来,如果没有第一人称指称,就不会有任何材料。有人反驳说,有的材料是因被错误描述了才包括第一人称指称,而这样的材料也许就是大脑中的某个认知过程。但贝克认为,这不可能是正确的,因为根据异己现象学的描述,从被试的观点看,这个材料所涉及的只是世界的一小部分,被试并没有从她的观点出发并根据认知过程来思考世界,因此如果异己现象学家不对被试进行第一人称指称的归属,他如何可能有异己现象学材料,就难以解释了。①

贝克还从稍做变化的异己现象学材料阐述了上述观点。假如被试相信她*看见了一个巫婆。而以此为材料的异己现象学家并不会承诺存在巫婆,但他显然承认被试做出了第一人称指称。如果被试不是真看见了巫婆,她就是错误的,但如果她没有做出第一人称指称,那么就不会有任何材料。而如果异己现象学家必须假定被试事实上做出了第一人称的指称,那么第一人称现象就不会被取消。贝

---

① 参见 L. R. Baker, *The Naturalism and First-Person Perspective*, Oxford: Oxford University Press, 2013, pp. 78-79.

克说:"第一人称现象可能会被隐藏,但它仍然存在。异己现象学在清理有关第一人称要素的材料方面并未取得成功。"①

丹尼特提到,他的意向立场已在许多科学中得到应用,但他认为对于科学的心灵研究来说,多草稿模型还只是入门级的,我们还需要"将所有人的话语都翻译成亚人术语"②。事实上,丹尼特是建议将"我"这个词从科学中取消,将心灵看作一种没有核心控制者的分散的计算系统③。但贝克指出,除非亚人理论能掌握被试的第一人称报告,否则它就不能得出有关实在的完整知识。尽管异己现象学材料不蕴含移动的点或巫婆存在,但它们确实蕴含第一人称指称的存在。因此,丹尼特的意识解释并没有说明第一人称现象如何能完全由第三人称现象取代。他的意识理论还遇到了这样的困境:"异己现象学的理论家将第一人称指称归属给被试要么为真要么为假。如果归属为真,那么理论家就承诺了存在第一人称指称;如果归属为假,被试就没有做出第一人称指称,并且也不存在任何材料。因此,异己现象学并没有清除承诺第一人称指称的材料。"④

二 对托马斯·梅青格尔的自我模型理论的批评

科学自然主义认为,真实存在的只有非第一人称的实在和属性。梅青格尔(Thomas Metzinger)关于第一人称观点的第三人称亚人解释就是一种科学自然主义解释。因此,贝克将梅青格尔作为科学自然主义的典型案例来研究。

---

① L. R. Baker, *The Naturalism and First-Person Perspective*, Oxford: Oxford University Press, 2013, p. 79.

② B. Huebner and D. Dennett, "Banishing 'I' and 'We' from Accounts of Metacognition", Behavioral and Brain Sciences 32 (2009): 148-149.

③ Huebner and D. Dennett, "Banishing 'I' and 'We' from Accounts of Metacognition", Behavioral and Brain Sciences 32 (2009): 148-149, p. 149.

④ L. R. Baker, *The Naturalism and First-Person Perspective*, Oxford: Oxford University Press, 2013, p. 80.

梅青格尔是一位科学自然主义哲学家,他承认自我意识极其复杂,必须认真对待。事实上,他和贝克有很多的共识:第一,自我意识与纯粹的知觉不同,或者说与非人的动物所具有的意识不同。第二,自我意识在第一人称的用法与第三人称的用法即从概念的层次上使用之间是有差别的。第三,哲学家只通过逻辑论证并不能确定经验陈述的真假。第四,意识经验的现象学应该认真对待。① 第五,一个人可以对自身做整体的想象。② 此外,梅青格尔还赞成贝克关于第一人称发展两个阶段(基础阶段和健全阶段)的划分,他说:"正如贝克所指出的,不仅具有能够用'我'表达的思想是必要的,而且具有一个概念能将自己作为这些思想的思考者,即作为一种主观观点的拥有者,同样是必要的。简言之,不仅从第一人称观点得来的指称是必要的,而且具有能够从心理上将正在发生的指称行为'归属'给自己的能力,也是必要的。"③ 他也赞成贝克对第一人称观点的解释,认为在纯粹具有一种观点与将想象自己具有一种观点之间存在概念的区别,这种区别"对于认知科学很重要,对于真正的认知主体的哲学概念也很重要"④。

当然,他们之间存在诸多共识,并不能掩盖他们之间存在的根本分歧。在梅青格尔看来,任何自我指称和经验主体都是可以取消的,他说:"存在一切都是在透明的自我模型之下运行的意识系统。"⑤ 梅青格尔还提出了一个理论,它既否定了我是真实的

---

① T. Metzinger, *Being No One: The Self-Model Theory of Subjectivity*, Cambridge MA: The MIT Press, p. 301, n. 2.

② 参见 T. Metzinger, *Being No One: The Self-Model Theory of Subjectivity*, Cambridge MA: The MIT Press, 2003, p. 1; p. 3; p. 301, n. 2; p. 396.

③ T. Metzinger, *Being No One: The Self-Model Theory of Subjectivity*, Cambridge MA: The MIT Press, 2003, p. 396.

④ T. Metzinger, *Being No One: The Self-Model Theory of Subjectivity*, Cambridge MA: The MIT Press, 2003, p. 396.

⑤ T. Metzinger, *Being No One: The Self-Model Theory of Subjectivity*, Cambridge MA: The MIT Press, 2003, p. 397.

经验主体，又表明当我们自认为是真实的经验主体时实际发生了什么。

梅青格尔的论证主要有三个方面。第一是对主观经验作出了一种解释。他认为，我们的大脑刺激了包括心理表征的心理模型。心理表征不仅有随附于大脑状态的现象学内容（如味道、颜色等），而且还有部分地依赖于与环境的关系的意向内容。我们的表征就是心理模型的一部分，其中的一些表征了世界，即世界模型，还有一些表征了产生模型的系统，即自我模型。他说："自我模型"涉及的是在其内部激活了这种模型的表征系统。[①] 现象学的自我模型的内容"是有意识的自我，即你的身体感觉、你的当下情绪状况以及你从现象学上经验到的认知过程的所有内容"[②]。有些自我模型的属性是透明的，即它们不是能内省到的。质言之，这里的透明性是一个现象学概念而非认识论概念。有些自我模型的属性是不透明的，我们能够觉知它们，它们是可以内省到的。摩尔（G. E. Moore）曾指出，当我们试图对蓝色的感觉进行内省时，这种感觉就是透明的："我们逐一查看它，除了蓝色什么也看不到。"[③] 但蓝色是不透明，它是我们看见的对象。梅青格尔说："透明的表征是由这一事实描述的，即唯有能通过内省注意的属性才是它们的内容属性。"[④] 我们的主观经验在透明的模型中是激活表征的，也就是说，只有表征的内容才能够被经验到，而模型本身是不能被经验到的。主观经验是现象学的经验，它是由表征模型的激活构成的，但我们不能够经验这些模型，我们只能经验到表征的内容属性，无论这些内容是

[①] T. Metzinger, *Being No One*: *The Self-Model Theory of Subjectivity*, Cambridge MA: The MIT Press, 2003, p. 302.

[②] T. Metzinger, *Being No One*: *The Self-Model Theory of Subjectivity*, Cambridge MA: The MIT Press, 2003, p. 299.

[③] G. E. Moore. 1903, "The Refutation of Idealism", *Mind* 12 (1903): 433–453.

[④] T. Metzinger, *Being No One*: *The Self-Model Theory of Subjectivity*, Cambridge MA: The MIT Press, 2003, p. 387.

否描述了模型之外的东西。

第二，梅青格尔解释了对我们来说我们何以能是经验的主体。他将现象学的第一人称观点与认知的第一人称观点进行了区分。现象学的第一人称观点允许信息加工系统具有现象学（主观的）经验，而认知的第一人称观点允许信息加工系统具有 I* 思想（第一人称思想），正是 I* 思想使它看起来像是真实的经验主体。但是，I* 思想要求不透明的自我模型的一部分与早已存在的透明的自我模型融为一体，而这种不透明的自我模型是一种现象学模型，它涉及的是以连续的、情景式的主客关系表征的意向性关系。当我们有意识地思考我们自己时，我们思考的对象事实上只是自我模型的内容。我们在具有 I* 思想时，并不能有意识地经验我们正在指称的表征的内容。认知的自我指称总是对不透明的自我模型的现象学内容的指称，而将自己想象为自己*的能力在于能够激活一种动态的、混合的自我模型，这个过程是有意识的认知的自我指称过程，自我意识就是在这个现象学的自我模型中建立一种主客关系。①

第三，梅青格尔论证了世界上实际上不存在任何真实的经验主体。他指出，有意识的认知主体不是现实的一部分，而只是自我模型的一部分。认知的第一人称观点（具有 I* 思想能力）是现象学的第一人称观点的一个特例。他说："认知的自我指称作为一个过程，它是在现象学上模拟早就存在的透明的自我模型的某些方面的内容，而这反过来又能被解释为将自己想象为自己*的能力。"② 在认知的自我指称中，被指称的东西是透明的自我模型的现象学内容。因此，这个指称是自我模型的一个要素，而不是存在于世界中

---

① T. Metzinger, *Being No One: The Self-Model Theory of Subjectivity*, Cambridge MA: The MIT Press, 2003, pp. 387 – 411.

② T. Metzinger, *Being No One: The Self-Model Theory of Subjectivity*, Cambridge MA: The MIT Press, 2003, p. 405.

的一个自我。简言之,这个有意识的认知主体只是自我模型的一个要素,"现象学透明的自我模型之下运行的任何有意识系统,都必然以某种不可逾越系统本身的方式例示了自我性这种现象学属性"①。

总之,梅青格尔否认意识经验真的在世界上有一个主体,即自我或进行经验的人。我只是现象的自我模型的一个信念加工系统,当我思考自己时,我思考的只是我的自我模型中的心理表征内容。我们成为经验主体的经验只是现象学的,我们对于"与实际表征的东西有关的所有相应信念"都缺乏正当的认识论理由。说世界存在某个人的主观经验,这只是一个幻觉,正如梦境和幻觉并没有告诉我们环境的实际状况一样,主观经验也不会告诉我们与我们是什么有关的真实信息。他说:"没有自我,只有自我模型。因此'自我'可以用现象学的自我模型代替。"②

贝克指出,她与梅青格尔的观点的区别是一种本体论的差异,她主张完备的本体论一定会包括人("自我"或真实的经验主体),而梅青格尔则赞成还原的科学自然主义,认为自我只是现象的问题,而不是现实问题,现实不包括自我,只包括自我模型。贝克认为,梅青格尔的看法有两个固有的问题。第一个问题,他是从第三人称观点来分析认知的第一人称指称。贝克说,笛卡尔关于"我确定我*存在"的确定性来自第一人称观点,即笛卡尔声称他确定他*存在,梅青格尔虽然赞同笛卡尔的看法,却没有对他做出第三人称的指称③,而是认为笛卡尔关于"我确定我*存在"这一思想的心理内容与"我确定我*存在"这个句子的语言学内容都能用第

---

① T. Metzinger, *Being No One*:*The Self-Model Theory of Subjectivity*, Cambridge MA:The MIT Press, 2003, p. 363.

② T. Metzinger, *Being No One*:*The Self-Model Theory of Subjectivity*, Cambridge MA:The MIT Press, 2003, p. 626.

③ T. Metzinger, *Being No One*:*The Self-Model Theory of Subjectivity*, Cambridge MA:The MIT Press, 2003, p. 398.

三人称词语来理解。梅青格尔说:"我确定我*存在"这个思想的所有心理内容完全是现象学内容,而不是"从认识论上可证明的内容"①。简言之,在梅青格尔看来,我确定我*存在是自我模型的部分内容之间的一种复杂关系。I*思想能够被理解,但不必假定现实中存在一个经验主体。

梅青格尔也用"我确定我*存在"这个句子来探讨语言的自我指称。他说,"我确定我*存在"的语言内容可以从下述第三人称观点来分析②:(A)说这个句子的人激活了一个现象自我模型,而二阶的、不透明的自我表征已经内嵌于这个模型中了。这些表征可以用三种属性来描述:(1)它们都有似概念的形式(如通过对构成结构等的一种联结主义模拟);(2)它们的内容都只是由对当前激活的现象自我模型的透明的分区操作而形成的;(3)整体的系统与内容之间的关系在现象上能够被塑造成一种确定性关系。贝克认为,(A)不是对"我确定我*存在"这种第一人称断定的正确分析,我断定"我确定我*存在"必然是关于我的,但这种分析不是,它涉及的是任何断定她确定她*存在的人。我声称"我确定我*存在"与(A)都没有蕴含其他人。因此,(A)不是一种传统意义的分析,它不能代替任何人声称"我确定我*存在",两者没有传递相同的信息。梅青格尔曾预测,现象的自我模型将是一种能从经验上发现的真实实在。但贝克认为,无论在大脑中能否找到现象的自我模型的神经关联物,但即使能够发现,关于I*思想与I*句子的神经学理论最多也只能对I*思想和I*句子的产生提供必要充分条件,但这距离用第三人称语句取消或代替I*思想和I*句子还远得很。她说:"即使(A)最终被确认为一种经验理论,它仍不

---

① T. Metzinger, *Being No One: The Self-Model Theory of Subjectivity*, Cambridge MA: The MIT Press, 2003, p.373.

② T. Metzinger, *Being No One: The Self-Model Theory of Subjectivity*, The MIT Press, 2003, p.402.

能够取代 I* 句子，后者仍然是不可取消的。"①

第二个问题，现象内容概念难以承受梅青格尔给予它的负荷。梅青格尔认为，现象内容是质的内容，它们随附于大脑，而表征内容是意向的内容。他说："个体化心理状态的最核心的特征是它们的现象内容，即它们从第一人称观点感觉的样子。"② 贝克认为，这不是对心理状态进行个体化的方式，这些心理状态与所有 I* 思想一样具有真值条件。我们没有感觉同一性的标准，如我半夜醒来，某一时刻我的主观经验是想按时完成一篇论文，而另一时刻我的主观经验是希望明天不下雨。我的主观经验在两个时刻是不同的，但其差异取决于希望的意向内容，而不是取决于与它们相联系的感觉，因此，纯粹的现象内容不能够对心理状态进行个体化。

除此之外，贝克还指出，梅青格尔所得出的语义学的、认识论的和道德的结论也是站不住脚的。首先，梅青格尔的观点对"我"这个词含糊其辞，他有时用"我"指称整个信息加工系统，有时又用"我"指称自我模型的部分内容。以日常的 I* 思想为例，"我相信我*是澳大利亚人"这一思想中的第一个"我"指称的是整个信息处理系统，正是这个系统将它自己当成思想的思考者，因为梅青格尔说"我将我自己经验为 I* 思想的思考者，"③ "我"的"内容是这个思考者，当前将他自己表征为运作的心理表征"。④ 而第二个"我"（"我相信我*是澳大利亚人"中的"我*"）"是透明的自我模型的内容"。因为梅青格尔说："在一个透明的自我模型之下运作的任何有意识的系统都必然会例示一个现象的自我，在语言学的意

---

① L. R. Baker, *The Naturalism and First-Person Perspective*, Oxford: Oxford University Press, 2013, p. 93.

② T. Metzinger, *Being No One: The Self-Model Theory of Subjectivity*, Cambridge MA: The MIT Press, 2003, p. 71.

③ T. Metzinger, *Being No One: The Self-Model Theory of Subjectivity*, Cambridge MA: The MIT Press, 2003, p. 373.

④ T. Metzinger, *Being No One: The Self-Model Theory of Subjectivity*, Cambridge MA: The MIT Press, 2003, p. 401.

义上，它必须用'我*'来指称。"① 因此，"我"的指称有时候是整个信息处理系统，有时候是自我模型的内容。那么，"我"究竟是整个信息处理系统还是当前激活的自我模型的一部分透明的内容，对此梅青格尔并没有解释清楚。其次，梅青格尔的观点在认识论上会遇到困难。当人们边做事边反思他们所做的事时，这个理论不可能理解发生了什么。假定一位科学家在第一次用电子显微镜时想："我难以相信我正在观察电子。"如果这位科学家不是一个经验主体，她如何理解自己的思想？最后，梅青格尔的观点在道德上也遇到了问题。假定一名战士在战场上经历到了截肢的痛苦。如果梅青格尔的观点正确，那么我们就无法从认识论上证明世界上的真实的人经历了极度的痛苦，我们只能说具有一个自我模型的信息处理系统让它看起来似乎有这样一个痛苦的主体。也就是说，有一种关于痛苦的主观经验，但痛苦的承载者只是一个现象的自我，它在认识论上是不可证明的。贝克指出，如果我们假定有一个真实的存在是痛苦的主体，如果它不可被证明，我们就没有义务减轻这种痛苦，这个结果会让我们难以理解道德经验。②

贝克指出，科学自然主义自然化第一人称观点的种种尝试都是失败的，因此不能将本体论的结论限制在能够用科学（至少是现在的科学）方法收集到的材料上。在贝克看来，我们应该将引起哲学家兴趣的现象与促进这些现象的潜在机制区别开。例如，我们可能希望有一种自然主义理论来解释某些机制承担了第一人称观点，但她的观点是经验的真实主体"我"是一个人，也就是说，对象的第一人称观点是不可还原和不可取消的。她反对将引起哲学家关注的现象与支撑这些现象的机制混为一谈。没有人会怀疑存在着潜在的

---

① T. Metzinger, *Being No One：The Self-Model Theory of Subjectivity*, Cambridge MA：The MIT Press，2003，p. 400.

② 参见 L. R. Baker, *The Naturalism and First-Person Perspective*, Oxford：Oxford University Press，2013，pp. 96 - 99.

机制，但不能用经验问题代替哲学问题。

第三节　本体论自然主义的谬误

如前所述，科学自然主义认为，科学完全是非个人的或客观的。对属性进行自然化一般有还原或取消两种方式。也就是说，属性 P 能通过还原进行自然化，当且仅当属性 P 强随附于合适的微观物理属性，而属性 P 能通过取消来自然化，当且仅当完备的本体论中不包含属性 P。① 贝克认可科学自然主义的上述主张，但她认为第一人称属性是一种既不可还原也无法取消的属性，而且仅当不可还原的第一人称属性得到例示时，一个人才会有第一人称概念，而任何公认既不可还原也不能取消的对象、种类或属性都应纳入本体论上。② 因此，只要科学（无论是还原论解释还是非还原论解释）不承认第一人称属性，没有将它们纳入本体论之中，它就没有提供完整的实在清单。这样一来，本体论自然主义就是错误的。她对此使用了两个论证，即语言学论证和形而上学论证。

我们先看语言学论证。一般来说，科学自然主义者都否认有不可还原的第一人称属性，但不否认我们有第一人称概念，如约翰·佩里就承认我们有自我概念。当然，我们确实有一些不表述任何属性的空概念，如我们有"燃素"概念，但燃素属性却是不存在的。贝克指出，I*—概念不是空概念，因为 I*—概念是从第一人称角度将自己想象为自己*的概念，I*—概念只在一种情况下才不表述属性，即失去了从第一人称角度将自己想象为自己*的能力。然而，这种能力不仅在我们的日常生活中随处可见，而且它还是其他领域

---

① L. R. Baker, *The Naturalism and First-Person Perspective*, Oxford: Oxford University Press, 2013, pp. 29–30.

② 参见 D. Chalmers. 1991, "First-Person Methods in the Science of Consciousness", http://consc.net/papers/firstperson.html.

所预设的一种能力，如知道自己在想什么或做什么都预设了这种能力。I*—语句或I*—思想都是这种能力的直接表现。因此，I*—概念确实表述了一种属性，即I*—属性，就是从第一人称角度将自己想象为自己*的能力。她的论证思路包括以下步骤。①

(1) I*—语句是不可还原的。

(2) 如果I*—语句是不可还原的，I*—属性也就是不可还原的。

(3) I*—语句是不可取消的。

(4) 如果I*—语句不可取消，I*—属性也就不可取消。

(5) 如果I*—属性既不可还原也不可取消，那么完备的本体论中就应该包括I*—属性。

(6) 因此，完备的本体论中包括I*—属性。

下面，我们对上述第一个步骤进行详细考察。先看(1)，即I*—语句是不可还原的。假如有下述一个I*—语句和一个对应的非—I*语句：

(i) (约翰说) 我相信我自己很富有。

(ii) (约翰说) 我相信约翰很富有。

在有些情况下(i)为真(ii)为假，而在另一些情况下则是(i)为假(ii)为真。假如张三是一位风投基金经理，也是百万富翁，他有一个信念。对这个信念，他在时间t时会说"我相信我自己很富有"。再假如有一天约翰被歹徒绑架，头部因受重创而昏迷，随后被歹徒扔在了乡村道路的路边。在他苏醒过来时，他失去了记忆，不记得以前的生活了。后来，他在乡下一个农场以务农为生，但他经常在媒体上看到百万富翁张三失踪的消息。于是，他慢慢形成了失踪的张三很富有的信念，因此他在t′时会说："我相信张三很富有"，但他没有意识到他*（他自己）就是张三。因此，在t′

---

① L. R. Baker, *The Naturalism and First-Person Perspective*, Oxford: Oxford University Press, 2013, p. 109.

时，(ii) 为真而 (i) 为假。再假如农场有个工人也叫张三，他中彩票得了一大笔钱，因此在 t'' 时，张三逐渐相信他*很富有，同样在 t'' 时，他看到报道说失踪的张三因管理不善风投基金严重亏损，因而成了穷光蛋。于是他在 t'' 时又开始不相信张三很富有。在后面这些情况下，(i) 为真而 (ii) 为假，也就是说 t'' 时 (i) 表达了一个真命题而 (ii) 表达的是假命题，因此 (i) 如果不改变真值就不能够被 (ii) 取代，换言之，(i) 不能还原为 (ii)。

再看 (2)，即如果 I^*—语句是不可还原的，I^*—属性也就是不可还原的。I^*—语句表达了包括 I^*—概念的 I^*—命题，而 I^*—概念表达了 I^*—属性。如果 I^*—语句是不可还原的，它们就表达了 I^*—属性。因此，不可还原的 I^*—语句所表达的 I^*—属性一定也是不可还原的。

再看 (3)，即 I^*—语句是不可取消的。上述张三的故事也说明 I^*—语句是不可取消的。I^*—语句以及它们所表达的思想的一个作用就是理性地引导行为，而理性地引导行为是人类的一个重要目的。当张三开始相信张三很富有时，他并不相信他自己很富有，因为他以务农为生。如果张三接着相信他自己很富有，他就是回到之前的富裕生活。如果没有 I^*—语句表达的信念，引导行为的目的就难以实现。

再看 (4)，即如果 I^*—语句不可取消，I^*—属性也就不可取消。表达 I^*—命题的 I^*—语句包含了 I^*—概念，而 I^*—概念表达了 I^*—属性。I^*—概念是不可取消的，因此 I^*—概念所表达的 I^*—属性也不可取消。

对于 (5)，即如果 I^*—属性既不可还原也不可取消，那么完备的本体论中就应该包括 I^*—属性。完备的本体论肯定会包含世界上的一切个体和属性。也就是说，D 是关于世界的一种完备的描述，当且仅当对于世界上的所有个体和属性来说，D 要么会明确提到，要么会蕴含。由 (1)—(4) 可知，I^*—属性既不可还原也不能取消，那么不可还原也不可取消的属性应当纳入完备的本体论之中，显然在概念上为真。

综合上述（1）—（5），必然可以推出（6），即完备的本体论中包括 I^*—属性。

贝克的形而上学论证是要从本体论自然主义的条件出发来证明第一人称属性不能自然化。科学自然主义本质上是一种本体论主张，认为科学揭示了真正属于实在的一切。当然，对于科学应该包括什么有不同的理解。例如，阿姆斯特朗持狭义的理解，认为"世界上只包括物理学所承认的实在"①，科恩布利思（Hilary Kornblith）等人持宽泛的理解，认为科学不仅包括物理学，还有人类学、社会学、意向心理学等，因此这些科学所承认的实在都是存在的。②施米特（Frederick Schmitt）认为，本体论自然主义的主张是："只有自然的对象、种类和属性是真实的"，而"自然的"即"自然科学所承认的"③。根据这一主张，自然主义者认为，除非能够自然化，否则颜色、意向状态、意识、自我、语言学的指称和意义、知识和确证的信念、道德义务与善、美等都不是真实的。在施米特看来，对一个属性（如是 F 的属性）的自然化主要有两条途径：(i) 用自然主义术语对"是 F"这一概念做出一种功能解释，(ii) 将是 F 这一属性同一于自然科学所承认的一种属性。④

贝克对施米特所界定的本体论自然主义作了两个方面的拓展：（1）将心理学纳入自然科学的范围，即自然科学包括物理学、物理

---

① D. Armstrong., "Naturalism, Materialism, and First Philosophy", in *The Nature of Mind and Other Essays*, 149 – 165. St. Lucia: University of Queensland Press, 1980, p. 149.

② H. Kornblith, "Naturalism: Both Metaphysical and Epistemological", in *philosophical Naturalism*, ed. Peter A. French, Theodore E. Uehling, and Howard K. Wettstein, Vol. 19, 39 – 52. Midwest Studies in Philosophy. Notre Dame: Notre Dame Press, 1994.

③ F. Schmitt, "Naturalism", in *A Companion to Metaphysics*, ed. Jaegwon Kim and Ernest Sosa, 342 – 345. Oxford: Blackwell, 1995, pp. 343 – 345.

④ F. Schmitt, "Naturalism", in *A Companion to Metaphysics*, ed. Jaegwon Kim and Ernest Sosa, 342 – 345. Oxford: Blackwell, 1995, p. 343.

学、心理学以及社会科学，不管社会科学能否还原为物理学。
(2) 自然化 F 不需要属性 F 同一于自然科学所承认的一种属性，只需要它强随附于自然科学所承认的一种或一些属性。

另外，由于施米特只考虑了自然化的还原方案，没有涉及取消方案，因此贝克还借助属性的自然化对这两种方案进行了重新描述。

属性 P 被自然化，当且仅当与 P 相联系的概念有一种用自然科学术语所做的功能解释，或者属性 P 强随附于自然科学所承认的一种或更多合适的属性。

属性 P 被取消，当且仅当对世界真实状况的完备解释既没有提及 P，并且 P 也没有随附性基础。

这样，对本体论自然主义就可以做出这样的界定：本体论自然主义为真，当且仅当每种属性都能根据对世界真实状况的完备解释得到自然化或者被取消。

贝克反驳本体论自然主义的论证主要针对 I^*—属性的自然化。其论证过程如下：假定 P 是从第一人称角度将自己想象为自己的属性，而与 P 相关的概念是自己作为自己的第一人称概念，即 I^*—概念。

(1) 如果 P 是一种自然化的属性，那么，要么与 P 相关的概念具有一种用自然术语提供的功能解释，要么属性 P 强随附于自然科学所承认的一种或多种合适的属性。

(2) 与 P 相关的概念不具有用自然术语提供的功能解释。

(3) 属性 P 没有强随附于自然科学所承认的任何属性。

(4) P 不是一种自然化的属性。[①]

对于 (1)，如上所述，施米特认为"自然的"就是"自然科学所承认的"。因此，自然化 P 属性，就是要用自然科学的术语来

---

① L. R. Baker, *The Naturalism and First-Person Perspective*, Oxford: Oxford University Press, 2013, p. 115.

功能化与 P 相关的概念，或者说明属性 P 强随附于自然科学所承认的属性。

对于（2），I^*—概念不同于功能概念。但是，功能主义认为可以对从第一人称角度将自己想象为自己的能力提供一种第三人称解释。在功能主义者看来，信念可根据功能作用来定义，而功能作用是由信念的原因和结果确定的。当然，功能主义者不是要对某种信念的原因与结果提供一个完整的目录，但他们确实假定他们能够提供一种高阶的说明，即对具有信念的能力做出说明，认为这种能力就是具有与产生行动的其他心理表征相结合的心理表征能力。贝克认为，这种看法是不充分的。首先，I^*—信念并非专门与行动相联系，相对于行动或知识来说，I^*—思想与自我评价更相关，因此它们的因果关系可能在任何外向的行动中都不会出现，而且信念的功能化是通过把信念盒中的一种心理表征当作是由其他心理表征引起的，从而才引起行动，但在 I^* 的例子中，通常并没有可观察的现象与 I^*—思想因果相关。因此，在"I"与"I^*"之间存在重要的不同。其次，如果说 I^*—思想要根据心理表征的推论作用来描述，那么这样的推论作用就太多了。I^*—思想不是与行动直接相关，各种 I^*—思想（和 I^*—语句）对于具有它们的能力来说差异太大，难以按照功能主义来管理。

对于（3），贝克认为，她已经论证了关于世界的完备描述必定包括 I^*—属性。如果属性 P 随附于自然科学所承认的属性，那么自然科学就会承认第一人称属性。因此，只要科学完全不包括第一人称观点，它就没有第一人称属性。

由于三个前提都正确，而且论证过程也没问题，那么必然会得出这样的结论，即 P 不是一种自然化的属性。同时，P 也不可取消，因为 P 并没有自然科学所承认的属性的客观随附性基础。而且 P 还是由具有强健的第一人称观点的属性所例示的属性。因此，如果不提到 P，关于世界的解释就是不完备的，并且 P 是不可取消的。由于P既不可取消也不可还原为自然科学的属性，因此，P尽管处于自然科学的范围之外，但仍是一种真实的属性。由此可见，本体论自然主义是错误的。

第四节　第一人称观点的本质

如前所述，贝克认为完备的本体论会包含一切对象和属性，任何对象或属性要是真实的，必须要么是完备的本体论所提到的，要么强随附于合适的基础。第一人称观点作为是一种既不可取消也不可还原的属性，当然应纳入本体论之中。那么，第一人称观点的本质是什么？第一人称属性究竟是怎样的一种属性？围绕这些问题，她对第一人称观点做出了一种形而上学解释。

一　什么是属性？

齐硕姆（R. M. Chisholm）曾对属性概念下了一个定义：P是一种属性 $=_{df}$ P是可能有某种例示的东西。[①] 也就是说，要例示属性P就要有属性P。贝克认为，属性本质上是"暂时的共相"。[②] 它们可能由很多实在来例示，因此它们类似于共相。但属性不是永久的，而且也不是只有被例示时才存在属性。如果属性不是永久的，那么当它们首次被例示（如由自然选择或意向活动例示）时，属性就会存在。例如，古代就没有关于核弹头的属性，大爆炸时也没有生物体的属性，但一旦被例示了，一种属性就会从那时起存在，如恐龙已经灭绝了，但有恐龙这种属性虽然现在没有被例示，它仍然存在。因此，在某个时间 t 存在一种属性，当且仅当在某个时间 t′时

[①] R. Chisholm, *The First Person: An Essay on Reference and Intentiaonality*, Minneapolis: University of Minnesota Press, 1981, p. 6.

[②] L. R. Baker, *The Naturalism and First-Person Perspective*, Oxford: Oxford University Press, 2013, p. 170.

($t \geq t'$) 它被例示了。于是贝克对齐硕姆的定义进行了两方面的修改,一是去掉了"可能性"这个模态词,二是增加了时间维度。

P 是时间 t 时存在的一种属性 $=_{df}$ 在时间 t' 某种东西例示了 P,并且($t \geq t'$)。①

如果某个人将某些属性看作世界上真实的新奇之物,无论这些属性是通过自然选择还是通过意向的干预而被例示的,我们都可以假定它们存在,而且当它们第一次被例示之后,它们就会始终存在。不过,根据一般看法,属性是永久的,本体论不会随着时间的变化而变化,但贝克认为,这种看法是一个教条,当有新的种类产生时,本体论就会发生变化。只要我们相信进化论,就会承诺实在会随着时间而变化。例如,世界上曾经只有细菌一种生物,但现在有了人类,本体论中也会增加人类这样一种实在。因此,对于属性,我们应把某个时间 t 的本体论与普遍本体论(ontology-simpliciter)进行区分,前者包括时间 t 和 t 之前已经得到例示的对象和属性,后者则包括永远都有的对象和属性。由于人类不是全知全能的,我们难以推测普遍本体论的范围,但我们能够确定某个时间 t 的本体论和普遍本体论都包括第一人称属性。那么,是什么使某种属性成了第一人称属性呢?贝克的看法是,属性 P 是第一人称属性要满足两个条件:(1)P 蕴含着它的例示具有与环境发生有意识的和意向的相互作用的能力;(2)P 蕴含着它的例示能够从第一人称角度将自己当成自己*的能力。也就是说,如果 P 蕴含着拥有健全的或基础的第一人称观点,它就是第一人称属性。②

二 第一人称属性是一种倾向属性

如前所述,两个阶段的第一人称观点都是一种能力,基础阶段

---

① L. R. Baker, *The Naturalism and First-Person Perspective*, Oxford: Oxford University Press, 2013, p. 171.

② L. R. Baker, *The Naturalism and First-Person Perspective*, Oxford: Oxford University Press, 2013, p. 172.

是与环境发生有意识的和意向的相互作用的能力，健全阶段是从第一人称角度将自己当成自己*的能力。贝克认为，这些第一人称能力都是倾向性的。那么，一种能力如何会变成一种倾向呢？卡特莱特（Nacy Cartwright）认为，能力成为倾向的第一个标准也是核心的标准是它的"两面性"，也就是说倾向的例示与它的表现存在差异，它的表现可能多种多样。这样一来，基础阶段的第一人称观点与健全阶段的第一人称观点的表现就存在不同。例如，婴儿可以通过意向行为来表现其基础的第一人称观点，能说话的成年人可以用话语或"我相信（遗憾，希望，认为等）我自己是 F"这样的思想来表达她的健全的第一人称观点，而且只要一个人具有了健全的第一人称观点，她就会意识到她自己所做的任何行为都表现了她的健全的第一人称观点。能力成为倾向的第二个标准是可塑性。卡特莱特指出，可塑性有三个特征：一是它们需要触发；二是它们能够被增强或弱化；三是它们会受到干扰。倾向受到干扰就会产生不同的表现或者没有任何表现。①

贝克认为，无论是基础阶段还是健全阶段，第一人称观点都满足卡特莱特关于能力成为倾向的标准。首先，第一人称观点的两个阶段都具有两面性：一个人是一个有意识的存在，即使在她睡觉（这时没有表现意识）时也是如此；一个说话者即使在没有将自己当成自己*时，也是一个有自我意识的存在，也就是说，即使在她没有表现自我意识时也具有自我意识。其次，第一人称观点的两个阶段都是可塑的，两者的表现至少都具有可塑性的特征之一。例如，表现意识或自我意识的行为触发器与行为本身一样是多种多样的。再如，意识与自我意识都可能增强（如吃了某种蘑菇）或弱化（如注意力不集中时）。最后，第一人称观点的表现会受到干扰。例

---

① N. Cartwright, "What Makes a Capacity a Disposition?" Centre for Philosophy of Natural and Social Science, 2003. p. 7. http：//personal. lse. ac. uk/cartwrig/PapersGeneral/what%20makes%20a%20capacity%20a%20disposition. pdf.

如，就基础阶段的第一人称观点来说，多数人都有一种被叫到就应答的倾向，但如果你在睡着时某个人叫你，你就不会有回应，这时你仍有被叫到就应答的倾向。对于强健阶段的第一人称观点来说，如果有人问我"某人在哪里"，我倾向于回答"这里我就是那个人"。但如果我得了健忘症，我就不会这样回答，不过即使我有健忘症，我仍有强健的第一人称观点，因此第一人称观点满足了卡特莱特关于倾向的两个标准。

对于第一人称倾向的特征，不同的人有不同的认识。阿姆斯特朗认为，倾向属性可以还原为明确的属性，布里德认为，所有自然属性本质上都具有倾向性；杰克逊等人认为，倾向是因果无效的，因为因果性是由不同的范畴基础完成的，而麦特里克等则认为倾向本身是因果相关的；刘易斯等人认为，倾向（以及其因果基础）是内在固有的，而麦特里克等则存在外在的倾向。[1] 所有看法都指出了倾向的一些重要特征。贝克认为，第一人称观点具有倾向属性的特征，它本质上是一种倾向属性，而且是一种不可还原为范畴（或具体）属性的倾向属性。[2]

首先，就基础阶段的第一人称观点这种属性来看。第一人称观点这种倾向属性在其基础阶段蕴含着意识与意向性的结合。就意识的基础来说，合适的范畴属性可能是神经属性。人们通常也认为，整个大脑状态对于意识都是必不可少的，但由此我们将不能将意识还原为大脑状态，即使根据有关研究意识强随附于神经属性的一个

---

[1] 参见 D. Armstrong, M. Charles, and U. Place, *Dispositions: A Debate*, London: Routledge, 1996; A. Bird, *Nature's Metaphysics: Laws and Properties*, Oxford: Oxford University Press, 2007; P. Elizabeth, R. Pargetter, and F. Jackson, "Three Theses about Dispositions", *American Philosophical Quarterly* 19 (3): 251–257, 1982; J. McKitrick, "Are Dispositions Causally Relevant?" *Synthese* 144 (3): 357–371, 2005; D. Lewis, "Finkish Dispositions", *Philosophical Quarterly* 47: 143–158; J. McKitrick, "A Case for Extrinsic Dispositions", *Australasian Journal of Philosophy* 81 (2): 155–174, 2003.

[2] L. R. Baker, *The Naturalism and First-Person Perspective*, Oxford: Oxford University Press, 2013, p. 176.

具体的神经相关物，但我们仍找不到与意识相关的充分的神经相关物，因此意识不能够还原为范畴属性。由于第一人称观点属性本质上是倾向属性，而意识又是两个阶段的第一人称观点所共有的，因此，意识不能还原为范畴属性这一点就足够说明两个阶段的第一人称观点都具有不可还原性。

其次，健全阶段的第一人称观点也是不可还原的。对此，贝克在反驳关于 I^*—现象功能化的论证时已经做了说明。例如，具体说明 I^* 现象（如"我相信我自己个子高"）的功能作用的项是 I^* 现象本身，我相信我自己个子高这个信念部分的是由其他 I^* 信念引起的，如我相信我自己看到了身高测量仪上的结果。我相信我自己个子高的信念也会引起其他 I^* 现象，如我决定我自己应该加入篮球队。由于缺乏功能化所有 I^* 属性的定义，因此 I^* 属性始终是需要，功能化的还原路线难以成功。因此，健全阶段，第一人称观点本质上也是一种倾向属性，无法还原为范畴属性。

三 第一人称属性具有个体性

根据上述解释，贝克说明了成为一个人的原因是什么，但她并未说明是什么使我成为我。贝克承认她还没有找到这个问题的答案，难以对"是什么使我成为我而不是你"做出令人满足的回答，但她仍然坚持第一人称的个体性（haecceitistic）。

假定 F 是从第一人称观点表达的倾向属性。那么根据上述论证，X 是一个人，当且仅当 X 本质上例示了 F。但是，第一人称观点的每一次例示都是一个不同的事态，即不同的实在本质上例示 F，而根据这就能将"成为一个人"与"成为我"区别开：成为一个人就是本质上例示了 F，成为我就是有一种事态，即我本质上例示了 F，而我本质上例示了 F 与你本质上例示了 F，是不同的事态，因此我和你就是不同的人。

如果人是基本的实在，那么成为一个人的属性与成为我的事实都不可还原为非人的东西。因此，我们无法避免成为我与我本质上例示 F 之间的循环论证。另外，成为一个人就是本质上例示了 F，成为我就是对于一种具体事态来说，我本质上例示了 F。贝克说："存在的个体性就是'此性'（thisness），即负责个体化的一种非质的属性。我认为，存在的个体性就是某个人例示了一种属性这种事态，我并不把存在的个体性作为一种属性。因此，我的存在的个体性就是我本质上例示了 F。你的存在的个体性就是你本质上例示了 F。由此必然可以推出，一个人 X 与一个人 Y 要具有相同的存在个体性，当且仅当 X = Y。因此，我必然具有我的个体性。根据这种解释，说成为我就是我的存在个体性是合理的。"[1]

基于上述看法，贝克对人格同一性问题提出了一种解释。她说，人格同一性可以根据个体性来解释，即 X = Y，当且仅当 X 与 Y 有相同的个体性。例如，"我是张三"表达了一个事实，当且仅当我的个体性就是我本质上例示了 F，而张三的个体性也是我本质上例示了 F。

（1）我本质上是一个人（我本质上例示了 F）。

（2）张三本质上是一个人（他本质上例示了一个人）。

（3）如果 X 和 Y 本质上都例示 F 这个实例，那么 X = Y（根据定义）。

（4）张三和我本质上都例示了 F 这个实例。

（5）我是张三。

当然，有人指出，除非张三与我是同一的，否则（4）是不成立的，由此会出现循环论证。贝克说，她的论证并不是要证明我是张三，而是要回答人格同一性问题，即如何为我是张三在世界上留下空间、是什么使我就是张三。她认为，我是张三的原因是，我和张三本质上都例示 F 的一个实例，这直接表明了我和张三是同一

---

[1] L. R. Baker, *The Naturalism and First-Person Perspective*, Oxford: Oxford University Press, 2013, p. 180.

个人。

贝克认为,由于世界上的所有属性都应该纳入本体论之中,而第一人称观点本质上是具有个体性意蕴的第一人称倾向属性,因此第一人称观点也必须纳入本体论之中。

综上所述,贝克的近似自然主义不仅承认第一人称观点存在,而且认为它对实在具有不可替代的贡献。当然,近似自然主义仍是一种自然主义,只不过是一种非常弱的自然主义或弱的非还原论,"尽管它与已知的自然规律是一致的,但它并不受科学牵制或者是从科学中产生的。尽管它为研究超自然的实在留下了空间,但它并不诉诸任何超自然的东西。近似自然主义所描绘的世界明显是仁慈的和宽广的"①。也就是说,近似自然主义不承认超自然的力量或实在的存在,因此是一种自然主义,但在很多方面又超越了科学自然主义,因此有"近似"的特点。大体来说,近似自然主义与科学自然主义的区别主要表现在三个方面:第一,它与科学自然主义所承认的实在范围有一致之处,如都承认自然实在的存在,区别在于:科学自然主义对自然实在坚持封闭性原则,而近似自然主义拒斥这一原则,不仅对超验的东西保持沉默,而且对自然实在是否仅局限于现存的东西持开放态度,认为自然界具有生成性,会有新的实在诞生。第二,近似自然主义认为,第一人称观点既不能取消也不能还原,它是基本实在的组成部分,是本体论中的一种倾向属性。从起源上说,它既不是神授,也不是非物质灵魂的作用,而是进化的产物。贝克说:"拥有第一人称观点的能力就像说一种语言的能力一样,是自然选择的产物。"② 随着第一人称观点的发展还产生了一种新的实在,尽管不是一种新的生物实在,但是一种新的心理实

---

① L. R. Baker, *The Naturalism and First-Person Perspective*, Oxford: Oxford University Press, 2013, p. 233.

② L. R. Baker, *Persons and Bodies: A Constitution View*, Cambridge: Cambridge University Press, 2000, p. 22.

在，因此，除了生物学意义之外，第一人称观点还具有重要的本体论意义，因为"人与没有第一人称观点的有机体之间的不同是一种本体论的不同"①。第三，近似自然主义是实践实在论（practical realism）的一种形式。实践实在论认为，中等大小的实在（如人、动物、人造物等）所构成的世界是基本实在的世界，这些实在像电子一样真实。因此，实践实在论就像现象学的生活世界论一样，比较关注这个常识世界。也就是说，近似自然主义虽然接受科学，但并不认为科学是实在的唯一主宰，它的目标是成为常识世界的形而上学。② 第四，近似自然主义是一种本体论的多元论，认为世界上存在很多种类的事物，而这种多元论的框架是宽泛的唯物主义，即主张自然界中没有任何东西是由非物理的材料构成的。简言之，这是一种非还原的唯物主义立场。③

---

① L. R. Baker, *Persons and Bodies: A Constitution View*, Cambridge: Cambridge University Press, 2000, p. 18.

② L. R. Baker, *The Naturalism and First-Person Perspective*, Oxford: Oxford University Press, 2013, p. 208.

③ L. R. Baker, *Persons and Bodies: A Constitution View*, Cambridge: Cambridge University Press, 2000, p. 25.

第四章

朴素自然主义

霍恩斯比认为,心灵哲学的核心问题是解决心灵在自然中的位置问题,这个问题可以分为三个子问题:一是本体论问题,即世界上除了其他事物之外还存在具有心理生活的人,那么我们关于存在什么的总体构想对于我们理解这一点有怎样的影响?二是人的动因问题,即人能对依据自然规律运行的世界施加影响,使之发生变化,那么人的行动是怎样与世界相协调、怎样适应世界的?三是日常心理解释问题,即人的相互理解是基于这样的假设:我们都是经验的主体,都有思想、信念、愿望、希望、恐惧等,那么人的相互理解是怎样完成的?使用的是什么样的理解形式?当然,"心灵在自然中的位置"这个总问题中隐含着有害的二元论的本体论假设,为了避免这些假设,心灵哲学的核心的形而上学问题已经从过去的"心身关系问题"转换成了"常识心理学的地位问题"。在回答这个问题时,他选择的立场是朴素自然主义。

第一节 从心身关系问题到常识心理学的地位问题

一般来说,自然主义主张,心灵居于自然之中,有意识、有目的的主体是自然界的一种成分。就此而言,通常都认为笛卡尔二元论是自然主义的对立面,因为前者认为心灵是非自然物,即有意识、有目的的主体并不完全是自然界的组成部分。霍恩斯比指出，尽管自然主义与笛卡尔二元论是两种对立的立场，但两者的差异并不在于它们是否认为心灵是自然的，因为有些心灵哲学理论（如取消主义）既反对笛卡尔二元论，同时又否认存在心灵。霍恩斯比认为，在某种意义上，只要承认心灵存在，就暗含着二元论的倾向。我们可以用两种方式来避免这种二元论的本体论偏见：一种是在表达自然主义立场时用"有意识、有目的的主体"来代替"心灵"，另一种是转换提问的方式，就是对于"心灵在自然中的位置"问题，我们不再将它看作有关某种特殊实体的问题，而是看作有关某种特殊主题（subject matter）的问题，即适合于谈论有心灵者的主题的问题，这样一来，"心灵哲学的核心的形而上学问题，过去往往被称作'身心关系'问题，而现在则通常被称作常识心理学或民间心理学的地位问题"①。

所谓常识心理学或民间心理学（Folk Pschology）②，就是人们在彼此理解时所使用的主题。在日常解释中，我们会把彼此看作有知觉的主体，认为彼此都拥有思想、感觉，并且我们想事和做事都是基于理由，我们会用"相信""看见""思考""想要""感觉"等词语来表达自己和他人的意向心理状态、情感状态以及心理特征，而且在进行这样的表达时，我们都将自己和他人看作有经验的理性存在者，并且认为我们能对彼此的所思、所言、所行做出解释。另外，我们虽然无时不在使用常识心理学，但我们在使用时往往是不加反思的，我们通常不会清晰明确地阐述我们的解释。

---

① J. Hornsby, *Simple Mindedness: In Definse of Naïve Naturalism in the Philosophy of Mind*, Cambridge, MA: Harvard University Press, 1997, p. 3.

② 霍恩斯比本人不赞成使用"民间心理学"一词，因为由于"民间心理学"是比照"民间物理学""民间语言学"等杜撰出来的，难免会让人想到它是一种不成熟的、有缺陷的理论，往往会被某个专业领域的专家进行校正和改进，为了不在研究之初就带有这样的偏见，最好不使用这个词。参见 J. Hornsby, *Simple Mindedness: In Definse of Naïve Naturalism in the Philosophy of Mind*, Cambridge, MA: Harvard University Press, 1997, p. 3.

常识心理学虽然是一个无处不在的主题，却是一个谈起来容易准确下定义很难的主题。例如，埃卡德（V. Eckardt）说，常识心理学"指的是一组归因性的、解释性的和预言性的实践（针对人自己和他人的心理状态与外显行为），以及在那些实践中所用的一组观念或概念"①。刘易斯（D. Lewis）认为，常识心理学是"关于心灵的'老生常谈'或'常识性'普遍原则之集合，它至少为大多数人心照不宣地接受或有望被接受"②。丘奇兰德（P. M. Churchland）则认为，所谓民间心理学是与民间力学、民间气象学、民间化学等类似的东西，是普通大众和专家在理解、解释、预言和控制特定领域的现象时都要使用的一种概念框架。③ 总体而言，多数论者认为，常识心理学指的是在民间广泛流传的、常人普遍具有的解释、预言自身和他人行为的心理资源（心理学知识或能力）。对于常识心理学的形式，即它以什么形式存在或者说人们在归属心理概念、解释预言行为时所诉诸的心理资源是什么④，目前主要有三种看法：一是理论论，认为常识心理学是一种理论，由一系列存在命题（如人是理性存在；人有心理活动等）、普遍原则（如心理状态与刺激、反应之间有因果关系）和理论术语（如信念、愿望等）所组成。二是模仿论，认为我们相互之间的解释和预言不是以理论为基础的，而是以模仿或"移情"为基础的，即通过想象"进入"解释对象的情境，设身处地地模仿他们的内在过程，从而对其行为

---

① V. Eckardt. "Folk Psychology (1)", in S. Guttenplan (ed.). *A Companion to the Philosophy of Mind*, Blackwell, 1994, p. 300.

② D. Lewis. "Psychophysical and Theoretical Identification", *Australasion Journal of Philosophy*, 50 (1972), pp. 249–258.

③ P. M. Churchland. "Folk psychology and the explanation of human", in J. D. Greenwood (ed.). *The Future of Folk Psychology*, Cambridge University Press, 1991, p. 51.

④ 贝克把 FP 的形式问题称为"FP 的应用（use）问题"。参见 L. R. Baker. "Folk Psychology", 载 R. Wilson 等主编《MIT 认知科学百科全书》，上海外语教育出版社 2000 年版，第 319—320 页。

做出身临其境的解释和预言。① 三是混合论，既强调关于世界的一阶思想的重要性，又强调一种特殊的解释观念，认为解释和预言并不涉及与他人的想象性的同化。因为在特定条件下，做出一种行动，既有知识的作用，又有想象的作用。另外，在解释、理解他人的行为时，也会涉及规范性的判断（如命题态度）。而且要预言他人的行为，运用的资源可能更多，如假定他们像我一样是能思的人，他们具有像我一样的认识能力和倾向等。

无论人们如何看待常识心理学的本质和形式，但探讨常识心理学的地位问题，都要解决它与其他主题尤其是科学主题的关系问题。目前，对于常识心理学与科学的关系，占主流的是三种立场。第一种是科学自然主义，认为一切真实的现象都可以从自然科学家所采用的客观的第三人称观点来理解和解释，因此常识心理学解释最终可以或者说应当归于自然科学解释的领域，应当服从于科学家所提供的解释，否则常识心理学就会失去其实在性。第二种是取消主义，认为常识心理学确实存在于日常的解释、预测活动，并渗透到了心理学、哲学和经典认知科学之中。但它是完全错误的，它所设想的信念、愿望等心理状态是不存在的，其概念所表示的是一种完全错误的地形学、原因论和动力论。保罗·丘奇兰德说："我们关于心理现象的常识概念是一个完全虚假的理论，它有根本的缺陷，因此其基本原理和本体论最终都将被完善的神经科学所取代，而不是被平稳地还原。我们的相互理解和内省都可以在成熟的神经科学的概念框架中得到重构，与之所取代的民间心理学相比，我们可以期待神经科学有大得多的威力，而且在一般意义的物理科学范围内实质上更加完整。"② 基于对心理概念的不同理解，取消主义又

---

① 参见 J. Heal. "Replication and Functionalism", in M. Davies et al (ed.). *Folk Psychology*. Blackwell, 1995, p. 57. R. Gordon. "FP as Simulation", In M. Davies et al (ed.). *Folk Psychology*. Blackwell, 1995, pp. 65–68.

② P. M. Churchland, "Eliminative Materialism and the Propositional Attitudes", in W. Lycan (ed.), *Mind and Cognition: A Reader*, Cambridge Mass: Basil Blackwell, 1990, p. 206.

有不同的种类，一类被称作"消失式取消主义"，认为随着科学的发展以及心物同一性的确立，心理事物以及心理解释就没有必要了，它会自然消失；另一类被称作"排除式取消主义"，认为心理事物和心理解释有太多缺陷，如果心理概念无法提供科学所提供的解释，就应该从严肃的研究中被排除。第三种是工具主义，认为人本无心灵，本无意向状态，心灵是我们的解释性投射的产物，换言之，是我们为了解释人的行为而强加给人或归属给人的。质言之，精神或心灵不是像自古以来人们天经地义地认识的那样，是实在地进化出来的，而是人为解释的需要而设定的，是一种"虚构或发明"①。奎因指出，我们日常的心理描述、心理概念本质上没有科学价值，它们充其量只是一种"戏剧用语"（dramatic idiom），是不能够融入科学世界观的，但由于它们在解释上仍然有用，因此我们也不能把它们抛弃。② 丹尼特也指出：人体内只有物理过程、状态与属性，而没有心理现象等实在、过程或属性。"人的心灵本身是人们在重构人脑时为了方便而创造出来的一种人工制品。"③ 信念和愿望等只是"行动预言和行动解释演算中的理想化虚构角色"④。它们不是莱辛巴赫所谓的"演绎—假设的理论实在"，而是"抽象物——与计算连在一起的实在或逻辑构造"，其地位相似于力的平行四边形中的分力⑤。描述人的信念和愿望，并不是描述了某种物理实在的任何碎片，而只是像拨动了算盘上的算珠。算珠并不是真实的数量关系，因而拨动算珠并不是拨动了真实的存在，当然这种对算珠的拨动有助于我们认识真实的数量关系。同样，描述和说明

---

① B. Loar, *Mind and Meaning*. Cambridge, England: Cambridge University Press, 1981, p. 15.

② 参见 W. V. O. Quine, *Word and Object*. Cambridge, Mass.: M. I. T. Press, 1960.

③ D. Dennett, "Consciousness Explained", 转引自 Bo Dahlbom (ed.), *Dennett and His Critics*, Oxford: Blackwell, 1993, p. 13.

④ D. Dennett. *Brainstorms*. Bradford Books, 1978, p. 30.

⑤ D. Dennett. "Three Kinds of Intentional Psychology", in R. Healey (ed.), *Reduction, Time, and Identity*, Cambridge University Press, 1981, pp. 13, 20.

信念、意图并不涉及任何真实的过程和状态，但这碰巧使我们解释和预测了人的真实行为的发生。

常识心理学实际上代表了普通人对人的心理结构图景、心理运动学、动力学、原因论的基本看法，这些看法既涉及心理世界的内部关系，还涉及心身、心灵与世界的关系，因此是一幅关于人的常识概念图式。贝希特尔（W. Bechtel）说：常识心理学"最好被理解为关于人的说明，而不是关于人的内在心理过程的说明。人有信念和愿望，但这些并不是人的内部状态。常识心理学可以为我们提供一种描述面对环境的人的方法"[①]。丘奇兰德也说：常识心理学"体现了我们对人的认知的、情感的和目的性本质的最基本的理解。整个来看，它构成了我们关于人是什么的概念"[②]。包格丹（R. Bogdan）则认为，常识心理学固然涉及对象对自身心理状态的主观的和朴素的了解，但更依赖于充分而强有力的个体间对认知与行为的归属和评价的社会实践。他说："常识的概念似乎不仅反映了认知与行为的性质，而且反映了环境的事实以及社会规范和习俗。作为我们成长为社会存在物的过程的一个部分，我们学会了如何以常识的方式相互了解或相互解释。"[③] 同时，也要看到，常识心理学的命题态度已被编织进了所有社会的、逻辑的、政治的和其他习俗的结构之中。"没有信念、愿望和意向，就不会有契约、共进晚餐的邀请或选举、死刑判决等。没有命题态度的归属，就不会有相互之间的证明、宽恕、赞扬和责备。因为没有这些态度的工具，日常事情就根本无法想象"，没有常识心理学，"就不会存在可认知

---

① ［美］威廉·贝希特尔：《联结主义与心灵哲学概论》，载高新民等编译《心灵哲学》，商务印书馆 2002 年版，第 1130 页。
② P. M. Churchland. "Folk Psychology", in P. M. Churchland & P. S. Churchland (ed.). *On the Contrary*. The MIT Press, 1998, p. 3.
③ R. Bogdan. "The Folklore of the Mind", in his *Mind and Common Sense*. Cambridge University Press, 1991, pp. 2–3.

的人类事件"①。

基于常识心理学在人类生活中的重要地位，霍恩斯比指出，如果不能证明常识心理学的实在性，如果不能解决常识心理学的地位问题，"如果我们不能严肃地对待我们在使用常识心理学时运用于彼此的概念，我们就不可能将我们自己当真地看作知觉者、认知者和自主体，更别说看作社会存在了"，"如果常识心理学是错误的，那么即使在我们之外存在一个独立的对象世界，我们关于我们自己的任何概念都不会对这个世界有任何了解，我们关于自己的概念也不会对这个世界有任何影响"，而这会导致比任何一种熟悉的怀疑论更具破坏性的怀疑论，质言之，它将导致虚无主义。② 在他看来，我们之所以觉得常识心理学岌岌可危，是源于自然主义所采取的不当的自然观。根据标准的自然主义，世界本身是没有规范的世界，是科学家所描述的世界。那么，要支持这种自然主义就要对常识心理学主题进行自然化，即要么说明可以对日常的心理归属做出科学的处理，要么证明日常的心理解释与科学解释之间存在某种联系。但霍恩斯比认为，科学自然主义的这种自然观并不是必须接受的，因为"并非自然中的一切都能从自然化者所持的观点看到，我们可以把自己看作是自然界的居民，却无须认为我们关于自己的谈论必须被给予了特殊的处理才能使之可能。马克思说'人不仅是自然的存在，而且是人化的自然的存在'。可能存在一种人性不与之抵触的'自然'概念。这——用我的话说——就是朴素的自然"③。也就是说，自然既包含非人的（impersonal）自然，也包含与人性一致的自然，既包含"自在自然"，也包含"人化自然"。他说："在朴素自然主义者看来，心灵所属的世界是朴素的自然，它包含着我

---

① L. R. Baker. *Explaining Attitudes*. Cambridge University Press, 1995, pp. 4–5, 29.

② J. Hornsby, *Simple Mindedness: In Definse of Naïve Naturalism in the Philosophy of Mind*, Cambridge, MA: Harvard University Press, 1997, pp. 5–6.

③ J. Hornsby, *Simple Mindedness: In Definse of Naïve Naturalism in the Philosophy of Mind*, Cambridge, MA: Harvard University Press, 1997, pp. 7–8.

们所看到以及我们对之有影响的对象；认识这个世界也不需要独特的科学方法。"① 因此"只有采用朴素的自然概念，心灵哲学中的自然主义才能站得住脚"②。朴素自然主义与朴素实在论一样，可以为我们日常的朴素思想确定好的秩序。尽管我们的常识心理学不能全盘接受，但也应当受到尊重，"常识心理学应被认为是可以信赖的，这不是因为它会通向科学理论或者以它们的真理为基础，而是因为它坚持我们关于自然界的一切信念，没有它，这些信念将不复存在"③。

第二节 笛卡尔二元论的遗产

通常认为，自然主义和笛卡尔二元论在心灵哲学理论谱系中是对立的两极，其中戴维森的异常一元论是最弱的非二元论，而笛卡尔二元论是最强的二元论，如果不接受异常一元论，那么就必须在科学自然主义（占主导地位的是唯物主义还原论）与笛卡尔二元论之间做出选择。霍恩斯比则认为，摆在我们面前的并非只有这两个选项，朴素自然主义就是另外一种选择，因为它既避免了二元论，又不支持已知的唯物主义、物理主义或自然主义主张，而要把握朴素唯物主义的优势，关键是要正确认识笛卡尔二元论的遗产，即它的核心主张是什么、它的错误在哪里。他说："除非我们能认识到笛卡尔二元论的错误，否则我们就难以了解一种立场通过避开二元论所得到的优点，而且在理解了怎样避开二元论并知道它是一种错

---

① J. Hornsby, *Simple Mindedness: In Definse of Naïve Naturalism in the Philosophy of Mind*, Cambridge, MA: Harvard University Press, 1997, p. 12.

② J. Hornsby, *Simple Mindedness: In Definse of Naïve Naturalism in the Philosophy of Mind*, Cambridge, MA: Harvard University Press, 1997, p. 8.

③ J. Hornsby, *Simple Mindedness: In Definse of Naïve Naturalism in the Philosophy of Mind*, Cambridge, MA: Harvard University Press, 1997, pp. 8-9.

误之前之后，我们才能断定朴素自然主义具有一切自然主义的优点。"①

霍恩斯比认为，目前围绕意识的哲学之谜，主要来源于人们将意识问题与有关有意识的人的问题分开了。笛卡尔关注的主要是关于人的宏观问题，而当代论者主要关注关于状态和事件的微观问题，但由于对笛卡尔由宏观问题所得出的二元论的实质做出了错误的解读，因此并非把握住其真正的遗产是什么。

众所周知，笛卡尔之所以被称为二元论者，就在于他主张世界上存在两种实体，即心灵和身体，前者的本质是思维，而后者的本质是广延，因此如果一个人说世界上只有一种实体，那么他就是一个一元论者而非二元论者，这样一来，如果一个人要坚持唯物主义立场，他只要否认存在心理实体就行了。但一些当代论者（尤其是新二元论者）一方面坚持实体的一元论，但又坚持概念或认识的二元论，即他们的二元论不依赖于心灵与身体两种实体的区别，而依赖于人的心理属性与物理属性这两种属性的区别。但事实上，他们所说的心理属性未必就是笛卡尔实体二元论所说的心灵的属性，他们所说的物理属性也未必就是后者所说的身体的属性。例如，新二元论者认为下列谓词所表达的都是心理属性："试图击中目标""故意惹张三生气""觉察到黑板""头痛""知道草是绿的"等，但它们其实不是心灵的属性，而是有身高、体重、能活动的人的属性，而人同样可以作为物理属性的载体。质言之，人既可作为心理属性的载体，也可以作为物理属性的载体。"事实上，笛卡尔不会认为一个人具有我们心理属性清单中的属性就是灵魂具有某些特性。笛卡尔的灵魂是能思之物……但并非每一直觉所认为的心理属性都是笛卡尔意义上的能思属性。很多我们所认为的心理属性并不

---

① J. Hornsby, *Simple Mindedness*: *In Definse of Naïve Naturalism in the Philosophy of Mind*, Cambridge, MA: Harvard University Press, 1997, p. 13.

能用笛卡尔的图式来解释。"① 正是由于坚持心理属性是人的属性，因此笛卡尔对心理属性有不同的认识。例如，在他看来，疼痛、饥、渴和感官知觉等感觉属性是"来自心与身的联盟，可能是心与身的混合物"②，而看见某种东西也是一种合成的事实，是由印在看见者感官上的图形、印在松果体上的图形的意象以及注意着印在松果体上的意象的心灵构成的，意向行动同样既包含意志力也包含身体的活动。我们目前直觉所认为的很多心理属性，笛卡尔并不认为它们能归属给能思之物或广延之物。因此，笛卡尔所设想的灵魂同新二元论者并不一致，它导致了关于心与身的问题，这个问题涉及的是人是什么、世界上有哪些属性。基于此，霍恩斯比说："通过区别心理属性和物理属性，我们自己不会自动地卷入心身问题。"③因为目前人们在考虑心理事物和物理事物时所关注的不是人、灵魂、身体等实体，而是关注状态和事件。当然，笛卡尔本人也考虑过微观的状态和事件问题，在他看来，心身之间的相互作用要从某个观察内部状态的人的视角来看待。不过，当代论者谈论的是脑中的心理状态和事件，而笛卡尔则是从生理上描述灵魂与身体的相互作用。笛卡尔说："没有什么东西是属于物体的性质或本质的，除非它是一个有长、宽、高的广延的实体，它能够有许多形态和不同的运动，而它的这些形状和运动不过是一些样态，这些样态是从来不能没有物体的；可是颜色、气味、滋味，以及其他类似的东西，不过是一些感觉，它们在我的思维之外没有任何存在性，它们之不同于物体是与疼痛之不同于引起疼痛的箭的形状或运动是一样

---

① J. Hornsby, *Simple Mindedness: In Definse of Naïve Naturalism in the Philosophy of Mind*, Cambridge, MA: Harvard University Press, 1997, p. 29.

② R. Descartes, *The Philosophical Works of Descartes*, vol. 2 trans. Elisabeth Haldane and G. R. T. Ross. Cambridge, England: Cambridge University Press, 1967, p. 251.

③ J. Hornsby, *Simple Mindedness: In Definse of Naïve Naturalism in the Philosophy of Mind*, Cambridge, MA: Harvard University Press, 1997, p. 31.

的。"① 在笛卡尔看来，心理事物和物理事件都构成了一个自主的领域，当一个人被看成一个经验主体时，他就具有了经验主体的特征，而这些特征只能从特殊的观点来认识，而不能从科学的角度来看待，"理性灵魂……决不能来自物质的力量"②。质言之，笛卡尔二元论的本质在于确认了心理的非还原性。

事实上，自然主义者也或明或暗在承认心理的非还原性。就取消主义和工具主义来说，如果它们认为心灵有还原的可能，就不会去费力地取消心理事物或者将它们看作一种虚构了，因此心理的非还原性是它们隐含的前提。心理的非还原性更是理解戴维森异常一元论的关键所在。戴维森的异常一元论由三个原理组成：第一个原理是"因果相互作用原理"，即至少有些心理事件与物理事件具有因果作用；第二个原理是"因果关系的法则学特征原理"，即有因果关系就有规律，作为原因和结果相联系的事件都被纳入了严格的决定论规律；第三个原理是"心理的异常性原理"，即不存在据以预测心理事件并对之做出说明的严格的决定论规律。③ 心理的异常性是戴维森一元论立场的基础。当然，戴维森的异常一元论不仅会让心事事件失去因果力，从而陷入副现象论，而且它还因依赖于因果关系的法则学特征原理危机常识心理学。霍恩斯比说，虽然戴维森并认为形而上学提示了常识心理学应当符合的标准，但由于他的因果的法则学原理来自物理理解，因此他的合理解释与其因果关系观点是不相容的，他的这种自然主义会潜在地危及常识心理学，我们日常对心理解释的态度会因心理事件解释所设定的关于因果关系的一般性论题而被颠覆，因此，"戴维森用来建立其一元论的前提

---

① R. Descartes, *The Philosophical Works of Descartes*, vol.1 trans, Elisabeth Haldane and G. R. T. Ross. Cambridge, England: Cambridge University Press, 1967, pp. 253-254.

② R. Descartes, *The Philosophical Works of Descartes*, vol.1 trans, Elisabeth Haldane and G. R. T. Ross. Cambridge, England: Cambridge University Press, 1967, pp. 116-117.

③ 参见［美］唐纳德·戴维森《真理、意义、行动与事件——戴维森哲学文选》，牟博编译，商务印书馆1993年版，第243—244页。

可能会对常识构成威胁"①。戴维森的异常一元论的最大价值是有助于我们摆脱真理"符合实在"这一形而上学图画。根据这幅图画，科学设定了真理的标准，科学决定着事实。但如果这幅图画只是一种幻觉，那么科学在说明什么是事实上就不再具有特殊地位了，由此我们就没有必要认为常识心理学必须服从科学家所作的解释，换言之，不可还原为科学的主题没有被贬低，这于科学无损，同样这些主题不能还原为科学，对于这些主题也无损。因此，戴维森的异常一元论的实质就在于它既坚持了心理的不可还原性论题，又坚持不可还原的主题并不会因此而被抛弃。

综上所述，无论新二元论还是当代自然主义都继承了笛卡尔的一个遗产，即心理的非还原性。但笛卡尔的错误在于他的一个假设，即如果我们要寻找心灵的位置，那么在独立于心灵而设想的世界上必须有心灵的问题，但结果证明自然界中并没有心灵的位置。但这一假设是可以质疑的，因此，"抵制笛卡尔的心灵观并不一定要抵制他关于心灵现象的所有观念，而只是抵制根据关于自然界能包含什么的特殊观点而获得的一种心理概念"②。

第三节 物理主义与整分论概念

物理主义认为，从抽象的层次看，物理世界就是由特殊事物占据的时空世界，这些特殊事物既包括桌子、人等持存的东西，也包括像风在吹、婚礼之类的事件。就此而言，挑选特殊的事物就是划定它们所占据的时空区域，就是在它们周围划出时空界线。当代心灵哲学中虽然也谈论持存的事物，但谈论更多的是事件。按照物理

---

① J. Hornsby, *Simple Mindedness: In Definse of Naïve Naturalism in the Philosophy of Mind*, Cambridge, MA: Harvard University Press, 1997, p. 10.

② J. Hornsby, *Simple Mindedness: In Definse of Naïve Naturalism in the Philosophy of Mind*, Cambridge, MA: Harvard University Press, 1997, p. 41.

主义者的看法，世界上存在的事件就是物理学家所发现的事件，各门科学的区别在于它们使用了不同的词汇，对事件提供了不同的分类方式，而各种分类方法并不完全重合，但在基础科学中存在各门科学共认的基础事件。常识尽管不是科学，但却是对科学家们用不同的术语所描述的同一类事件使用了另一种分类方法。换言之，"科学重新描述了我们在日常生活中所描述的同一些事件"①。就此而言，物理主义作为一种关于世界内容的本体论学说，还导致一种关于世界的运作方式的形而上学，用麦克道威尔的话说就是："所有事件都能在物理描述之下得到整体的解释，其范例就是由物理学根据物理规律和其他物理描述的事件所提供的解释。"② 据此，戴维森认为，常识心理学所谈论的心理事件与物理学家所说的物理事件是同一的，只不过两种事件使用了不同的描述方式，也就是说，尽管科学语言与常识语言不同，但它们描述的事件具有同一性。③

对于物理主义的同一论主张，人们朴素的反应是：科学家谈论的事件多数是微观事件，而我们日常所谈论的多数是宏观事件，因此它们不可能完全相同。对此，物理主义者反驳说，即使物理学家所谈论的不是宏观事件，但它们都是宏观事件的组成部分，如果科学家使用"是……的一部分"的关系来陈述，他就具有描述日常事件所需的全部资源。在他们看来，每当被两个不同的主题区别看待的事件与不同的时空区域相联系，我们就可以断定由一个主题区别看待的事件的融合物（由相关的微观物理部分组成的事件）与由另一个主题区别看待的个体事件之间具有同一性。

霍恩斯比指出，隐含在物理主义背后的是整分论概念（mereo-

---

① J. Fodor, "Special Sciences, or the Disunity of Science as a Working Hypothesis", Reprinted in his *Representations*, Brighton: Harvester Press, 1981, pp. 127 – 145.

② J. McDowell, "Physicalism and Primitive Denotation: Field on Tarski", *Erkenntnis*, 13, pp. 131 – 152.

③ 参见［美］唐纳德·戴维森《心理事件》，载［美］唐纳德·戴维森《真理、意义、行动与事件——戴维森哲学文选》，牟博编译，商务印书馆1993年版，第251—252页。

logical conceptions），即较大的事物在时空世界中占有更大的空间，它们的存在依赖于构成这些事物的较小的事物。根据物理主义，每个实在都是由所有基础物理实在所构成的整体（作为这些实在的"融合物"）的一个时空的部分，而事件之间有部分/整体关系可以在下述两种情况下得到：一种是我们自然地认为事件是由其他事件组成的，另一种是我们有特殊的理由把事件看作由其他事件组成的。霍恩斯比认为，要对某种事物使用整分论概念，就要承诺一个原则（A），并且认为这一原则对于决定事物的同一性至关重要。

(A) (x) (y) (∃! z) (z 是 x 与 y 的一个融合)

但事实上，这一原则无论对于决定持续体（continuants）的同一性还是决定事件的同一性都存在问题，而这些问题会对坚持物理主义带来意想不到的影响。

我们先看持续体。如果把持续体看成由部分组成的融合物，那么由（A）所得到的持续体会远远超过我们通常所认可的持续体，如除了我们通常所承认的桌子、石头等持续体之外，它还承诺了下述事物的存在：由牛津大学图书馆和某个胡萝卜所组成的东西，由《复活》这本书、张三的左臂和你的右腿所组成的东西，这样的例子还可以无限增加，这些古怪的例子都说明（A）对于持续体是完全错误的。为了回击这种反驳，整分论者一方面承认，并非一切由日常的持续体所构成的东西本身都是持续体，另一方面又在本体论中引入了一个新的术语，如"物质的东西"，指出我们承诺物质的东西存在，（A）只是定义了物质的东西的类别。因此，日常的持续体是在物质的东西中发现的，使用（A）不过是对它们做出了某种概括。霍恩斯比指出，要揭露这种看法的问题所在，我们有必要将（A）的两个组成部分区别开。事实上，（A）是由（E）和（U）组成的，前者断定了融合物的存在，后者断定了融合物的唯一性。

(E) (x) (y) (∃z) (z 是 x 和 y 的融合)，

(U)(x)(y)(z)(w)[(z 是 x 和 y 的融合)&w 是 x 与 y 的融合→(w=z)]

整分论者引入物质的东西是要说明（E）是正确的，但如果能证明（U）对物质的东西是无效的，那么就能说明（A）对于物质的东西是不正确的。

对于物质对象来说，"部分"是一个空间概念，如果两个物质对象在某个时刻位于完全相同的位置，那么它们在那时肯定有完全相同的部分。因此，如果在某个时间的某个地点有两个对象，那么根据（U），这时肯定只能有一个物质的东西。这意味着，如果我们发现有两个不同的物质的东西同时存在于同地，那么（U）就遇到了反例。事实上，找到这样的反例是很容易的。以金戒指与组成它的金子为例。由于这些金子在戒指出现之前和被毁之后仍然存在，那么根据莱布尼茨定律，它们就不是同一的。为了回应这种反驳，整分论者引入了"时间性"维度，说（U）并不会让人将时间 t 之后存在的一个融合体与 t 时不再存在的一枚戒指相同一，因为这个融合体具有戒指所没有的部分，即时间性的部分。但是，如果整分论者要说明戒指就是某种东西的一个时间性的部分，他对于戒指的同一性和持存条件就必须利用一种先验的解释，而这种解释是由我们日常的戒指概念提供的，因此，即使我们承认一个对象就是任何时空部分的物质内容，整分论者也不能说我们用于持续体的日常概念资源完全是无关紧要的。

应该看到，事物的很多属性都来自占据它所处的空间的物质的倾向，那么就很多属性都是这样产生的而言，占据共同空间的事物肯定会相似。但如果任何对象的所有属性都来自诸如某个时刻的分子排列这样的特征，那么占据共同的空间就是不可能的。因此，整分论者是想重新定义物质对象的属性概念，从而属性会完全依赖于占据这个对象所处的空间的物质在任何时刻的分布情况，但事实上这个属性概念并不是我们用于持续体的属性概念，在某个时刻只考察物质的一部分并不能对持续体的属性做出完备的说明，因为持续体的本质就是持存。这就说明（U）并不适合整分论者所设想的持续体。霍恩斯比指出，整分论方法的根本错误在于："除了用我们所发现的持续体，我们是无法描述世界的，而且我们也不能用根据整分论想象的物质对象来替换持续体，因为除了参照持续体本身，我们难以理解持续体何以具有它们所拥有的属性。整分论概念的支持者认为足以决定事物的同一性的谓词，事实上并不足以挑选出持续体。"① 如果借用奎因关于本体论（事物的库存）与思想体系（事物的描述方式）的区别，我们可以这样描述上述观点：单纯的时空思想体系不足以辨认我们本体论中的日常事物，持续体只有在适合它们的更为丰富的思想体系的背景下才能得到确认。总之，关于持续体的整分论概念被这样的思想颠覆了："持续体的本体是持存，具有一致的、可理解的持存条件的事物的融合物本身不一定具有一致的、可理解的持存条件。"②

再看事件。根据物理主义，不同的事件思想体系之间是不可通约的，但我们不能由此否认不同的思想体系可以处理相同的实在。但如果我们将（A）用于事件，那么它不仅承诺存在我们通常所认可的事件，如由你昨天写了一封信与我今天在图书馆读融合而成的事件，还会承诺一些稀奇古怪的事件，如由恺撒之死、黑斯迁斯战役和爱德华·希思的演讲所组成的事件，而且这样的事件还可无限增加。问题是我们该如何说明事件的融合物的原因和结果。整分论者认为，融合物会继承它们的组成部分的因果属性。对此，我们可以用原则（C）来表示：

（C）如果 ｛事件 c 引起事件 e，并且 f = c + d 并且 ［不仅 d 不

---

① J. Hornsby, *Simple Mindedness: In Defense of Naïve Naturalism in the Philosophy of Mind*, Cambridge, MA: Harvard University Press, 1997, pp. 52–53.

② J. Hornsby, *Simple Mindedness: In Defense of Naïve Naturalism in the Philosophy of Mind*, Cambridge, MA: Harvard University Press, 1997, p. 53.

会出现在 e 之后，而且 d 与 e 也没有共同的部分，e 的部分也不会引起 d 的部分]}，那么，f 引起 e。

这个原则是想表明（A）会赋予这些融合事件自身的因果地位。霍恩斯比指出，无论根据反事实的因果关系解释还是规则性的因果关系解释，（A）都是荒谬的。根据反事实的因果关系解释，如果 c 引起了 e，那么 c 对 e 是否出现至关重要。那么，如果 f 是 c 与某个任意事件 d 的融合物，那么它是否决定 e 是否出现呢？通常，我们知道除非 c 出现，否则 e 就不会出现。但如果"－C □→ －E"为真，那么，假如 D 不依赖于 E，我们也会有"－（C&D）□→－E"，即如果融合物不出现，各个部分也不会出现。然而，这里忽视了一个事实：就 c 引起 e 来说，只参照 c 是否实际地引起 e 并不能确定究竟得到了哪些反事实。c 作为原因对 e 的出现的影响是一种非常特殊的影响。就 c 引起 e 来说，e 的出现关键是依赖于 c 的出现，这有可能保证 e 的出现对（c + d）的出现有某种依赖关系，但它并不能这种依赖关系就是真实的因果关系中的依赖关系。

根据规则性的因果解释，因果关系的标志是存在一个底层规则。就 e 引起 f 和 f（在时间上而非因果上）跟在 e 之后这两种情况来说，前者而非后者存在某个囊括 e 和 f 的规则，但（C）的问题在于它要求人们接受一种特别的、明显不重要的规则，并认为它们起着真正的规律所起的作用。例如，在擦燃火柴与火柴之间是有某个规律的，但在恺撒之死和我擦燃火柴的融合物与火柴之间似乎也有某种规律，但这种规律并不一定是似规律的。霍恩斯比指出："这些反对（C）的论证表明，在事件领域，（A）与任何可信的因果关系解释都不相容，也就是说，（A）的难题在于，它引入的融合物在因果关系中没有任何位置，也不能与事件同一。"[①] 质言之，整分论的事件概念难以与可行的因果解释相一致。

[①] J. Hornsby, *Simple Mindedness: In Definse of Naïve Naturalism in the Philosophy of Mind*, Cambridge, MA: Harvard University Press, 1997, p. 55.

霍恩斯比说，事件的本质是引起和被引起。整分论概念的问题在于，引起和被引起的事物的融合物本身并不一定是引起和被引起的东西。也就是说，由使用部分性（parthood）关系的事件所组成的融合物本身未必是真实的事件。对于（A）所承诺的那些离奇的事件，我们难以容忍它们的理由在于它们毫无解释价值。

综上所述，由于持续体的本质是持存，因此我们希望个别的持续体具有可理解的、支持个体化的持存条件；由于事件的本质是引起和被引起，因此我们希望个别事件在说明一个事物为什么跟在另一事物之后中发挥作用。通常，只有在能让我们更好地解释事物时，我们才把事件看作其他事件的组成部分，而支持整分论的事件概念是由内在于某种事件思想体系的事实提供的，而绝不是由纯粹的时空事件提供的，这就意味着，"挑选作为事件的事物，与挑选作为持续体的事物相似，不仅必须把它们看作是时空的占据者，而且要参照一种合适的思想体系，而对于事件来说，合适的思想体系要以构建一种解释的因果关系为条件"[①]。

第四节 物理主义同一论的谬误

当代物理主义有强弱之分。根据通常的看法，主张心理属性同一于物理属性或作为共相的心理状态同一于物理状态属于强物理主义，而主张作为殊相的心理事件同一于物理事件则属于弱物理主义。前者持强硬的还原论立场，认为日常心理学可还原为某个科学分支。霍恩斯比认为，即使是弱物理主义者也接受了强物理主义的心理概念和物理概念，认为物理谓词就是物质科学的谓词，而由于他们把殊相之间的同一性作为物理主义的最低要求，因此也主张确认心理事件只能借助于使用了某种科学理论的谓词的短语（如神经

[①] J. Hornsby, *Simple Mindedness: In Definse of Naïve Naturalism in the Philosophy of Mind*, Cambridge, MA: Harvard University Press, 1997, p.57.

生理学或生物化学的语言），但他认为并非所有心理事件都必须在此意义是物理的。①

他以行动（action）这种特殊的心理事件来说明公认的心理物理同一性毫无根据。物理主义认为，很多特殊的心理事件都可以由代替常识词汇的科学描述来确认。而行动是可以用多种方式来辨认的殊相。当某个人有意做某事时，就存在他做这件事的事件，并且他做这件事和他做另一件事可能是同一件事。例如，张三因打翻水壶而打碎了玻璃，而他打翻水壶又是由于他活动了手臂。打翻水壶、打碎玻璃与活动手臂这三个事件尽管并非始终存在某种关系，但如果它们都是出现在某个时间的个别事件，那么它们之间具有同一性关系。对于这样的事件，科学的解释还会引入生理学的描述，如说张三活动手臂是由于二头肌收缩了。因此，要说明张三的这个行动何以既是他打翻水壶又是他打碎玻璃，只用说单个事件有不止一个结果就行了。也就是说，这个事件可能导致水壶翻倒，在这种情况下，这个事件也就是张三打翻了水壶；它也可能导致玻璃破碎，就此而言，它也就是张三打碎了玻璃。同样，我们也可以这样解释这个行动何以既是张三收缩肌肉又是他活动手臂：这个行动既导致了肌肉收缩又导致了手臂活动。由于肌肉收缩导致了手臂活动，因此我们可以说张三是通过收缩肌肉来活动手臂的。由此必然会得出这样的结论：一个行动，即某人做这件、那件或其他事情的事件，就是引起肌肉收缩、身体活动等的事件，但是如果行动就是引起肌肉收缩的事件，那么物理主义者就必然将它们同一于神经生活事件。

从神经科学角度看，当一个人有意地做某件事时，他脑中就会发生很多因果相关的事件，这些事件最终会引起身体活动，就此而言，这些身体活动的出现就是由于这个人有意做了某个事。神经生

---

① J. Hornsby, *Simple Mindedness: In Definse of Naïve Naturalism in the Philosophy of Mind*, Cambridge, MA: Harvard University Press, 1997, p. 63.

理学家对这个因果链上的事件可以做出详细说明,但我们普通人往往只是说:这些事件是主体所引发的,他引发这些事件就是他导致身体活动,就是他移动身体,就是他有意做某事的行动。霍恩斯比指出,科学的行动描述的问题在于,我们很难确定人的行动出现在神经因果链的哪个阶段。要回答"与其结果、与自主体所引发的事件不同的行动本身位于何处"的问题,就要知道如何找到人有意做某事的事件与神经生理事件之间的某种同一性,但这种同一性是很难确切地找到的,因为并非我们观察到的所有神经事件都是自主体所导致的结果或者是自主体所引发的事情。物理主义者认为,我们肯定能将行动与某个可以说明的神经事件或某个确切的神经事件集合相同一,我们能够将那些构成某个行动的事件与这个行动所导致的事件截然分开,但问题恰恰是:"我们在哪里划出行动与其结果的界线似乎是一个非常随意的问题。"① 对于"身体活动的原因",我们很难保证它既确切地指称一个行动谓词的外延中的东西,又确切地指称一个神经生理学谓词的外延中的东西,因为如果解释关注的是科学目的,我们就没有理由认为这个短语挑选了一个行动,如果解释关注的是常识心理学解释,我们也很难说某个神经事件就比其他事件更能充当它的指称。霍恩斯比说:"就行动而言,尤其清晰的一点就是:在面对神经事件时,我们难以为一个常识心理学词确定明确的指称。……行动概念使我们能描述自主体对世界的影响,但它们不能让我们用神经生理语言来准确地说明。我们应当更一般地思考心理学概念的目的。更一般地说,也许我们会看到除了常识之外我们不必作出准确的说明。"②

霍恩斯比认为,上述关于行动与神经事实之间关系的看法,也

---

① J. Hornsby, *Simple Mindedness*: *In Definse of Naïve Naturalism in the Philosophy of Mind*, Cambridge, MA: Harvard University Press, 1997, p. 67.

② J. Hornsby, *Simple Mindedness*: *In Definse of Naïve Naturalism in the Philosophy of Mind*, Cambridge, MA: Harvard University Press, 1997, p. 71.

完全适用于疼痛、知觉等与神经事件之间的关系。既然有关行动、疼痛、知觉的同一论并不比其他主张更好，我们最好的选择是抛弃心理物理的同一性主张。对此，物理主义者做出了各种辩解，其中最主张的有三种。

第一种辩解认为行动描述没有指称。心理事件肯定就是神经生理事件，如果不存在与心理事件相同一的神经生理事件，那么就可以推出行动、知觉、疼痛等事件是不存在的。霍恩斯比指出，这种辩解的前提是一个先验信念，即我们肯定能找到同一性，但这个前提是无法保证的。

第二种辩解认为心理事件与神经生理事件之间确实具有同一性关系，但这种同一性关系是不确定的。例如，就某个行动 a 来说，我们不能确定它是否就是 b，但我们不能对任何事物都这么说。由于 a 确实与 a 相同，因此它具有 b 所没有的属性，那么 b 确实不与 a 相同，根据同一性陈述的非差别性，我们可以得出 a 不是 b。霍恩斯比指出，这个保真的推理步骤恰恰使我们可以从同一性陈述的不确定性推出它是错误的，而且我们的理论也不能建立在同一性本身是模糊的基础之上。

第三种辩解将不确定性置于心理事物与物理事物之间的部分/整体或"构成"关系之中，认为虽然行动不同于确定地构成的融合物，但它们与不确定地构成的融合物是同一的，这里我们无须承认它们是否与任何一类融合物相同一是不确定的。霍恩斯比指出，通过将行动等同一于根据模糊关系建立的融合物，物理主义者不必否认心理事件的存在，也能避免与同一性相联系的不确定性的后果，但他们无法回避整分论的事件概念，但这个概念本身是有问题的。

霍恩斯比指出，否定物理心理的同一论并不是向二元论让步，而是揭示了这种被称作物理主义的一元论是被误解了。人们通常认为，典型的物理主义学说必然包含着一个关于心理谓词与物理谓词所代表的概念的关系的命题。例如，戴维森对其心理事件本体论论题的论证就依赖于否定心理概念与物理概念之间的法则关系，但随附性论题又在其物理主义中发挥着重要作用。他说："在科学所确定的'物理的'含义上，（物理主义者）相信心理事件就是物理事件。此外，他们还阐述了物理主义的额外的、非纯粹的本体论成分，并将其物理主义建立在该本体论论题的基础之上，而这个额外的成分总是被陈述为某个关于一个领域的心理类别与物理（科学）类型之间关系的主张，这个领域包含由这两类谓词所挑选的事物。但是，如果所有这些陈述都是以这种方式基于我所反对的背景本体论提出来的，那么我就抛弃了整个物理主义，至少是所理解的物理主义。"①

霍恩斯比认为，否定正统的物理主义，并不是物理主义的终结，我们还可以提出不同的物理主义主张。正如雕像不同于构成它们的物质，但雕像的特征依赖于构成它们的物质的特征。因此，"更一般地说，可能有某个严格的物理概念，根据它任何事物的心理的方面都依赖于其物理的方面，但我们无须存在这样一个领域，它的所有成员根据严格的标准都可以由物理谓词分离出来"②。他说，事实上，"物理的"含义是由我们用于描述我们认为自己感知和施加影响的世界以及我们用于陈述彼此的信念和愿望的内容的词汇给出的，在这种"物理的"意义上，物理事物也能包含我们心理生活的事件。因此，我们的常识心理学解释无须诉诸规律或科学。"如果我问'哪些物理事件是心理事件？'我应当回答'行动、知觉、疼痛，等等'，我认为并没有这些心理事件可以与之同一的明显的物理事件，而且也没有这个必要。"③

---

① J. Hornsby, *Simple Mindedness*: *In Definse of Naïve Naturalism in the Philosophy of Mind*, Cambridge, MA: Harvard University Press, 1997, pp. 75 – 76.
② J. Hornsby, *Simple Mindedness*: *In Definse of Naïve Naturalism in the Philosophy of Mind*, Cambridge, MA: Harvard University Press, 1997, p. 76.
③ J. Hornsby, *Simple Mindedness*: *In Definse of Naïve Naturalism in the Philosophy of Mind*, Cambridge, MA: Harvard University Press, 1997, p. 77.

第五节　常识心理学解释的实质

如前所述，当代主流的科学自然主义者将心灵和常识心理学解释的命运与物理事物和科学解释绑定在一起，认为如果前者能够还原为后者，则有存在的价值，如果不能还原，则必然要么被取消要么只是被看作有用的虚构，并不具有实在的地位。根据科学自然主义，所有心理状态和事件在某种意义上都是物理的，人们的行为本质上就是人们内部的神经状态和事件之间的因果联系，因此，自然主义可以概括为这样一种观点，即"心脑关系是一种自然关系，心理过程就是脑过程"。而且神经科学也已经证明"脑过程不仅具有复杂性，而且具有人类心灵实际从事的信息处理能力"[1]。但这种看法必然会产生"大脑何以能有意识"的意识之谜。霍恩斯比认为，意识之谜源于将意识问题与关于有意识的人的问题分开处理，但如果我们认识到下面这一点，这个谜就不成为谜了，即如果孤立的大脑有意识，这仅仅是由于它处于一个有意识的存在者内部。也就是说，我们寻求研究其意识的那些事物不是大脑而是有意识的人，"这些作为经验主体的实际的、现存的、可看见、可听到的存在者并不是大脑"[2]。常识心理学解释本质上是人的层次上的固有解释。

在日常生活中，我们普通人解释自己和其他人的行动都使用常识心理学，认为人是有情的、有理性动机的存在者，对行动的解释是理由解释，而理由解释就是因果解释。而科学自然主义者谈论心理解释时发生了一种悄无声息的"场景转换"，即他们经常从人的层次（personal level）的解释转移到亚人层次（sub-personal level）

---

[1] O. Flanagan, *Consciousness Reconsidered*, Cambridge, Mass.: MIT Press, 1992, p. xi.
[2] J. Hornsby, *Simple Mindedness: In Definse of Naïve Naturalism in the Philosophy of Mind*, Cambridge, MA: Harvard University Press, 1997, p. 22.

的解释。如对于一个人的行动，他们不提及任何关于人的措辞，而是说行动是由信念和愿望引起的，这里他们把人的信念和愿望等看成非人的（impersonal）状态。霍恩斯比认为，他们在做这样的转移时，实际上已经"忘记了人及其行动才是主题"①。当然，他们这样做的目的就是要排除人的层次的常识解释。

霍恩斯比认为，朴素自然主义接受了常识心理学主题是属于自然界的，从而保证了理由解释的有效性。如果常识心理学解释必须还原为科学解释，它本身就会受到威胁，因为科学解释并不接受关于有情的和有理性动机的事物的观念。科学之类的解释当然存在，其中有些还试图说明如何可能存在有情的、有理性动机的存在者。那么，要支持朴素自然主义，就要对两种关于人的解释作出区别，并说明它们之间的关系。

对于这两种关于人的解释有不同的名称，霍恩斯比之为两种图画，即"人的图画"（the picture of the person）和"脑的图画"（the picture of her brain），图示如下：

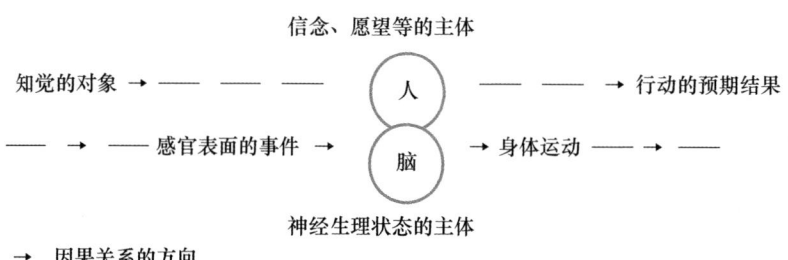

```
                    信念、愿望等的主体
知觉的对象 → ─── ─── ─── ⎛人⎞ ─── ─── → 行动的预期结果
         ─── → ── 感官表面的事件 → ⎝脑⎠ → 身体运动 ─── → ───
                    神经生理状态的主体
→  因果关系的方向
```

前者代表我们在相互归属命题态度时所持的观点，后者代表科学家在将人看作物理事物时所持的观点，如神经生理学家在考虑感官刺激、人体的肌肉运动以及处于刺激与反应之间的事件和状态时

---

① J. Hornsby, *Simple Mindedness: In Definse of Naïve Naturalism in the Philosophy of Mind*, Cambridge, MA: Harvard University Press, 1997, p. 157.

所持的观点。① 他的这两种图画借鉴了丹尼特"人与亚人"（personal/subpersonal）解释的划分，而后者又受到了赖尔（G. Ryle）和维特根斯坦的启发。赖尔和维特根斯坦指出，哲学家们经常误解用常识心理学词汇表达的问题，认为通过阐述内部机制可以对这些问题做出回答，但他们认为深入挖掘内部机制并不能对人的层次的事件做出进一步的解释。丹尼特（D. Dennett）是在解释疼痛时引入人与亚人解释的区分的。人的层次的解释涉及的是整个人的行动、感觉、思想等，亚人层次的解释涉及大脑各个系统之间的信息传递、神经生理过程。他的用意是将日常的解释与科学解释统一起来。就疼痛来说，如果问你是否疼、疼在哪里、疼得如何，你很容易说出来，这是你的基本能力。但如果问你怎么会感到疼、怎么能知道疼在哪里，通常你只能说你只是知道，却难以做出进一步的解释。他说："当我们说一个人有一种疼痛感觉，对它进行了定位并以某种方式作出反应时，我们就说出了在这个词语的范围内要说的一切。我们可以要求进一步解释一个人是如何碰巧把手从火炉上缩回来的，但我们不能要求对'心理过程'词语作进一步解释。……如果我们要寻求其他解释模式，就必须放弃关于人及其感觉、行动的解释层次，而转向关于大脑和神经系统事件的亚人解释。"② 也就是说，放弃了人的层次的解释，也就放弃了疼痛这个主题，因为我们这里所解释的不是疼痛，而是躯体的运动或神经系统的结构、过程等。

霍恩斯比指出，亚人解释并不能否定人的层次的解释是一种独特的解释，相反，将人/亚人两个层次的问题区别开，还有助于我们更好地理解对整分论概念的批判，即为什么脑中微观状态的融合并不能构成人的心理状态。当然，这并不意味着脑中的微观事件和

---

① 参见 J. Hornsby, *Simple Mindedness: In Definse of Naïve Naturalism in the Philosophy of Mind*, Cambridge, MA: Harvard University Press, 1997, pp. 111 - 112.

② D. Dennett, *Content and Consciousness*, Routledge & Kegan Paul plc, 1986, p. 93.

状态与常识心理学的属性无关,事实上亚人解释与人的层次的解释具有某种关系,因为人成其为人是由于他们有各种能力,而亚人解释在解释人何以有这些能力方面具有重要作用,因此,亚人解释"有助于消除人的层次的解释的神秘性",对微观事件和状态的解释可以让我们更好地理解我们作为常识心理学主体所依赖的那些能力,①"引入亚人是为了充实常识心理学,进而使其解释合理化"②。但是,用于解释微观事件和状态的亚人解释,对常识心理学的解释对象并未提供一种新的理解,因此,"概括常识心理学所做的解释并不是亚人心理学的任务。事实上,正由于日常的'为什么问题'是用常识心理学来回答的,因此它要求一个人使用一个概念,即主体像他自己一样是有理性动机的,因此亚人心理学解释肯定针对的是不同的解释对象"③。

霍恩斯比提到,朴素自然主义的种子来自丹尼特的著述,因此他对朴素自然主义的阐述是通过比较他们立场的异同来进行的。在他看来,他与丹尼特有三点共识。第一,他们都坚持温和的生物主义,认为人是生物,人的存在离不开自然选择的进化过程,而自然界是自然选择的真正家园,因此具有心理构造的人属于自然界。第二,他们都反对笛卡尔主义,否认存在笛卡尔的幽灵式心灵,否认心灵就是我们内省到的东西。第三,他们都反对心物同一性。科学自然主义者认为,心物同一性的根源在于世界的因果统一性,由于我们生活的世界是一个物理世界,基于因果的封闭性原则,只有心理事物同一于物理事物,它们才有因果作用,从而才能在世界上拥有一席之地。也就是说,真正的因果机制发生在物理层次上,实践

---

① J. Hornsby, *Simple Mindedness: In Definse of Naïve Naturalism in the Philosophy of Mind*, Cambridge, MA: Harvard University Press, 1997, p. 159.

② J. Hornsby, *Simple Mindedness: In Definse of Naïve Naturalism in the Philosophy of Mind*, Cambridge, MA: Harvard University Press, 1997, p. 166.

③ J. Hornsby, *Simple Mindedness: In Definse of Naïve Naturalism in the Philosophy of Mind*, Cambridge, MA: Harvard University Press, 1997, p. 167.

的理性动机并未进入因果解释。但这样一来，心理事物就没有因果效力，这会导致副现象论。丹尼特认为，物理主义同一论者的错误在于使用了一种"过于简单的因果关系概念"（simplistic notion of causation）。① 根据这个概念，只有断定了真正的关系，才能提出真正的因果主张，因而有因果关系就一定有两个事项即原因和结果，它们各自都有一系列替代的描述，这些描述的相互替代并不影响所断定的关系的真。因此，一旦这些关系是合适的，人们就很容易相信心物的同一性。在丹尼特看来，即使事项之间没有获得真正的关系，也会有因果性。例如，"P 由于 Q"（P because Q）这种形式的陈述可能就是一个因果陈述，它显然没有提到任何事项，因为"P"和"Q"可以用句子替换，它们可能表达了一个人有某种属性，其中之一可能揭示出他的动因。这样的陈述能提供一种解释，并且能显示一个人的因果力。霍恩斯比指出，丹尼特的上述看法说明，常识心理学本身没有引进事项，因此我们应关注主体自身，而不是哲学家通常所提到的东西。某个人相信某事，并不一定是其内部出现了一个个别的因果有效的状态。因此，"这些产生了对人的理解的因果主张至少与过于简单的因果关系概念一样具有可靠的基础"。他说，上述三点共识组合起来就构成了一种关于有情的、有理性动机的存在者的观点，即"对有的生物存在者可以提供某些心理学谓词。这些谓词没有引入任何特殊领域的事物，但它们能作出特殊种类的解释。这些解释在说明为什么这种存在者有某种属性时给出了因果的理解，但它们不要求有参与它们因果关系的事项。这里没有引入人的唯物主义属性：世界上出现了心灵或心性，就是出现了某种能发挥作用、能采取行动并因而具有某些可理解属性的自然存在。但是，尽管没有关于人的唯物主义，它也不是反唯物主义的。人完全是由物质构成的，而且其周围也是有类似构成的事物；

---

① D. Dennett, "Real Patterns", *Journal of Philosophy*, 88 (1991), n. 22, p. 43.

无疑,除非构成他们的各种物质具有他们所具有的某些属性,否则人就不会有他们所具有的属性。对构成人的所有物质的集合可以作出唯物主义解释,而且我们也知道人内部有参与他们自身的因果关系的结构和状态"①。而要解释这种关于人的非唯物主义和关于其构成的非反唯物主义(non-anti-materialism),就要对人和亚人的解释层次做出区别。如果人的层次是常识心理学主体所处的层次,即他们是整体的人,不仅存在而且不可取消,那么笛卡尔的疼痛和唯物主义的疼痛就都不会被认可,这意味着要承认人的层次的解释的自主性,"这使我们能够看到,心理生活并不是由内部事件构成的,既不是由个体心灵所识别的对象构成的,也不是由武断的科学家所认识的事项构成的。实际上,心理生活是由一个人是某种样子并因而也是其他可以理解的样子构成的"②。

霍恩斯比认为,由于丹尼特是用意向立场来解释人的层次和亚人层次的主题,对常识心理学本身采取了工具主义和非实在论的看法,因此他仍走上了正统自然主义的道路,当然他这种自然主义有其特点,因为他不像其他自然主义者那样追求实在论,但他也否认人的层次的解释具有真正的自主性。在他看来,丹尼特的问题在于,他虽然对人的解释不支持唯物主义,但仍坚持客观的第三人称观点,而意向立场的这种客观的第三人称特征并不适用于人。一方面,丹尼特的工具主义缺乏动机,因为当对人采取意向立场时,就必须承认他们不仅仅是好像有意向立场,这样人的层次的解释的自主性就有了保证。他说:"丹尼特想让我们认为,发现某种东西可理解为一个有更改动机的存在者,是发现一个具有理性动机的存在者的条件。对此肯定没有异议。但如果一个有理性动机的存在者的

---

① J. Hornsby, *Simple Mindedness: In Definse of Naïve Naturalism in the Philosophy of Mind*, Cambridge, MA: Harvard University Press, 1997, pp. 174 – 175.

② J. Hornsby, *Simple Mindedness: In Definse of Naïve Naturalism in the Philosophy of Mind*, Cambridge, MA: Harvard University Press, 1997, p. 176.

存在……是相关的可理解性的条件,就无法得出工具主义的结论。丹尼特对朴素自然主义的让步不仅排除了正统自然主义,而且还清除了他的非实在论的根基。"① 另一方面,当对一个人采取意向立场时,我们对他就有这样的观点,即他除了通过观察自己之外还有向自己归属了P谓词的根据,也就是说,他是一个有意识的存在,因为在斯特劳森看来,归属了P谓词的东西就拥有意识,② 因此在对人采取意向立场时,意识就被引进来了,"如果我们认为我们能想象某种东西使用了关于人的所有意向状态概念却缺乏任何第一人称归属的能力,我们就是自欺"③。总之,根据朴素自然主义,"第一人称观点是同第三人称观点一起采用的。人的类别就是自然存在物的类别,而且某些通常用于这些存在物的谓词的特征是,它们既能进行自我归属也能进行他人归属"④。

最后,我们总结一下朴素自然主义的特征。第一,它是一种"自然主义",认为"心灵存在于自然之中,有意识、有目的的主体不过是自然界的构成要素"⑤,从而与笛卡尔二元论划清了界线,因为后者主张心灵是非自然的实体,有意识、有目的的主体根本不是自然界的一部分。第二,它又是"朴素的",这是为了与流行的科学自然主义相区别。如前所述,任何一种自然主义形式对于自然或自然界都有其独特的假设,这是它区别于其他自然主义形式的标志。科学自然主义关于自然的假设是:世界是没有规范的世界,是科学家所描述的世界。那么,要支持这种自然主义就要对常识心理

---

① J. Hornsby, *Simple Mindedness: In Definse of Naïve Naturalism in the Philosophy of Mind*, Cambridge, MA: Harvard University Press, 1997, p. 182.

② P. F. Strawson, *Individuals*, London: Methuen, 1959, p. 107.

③ J. Hornsby, *Simple Mindedness: In Definse of Naïve Naturalism in the Philosophy of Mind*, Cambridge, MA: Harvard University Press, 1997, p. 183.

④ J. Hornsby, *Simple Mindedness: In Definse of Naïve Naturalism in the Philosophy of Mind*, Cambridge, MA: Harvard University Press, 1997, p. 180.

⑤ J. Hornsby, *Simple Mindedness: In Definse of Naïve Naturalism in the Philosophy of Mind*, Cambridge, MA: Harvard University Press, 1997, p. 2.

学的题材进行自然化,即要么证明对心理归属可做出科学的处理,要么证明使用心理学词汇的日常解释与科学解释之间有某种联系。霍恩斯比认为,这种关于自然的假设并不是必须接受的,因为"并非自然中的一切都能从自然化者所持的观点看到,我们可以把自己看作是自然界的居民,却无须认为我们关于自己的谈论必须被给予了特殊的处理才能使之可能。马克思说'人不仅是自然的存在,而且是人化的自然的存在'。可能存在一种人性不与之抵触的'自然'概念。这——用我的话说——就是朴素的自然"①。也就是说,自然既包含非人的(impersonal)自然,也包含与人性一致的自然,既包含"自在自然",也包含"人化自然"。他说:"只有采取了朴素自然概念,心灵哲学中的自然主义才站得住脚。"② 不难看出,朴素自然主义也是科学自然主义的对立面:后者一般轻视乃至否定常识心理学,认为我们就应当对人采取常识心理学的观点,因为它所做出的解释没有希望,应根据科学进行改造和重构,而朴素自然主义认为常识心理学尽管不能全盘接受,但也应当尊重,"常识心理学应被认为是可以信赖的,这不是因为它会通向科学理论或者以它们的真理为基础,而是因为它坚持我们关于自然界的一切信念,没有它,这些信念将不复存在"③。第三,它也不同于其他唯物主义和物理主义,因为它既避免了二元论,又没有提出任何唯物主义、物理主义或其他已知的自然主义主张,"朴素自然主义者所承认的包含心灵的世界是朴素自然的,它包含有我们看到的并对之发挥作用的对象,获取有关它的知识并不需要特殊的科学方法"④。第四,各

---

① J. Hornsby, *Simple Mindedness: In Definse of Naïve Naturalism in the Philosophy of Mind*, Cambridge, MA: Harvard University Press, 1997, pp. 7–8.

② J. Hornsby, *Simple Mindedness: In Definse of Naïve Naturalism in the Philosophy of Mind*, Cambridge, MA: Harvard University Press, 1997, p. 8.

③ J. Hornsby, *Simple Mindedness: In Definse of Naïve Naturalism in the Philosophy of Mind*, Cambridge, MA: Harvard University Press, 1997, pp. 8–9.

④ J. Hornsby, *Simple Mindedness: In Definse of Naïve Naturalism in the Philosophy of Mind*, Cambridge, MA: Harvard University Press, 1997, p. 12.

门科学在描述、解释事件时会使用不同的语言和方法,而在描述和解释人及其心灵时通常会把两个层面的解释区别开,即人的层次的解释和亚人层次的解释。朴素自然主义认为,在人的解释层面必然要提及人,而且常识心理学解释也是这个层面所固有的。而亚人层面的解释与人的层面的解释有某种关系,但在某种意义上又是非人的,因为要知道人们说了什么,用不着诉诸人的理智、理性、动机等。[1] 另外,亚人层次的解释比较强调人的专门部分,而人的层面的解释关注的是整个人,因此两者还是部分与整体的关系。第五,对于心理状态的地位,朴素自然主义反对非实在论,赞成实在论,认为实在论有其优越性。[2]

---

[1] J. Hornsby, *Simple Mindedness: In Definse of Naïve Naturalism in the Philosophy of Mind*, Cambridge, MA: Harvard University Press, 1997, p. 161.

[2] J. Hornsby, *Simple Mindedness: In Definse of Naïve Naturalism in the Philosophy of Mind*, Cambridge, MA: Harvard University Press, 1997, p. 168.

第 五 章

认知多元论

当代的哲学多元论主要有两种类型，一种是杜普雷的"混杂多元论"（promiscuous realism）和凯切尔的"多元论的实在论"，这是一种实在论的多元论，认为世界是由多元的、不可还原的种类和属性组成的；另一种是霍斯特的认知多元论，它是对科学哲学和形而上学的认知主义、唯物主义或实用主义方案的一种延伸，它将我们对世界的理解力的特征归结为我们的认知结构的特征，因此本质上是一种认知主义。这里，我们重点通过追溯霍斯特认知多元论所发现的认知多元性背后的本体论根源，进而分析在心理结构方面的心性多样性的本体论事实，通过对自然主义与现象学的融合探讨，揭示新自然主义的发展模式和路径。

第一节 后还原主义、非还原主义与非统一性现象

面对经典自然主义的各种问题，心灵哲学无疑要重思自己的方法，尤其是对作为自然主义基本原则的还原论做严肃的反思。后还原主义就是这样的反思的产物。[①]

---

① S. Horst, *Beyond Reduction: Philosophy of Mind and Post-Reductionist Philosophy of Science*. Oxford: Oxford Press, 2007, p. 5.

众所周知，还原主义是一种古老的哲学原则和方法，其命运一波三折，时兴时衰。在心灵哲学中，它一直是分析行为主义和还原物理主义的学术原则。由于现象意识和宽心理内容的被发现，加之它不能说明心理现象的可多样实现和规范性等特点，因此很快便成了众矢之的，几乎被打死。80 年代至今，因有金在权等人的论证，还原论现在成了可以与其他物理主义形式抗衡的还原论物理主义。我们不妨像霍斯特那样把它称作"后还原主义"①。

"还原"一词极具歧义性，后还原主义所说的还原不是理论还原、伽利略式还原、本体论还原、认识论和方法论还原，而指一种解释的策略，即用基本的确定的科学术语解释高层次的尚不确定的术语。这种还原的前提是承认组织的层次性，而组织层次性可用部分—整体的术语来描述。金在权说："我将描述一还原模型，我相信它对科学和哲学都更加适用。"② 就对心理现象 M 的还原来说，它有两步，（1）构想的步骤，即根据它与其他属性的因果的/法则学关系来构想 M，（2）辨识 M 的实现者，这实现者就是还原基础领域内的、有专门因果/法则学特征的属性或机制。金在权说"心理属性的功能化，对还原既是充分的，又是必然的"，因为功能说明成功地揭示了心理属性的实现者，因此这样的还原就是功能还原。③ 最重要的是，有了这个还原模型，自然主义无法合理解决的意识和因果性两大心灵哲学难题，据说都可得到较好解决。他说：这两个问题"向物理主义世界观提出了根本性的挑战。心灵怎么可能对因果封闭的物理世界产生因果作用？在物理世界，为什么有心

---

① S. Horst, *Beyond Reduction: Philosophy of Mind and Post-Reductionist Philosophy of Science*. Oxford: Oxford Press, 2007, p. 5.

② J. Kim, "The Mind-Body Problem After Tifty Years", in A. O'Hear (ed.), *Current Issues in Philosophy of Mind*, Cambridge: Cambridge University Press, 1998, p. 16.

③ J. Kim, "The Mind-Body Problem After Tifty Years", in A. O'Hear (ed.), *Current Issues in Philosophy of Mind*, Cambridge: Cambridge University Press, 1998, p. 19.

灵或意识这样的东西？是怎样有这些东西的？"① 对这些问题，他的后还原论的解决办法就是"在物理领域内对之做出功能化"。所谓功能化，即做功能还原说明。而功能说明可以成功揭示心理属性的实现者。如果这一任务完成了，那么因果性难题也便迎刃而解了，因为作为心理属性实现者的物理属性有因果作用是无须证明的。②

随附性概念一般被用来论证非还原论，但也有例外，如金在权基于对随附性的特殊解释，对还原主义做了强有力的支持和论证。这是后还原主义得以东山再起、进入主流话语的一个主要原因。他让随附性理论支持还原论的根据是，A 和 B 之间的类型上的协变或随附性离不开 A 向 B 的可还原性。其根据是，这样一种强随附关系离不开在关于 A 和 B 的理论（T_1 和 T_2）之间的"可强连接性"（strong connectibility）。在他看来，只要两个理论或实在或属性具有共同扩展性，那么它们之间就具有还原关系。心之所以有因果作用，之所以有现象性质，是因为它后面有产生因果作用和意识现象的被随附的、物理的基础。③ 就此而言，心身随附性是各种形式的唯物主义应该而且必须赞成的一个原则。

比克尔（J. Bickle）的"新潮还原论"在后还原主义赢得话语权的过程中也发挥了关键作用。他看到了过去的还原主义的问题与式微，于是试图通过改造，加以拯救。他的新潮还原论仍承认解释的力量，但在别的方面与旧还原论分道扬镳了。例如，第一，他的元理论构架允许理论和模型相对于各种隐匿的背景假定予以表述。第二，他的新潮还原论包含对不同理论词汇所描述的实在的偶然认

---

① J. Kim, "Supervenience", in Guttenplan (ed.), *A companion to the Philosophy of Mind*, Oxford: Blackwell, 1994, p. 275.

② J. Kim, "The Mind-Body Problem After Fifty Years", in A. O'Hear (ed.), *Current Issues in Philosophy of Mind*, Cambridge: Cambridge University Press, 1998, pp. 19–21.

③ J. Kim, "Supervenience", in Guttenplan (ed.), *A companion to the Philosophy of Mind*, Oxford: Blackwell, 1994, pp. 275–277.

同，当然不承认形而上学的必然类型同一。第三，他所说的还原主要是知识个例的还原，意即这类还原只适用个别对象或现象。就新潮还原与传统的宽还原的差异来说，前者并没有形而上学的必然性力度，同时这种还原也没有概念上的适当性，因此不能以认识上透明的方式保证形而上学的必然性。[1]

最近流行的元科学还原或"无情的还原论"颇值得思考。它基于神经科学将认知还原为分子和细胞的作用。[2] 由于分子和细胞等是无情的东西，而这种还原论试图进到这个层次以说明认知过程，甚至断言有"分子、细胞认知"，[3] 因此这种还原论也被称作无情的还原论。不同于传统还原论的地方在于，它真刀实枪地利用最先进的分子基因技术，研究哺乳动物如老鼠的基因组，目的是提高或降低活基因表达，以及细胞间的传递信号的分子的蛋白质合成。据说，基因操作和伴随的蛋白质合成都被诱发出来了，专门的认知功能也得到了分辨。[4] 这种新还原论不承认阶次的划分，直接把通常所说的心理现象看作大脑中的微观过程，如说分子认知、细胞认知，甚至把心理类型与实验上发现的分子激活过程直接对应起来。

后还原主义尽管在同化自然主义和传统还原主义的问题时做了积极有启发意义的探讨，但仍麻烦缠身，例如不仅碰到了很多新问题，而且还原主义的三大难题——心理现象的可多样实现性、不随附于生理过程和规范性——依然故我。正是有这些问题，便为非还原主义留下了生存和发展的空间。

再来看非还原主义对自然主义和还原主义的批判与超越。

---

[1] J. Bickle, "A Brief History of Neuroscience's Actual Intuences on Mind-Body Reductionism: New Perspective on Type Identity", *The Mental and The Physical*, 2012, pp. 99–101.

[2] E. Kandel et al, *Principles of Neural Science*, New York: NcGran-Hill, 2001, pp. 3–4.

[3] E. Kandel et al, *Principles of Neural Science*, New York: NcGran-Hill, 2001, p. 99.

[4] J. Bickle, "A Brief History of Neuroscience's Actual Intuences on Mind-Body Reductionism: New Perspective on Type Identity", *The Mental and The Physical*, 2012, pp. 100–101.

其责难主要是，把心理属性还原为行为属性、把心理状态还原为物理状态，是行不通的，因为要在物理实在中为心理现象找到安身的地方，必须找到将心还原为物的还原方法。而这是不可能的。在非还原主义看来，解决心理现象的地位问题应转换思路和方向，如不能像过去那样坚持物理的封闭性原则，仅在物理世界或在自然世界去寻找心理现象的家，而应真正超越科学的自然主义。温和一点的观点是，一方面承认心理现象就是物理现象，但另一方面又强调能对心理学做出说明的不仅是物理科学，而且还有它之外的别的心理学理论。非还原主义的形式很多，如二元论、非还原论的目的论功能主义、突现论、随附论、实现论等。

这里我们重点考释一下范·古利克（R. Van Gulick）的非还原唯物主义的新版本——非还原论的目的论功能主义。他通过探讨不同层次之间的理论的关系和约束提出：尽管只有一种实在，即物理实在，但同时有多种说明和解释的理论。如果是这样，就要进一步探讨不同层次的理论或概念框架之间是什么关系，有何约束。他的非还原唯物主义包含着目的论功能主义的心性论，认为心理属性和物理属性之间的关系是实现或例示关系。所谓实现关系是指，如果有一特定心理属性 M，一定同时有许多别的属性（p_1，……，p_n），例如当 x 有心理属性 M 时，就可能有物理属性 G_1，……，G_n 的特定集合。① 在此基础上，他论证了这样的非还原主义原则，即"关于不同理论构架间的关系"的原则，它强调的是，"心理理论和它们的有关构架不能还原为物理科学的理论"②。不难看出，这种非还原主义不认为世界上的存在是多元的，而只倡导理论与描述的多元

---

① R. Van Gulick, "Nonreductive Materialism and Intertheoretical Constraint", in A. Berckermann (ed.), *Emergence or Reduction?* p. 170.

② R. Van Gulick, "Nonreductive Materialism and Intertheoretical Constraint", in A. Berckermann (ed.), *Emergence or Reduction?* p. 163.

论，认为存在着许多不同的理论构架，它们能够描述时空世界中的样式和似规律法则，其中的一些构架无法用物理理论及其概念来把握。

突现论早在19世纪就隆重地出现在了科学和哲学的舞台。不过，我们这里关心的是心灵哲学中作为非还原主义重要形式的新突现论。它认为，要揭示突现现象的本质特征，必然要涉及被突现的现象和作为基础层次的现象之间的关系问题，而这关系不外两种可能，即要么是可被还原的，要么是不能被还原的。大多数人认为，如果有突现现象，那它一定是一种不可还原的现象。至少可以说，不可还原性是突现现象的一个标志。心灵哲学关注突现范畴，显然是为了更明确、更具体地说明心理现象不同于别的现象的特点和独特的本体论地位。在许多人看来，心理现象不是虚无，但又不同于基础层次的物理材料和属性，因此适合于用突现范畴予以说明。然而，问题在于，突现现象的本体论地位本身是有争论的。如果它可还原为物理现象，那么关于心理现象的突现论就是一种还原唯物主义理论。如果它具有不可还原性，那么就有两种可能，一是投入非还原唯物主义的怀抱，二是倒向二元论。总之，当用突现论解释心理现象时，不是使问题变得简单，而是使问题变得更加扑朔迷离。

非还原论的问题在于，无法充分说明心理的因果作用，因而必然使心理现象成为副现象。其对立于科学自然主义的、值得思考的"发现"是，世界具有非统一性，甚至异质的非统一性，例如戴维森的带有解释主义色彩的非还原物理主义强调心理现象和物理现象就不是一个东西。因为它们之间存在着不相容性或范畴差异。其具体表现是，心理现象是由它的意向性决定的，具有内涵性，而物理现象则不是这样；从解释上说，心理事件具有解释上的不确定性；心理事件与物理事件之间不存在一一对应的关系，因为心理事件只能用整体论的语词来描述；即使物理事件也可用整体论术语描述，但两种描述完全不同，因为信念和愿望是通过预设有信念和愿望的人是有理性的这一点来归属的，而且这种归属具有规范性，质言之，对心理的描述有规范性，而对物理的描述则相反。①

第二节 认知多元论对自然主义的超越

从前面的考察我们不难看到，自然主义和后还原主义尽管是英美哲学的霸权话语，并不断得到有力的辩护和发展，但也隐藏着深刻的问题和危机，如现象意识等复杂现象对还原的抵制，解释鸿沟的客观存在，因果封闭原则的霸权主义问题，世界真实存在着不符合自然主义统一原则的多样性、异质性，等等。

反自然主义者最重要的工作是，在非还原主义所发现的世界的非统一性的基础上，强调异质的多样性，否认有一个统一的被称为"自然"的领域，该领域可为一个单一的理论所详尽描述。更根本的是，物理、化学和生物过程并不比心灵"更根本"，因为我们对这些领域的把握依赖于（人类）心灵的认知结构，因此像自然主义那样试图用物理之类的过程去说明心理现象在面对这种非统一性时就是行不通的。为此，霍斯特明确提出"科学的非统一性"是一种值得重视的认知观点。② 他的有意义的工作是，从认知科学的角度揭示了模型非统一性以及由此而伴随的自然的非统一性的认知根源及过程。

霍斯特的认知多元论的基础是解释主义、认知主义和实用主

---

① 参见 De Caro M. "Davidson in Focus", in De Caro M (Ed.). *Interpretation and Cause*, Dordrecht: Kluwer Academic Publishers, 1999: 112.

② 参见 S. Horst, *Beyond Reduction: Philosophy of Mind and Post-Reductionist Philosophy of Science*, Oxford: Oxford Press, 2007, ch. 7.

义。而这些理论对立于实在论的多元论,反对将"关于存在库存清单的本体论"视为多元论的形而上学基石,企图依据认知事实(例如心灵所采用的表征结构)或者物质和社会实践(例如实验室方法和语言)总结出像"对象"一样的概念。由上述理论基础所决定,认知多元论首先是一种解释主义多元论,例如它尽管也关心本体论问题,但它是用解释主义的观点来看世界的,认为世界向我们显现为什么样子,取决于我们所用的解释图式。其次,认知多元论是一种认知主义,这里的认知主义是这样的理论,它认为我们之所以认为世界有多样性,是因为我们有多样的认知结构,即根源于心灵怎样模拟世界的特征这类经验事实。霍斯特指出,认知多元论最初是一个科学哲学命题,用于回答"各门科学为何没有统一性或为何不能还原为基础物理学"的问题,但它又不只是一个关于科学的命题,而且是适用于一般的心理模型和人类的认知结构。它作为一种认知主义立场,既与康德和胡塞尔的先验观念论有相似之处,又与利用认知心理学和生物心理学思想来说明知识和理解问题的自然主义认识论具有连续性。在他看来,心灵理解世界是通过具有特殊目的的理想化模型,这是人类认知结构的一个普遍特征,其中每一个模型都针对世界和我们自己的局域性特征,因而是局域性的、片断的,这是人类认知结构摆脱不了的一种深层次的设计原则,也是科学和知识不具有统一性的根本原因。他说:"人类认知结构方面的经验事实限制着我们能够想象、理解和利用的模型的类型,科学内部存在的不统一性是我们认知结构的产物。……科学建模的特征不过是人类认知结构的一般原则的一个特例。"① 再次,认知多元论是一种实用主义多元论。它不满足于将科学、常识或实在论哲学形而上学的"库存清单本体论"当成形而上学的根基,而是想根据有关认知

---

① S. Horst, *Beyond Reduction: Philosophy of Mind and Post-Reductionist Philosophy of Science*, Oxford: Oxford Press, 2007, pp. 128–129.

的事实（如心灵所使用的表征结构）或物质的和社会的实践（如实验室规程和语言）来说明"对象"之类的概念，也就是说，它认为"我们的解释兴趣和我们与世界相互作用的本质都在决定科学及其外部的模型方面发挥着作用"①。由上所决定，认知多元论便有这样的特点，即强调世界的多样性、多层次性与我们的认知有关，由我们的认知和解释图式所决定。质言之，这种多元论首先强调的是解释图式、认知模型的多元性，认为我们是通过关于世界各方面的有特殊目的、理想化的和局部的模型来了解这个世界的，其中每一种模型都符合特定的实用语境的要求，并使用一种适合其问题领域的特定的表征系统。而模型多种多样，不存在统一的模型。从其起源上说，多样性模型的形成既与实在的多样性有关，又与大脑内的严格的、不能相互归并的、由模块性所决定的认知分工密不可分。为此，他描述了劳动认知分工的范围，如从有特定目的区域的扩散到神经分布上的（尽管也许不是完全全局的）、获得特殊目的的能力（通过"重新调配"有特定目的的区域集合这样的干预步骤）。②

就认知多元论的本体论承诺来说，它认为随着后还原论科学哲学的成功，传统关于心理事物与自然事物之间的区别就不再能够成立，自然事物作为可作出科学研究的东西，不仅会将心灵包含其中，而且从根本上说，"物理、化学和生物过程并不比心灵'更根本'，因为我们由这些领域组成的构造依赖于（人的）心灵的认知结构"。因此，世界的构成不只是自然界，除了自然存在物之外，可能还有其他不能由自然科学解释的实在。他说："认知多元论不要求我们假设笛卡尔的灵魂之类的非物质存在，但它也不阻止我们

---

① S. Horst, *Beyond Reduction: Philosophy of Mind and Post-Reductionist Philosophy of Science*, Oxford: Oxford Press, 2007, p.127.

② S. Horst, *Beyond Reduction: Philosophy of Mind and Post-Reductionist Philosophy of Science*, Oxford: Oxford Press, 2007, p.122.

作这样的假设。它尽管根本没有讨论上帝、天使、超验道德原则等其他的'超自然'实在，但我认为这些至少与认知多元论是相容的。"①

就认知多元论的理论归属而言，首先，它可被看作一种科学哲学理论，因为如此阐发的认知多元论的目的是要解释科学的非统一性。其主要观点是：（1）各别科学规律和理论是关于世界特定方面的模型；（2）这些模型是认知模拟过程的产物，它们的样式部分是由人的认知结构决定的；（3）科学模型具有理想化特点；（4）每一模型在描述它的主观材料时，运用了某种特定的表征系统；（5）模型的理想化和表征系统的选用使对不同模型的整合成为不可能，同时必然让各别模型有其局部的特征；（6）关于认知结构的经验事实限制了我们所设想、理解、运用的模型的类型，因此科学中可能出现许多非统一性，它们是我们认知结构的必然产物。② 其次，认知多元论还可表现为一种认识论理论，此即认知多元论的认识论方面。这种形式的多元论会同时得到物理主义和二元论的赞同，因为它强调的是，心灵会用不同的模型来表征世界的特征。这些模型具有不可还原的特点。当然，认知多元论也有自己的本体论关切和形而上学意趣，因此可以在特定意义上承认有形而上学或本体论的认知多元论。这种本体论不承认有一个统一的被称为"自然"的领域，不承认这个领域可为一个单一的理论所详尽描述，不承认物理、化学和生物过程比心灵"更根本"，因此自然主义的带有还原色彩的自然化由于没有物理之类的统一基础因而就是不可能的。这种非统一性、多样性与认知模型的多样性是一致的，或从后者可推论出前者。霍斯特说："存在大量关于世界组成部分

---

① S. Horst, *Beyond Reduction: Philosophy of Mind and Post-Reductionist Philosophy of Science*, Oxford: Oxford Press, 2007, p. 201.

② S. Horst, *Beyond Reduction: Philosophy of Mind and Post-Reductionist Philosophy of Science*, Oxford: Oxford Press, 2007, pp. 128 – 129.

或方面的局域性模型,它们的每一个都假定了自己的肯定的本体论。"①

认知多元论由于对心灵在自然界中异类的地位以及心灵本身的结构、机制和本质等形成了反自然主义的观点,因此可被看作一种新心灵观（a view of mind）的典型例子。霍斯特强调,它是由科学中得到的大量证据所推动和支持的心灵观。就此而言,它与心灵的科学有"直接的关联"。尽管它强调对心灵的哲学研究是与对心灵的科学研究保持着连续性的事业,但它并不认为心理现象包含在自然科学所说的自然构架之内。它像别的非还原主义理论一样否认关于心灵的一切都能用物理术语来理解。作为多元论理论,它对下述假定提出了疑问,这假定是自然主义的一个基本原则,即存在着一种统一的、可由自然科学理解的自然构架。他说:"如果这'构架'意指的是统一的、无所不包的模型,那么我否认有这样的东西,甚至在像物理学、化学这样的领域中也是如此,更不用说在生物学中。"②

第三节 认知结构的普遍原则

霍斯特认为,我们理解世界是通过有关世界的一些目的特殊的、理想化的科学模型,每种模型都需要具体的实用背景,都使用了与其问题范围相适应的具体表征系统。科学模型之所以呈现出多元论的关键特征,是由于一般意义的人类认知具有这种多元论特征,因此认知多元论是"人类认知结构的设计原则"③。它不仅与

---

① S. Horst, *Beyond Reduction: Philosophy of Mind and Post-Reductionist Philosophy of Science*, Oxford: Oxford Press, 2007, p. 185.

② S. Horst, *Beyond Reduction: Philosophy of Mind and Post-Reductionist Philosophy of Science*, Oxford: Oxford Press, 2007, p. 200.

③ S. Horst, *Beyond Reduction: Philosophy of Mind and Post-Reductionist Philosophy of Science*, Oxford: Oxford Press, 2007, p. 151.

认知科学中的许多主题相一致，如模块性和范围特殊的表征推理，而且基于生物进化的理由也是可行的。① 霍斯特对认知多元论的论证主要有以下几种。

一是基于模块性的论证。霍斯特借用认知科学的流行概念"模块性"来论证认知多元论，他称之为"认知的劳动分工"②。模块性思想历史悠久。例如，19世纪颅相学家斯珀兹海姆（J. G. Spur-zheim）等人就提出了一种心理机能理论，其核心主张是两点：一是心灵拥有不同的机能，它们适用于特殊的领域；二是每种机能都是在不同的脑结构上实现的。照此看来，大脑似乎就成了由这些心理器官组成的一个集合。斯珀兹海姆认为，这样的心理机能包括对子女慈爱的机能、敬畏宗教的机能、自尊的机能以及因果联系机能等，由于人的心灵结构在各种文化之间、经过几千年的发展都是相同的，因此即使遭到外部条件的制约，个体也能发展出特定的才能，因此这些心理机能是天赋的。但模块性真正引起了关注并成为认知科学的重要研究领域则归功于福多。当然，在当代认知科学中人们对模块的意义的理解并不一致。大体来说，主要有三种意义的模块：一是乔姆斯基式模块或知识模块。它是心理表征系统，是构成人的认知能力、内在表征的领域特殊性知识。二是福多式模块或计算模块。它是信息封装的计算机制。这是福多等人将乔姆斯基用于指称天赋知识的术语用于认知科学的结果。三是达尔文式模块或功能模块，是指功能

---

① S. Horst, *Beyond Reduction: Philosophy of Mind and Post-Reductionist Philosophy of Science*, Oxford: Oxford Press, 2007, p. 151.

② S. Horst, *Beyond Reduction: Philosophy of Mind and Post-Reductionist Philosophy of Science*, Oxford: Oxford Press, 2007, p. 154.

特殊性的认知机制①。霍斯特使用的模块概念用的是第三种意义。他说:"模块性一词的用法有些混乱,它通常并没有清晰的定义。最广义的模块性,是指心灵或大脑具有适用特殊目的的方法来执行特殊的任务,而不用管它是如何来执行这些任务的。根据这一用法,模块性表达的是认知的劳动分工论题。""我把模块性这一解剖学概念当作是在特定的大脑区域中的认知功能的局域化的一个论题。"②

二是基于解剖学实验的论证。霍斯特认为,大量证据表明许多认知功能都能做出解剖学的定位,也就是说,很多心理能力都是由运行于专门的神经组织中的目的特殊性机制实现的。这种思想源于

---

① 参见田平《泛模块性论题及其认知科学意义》,《科学技术与辩证法》2007年第5期;熊哲宏《"心理模块"概念辨析——兼评J. Fodor 经典模块概念的几个构成标准》,《南京师大学报》(社会科学版) 2002 年第6期。这里要特别提醒:乔姆斯基式模块不是机制,而是心理表征系统,即心理表征的知识或信息体,如一种语法或一种理论。通常对这个系统可作真值评价,因为问题表征为真还是为假是合理的。此外,它们还经常被看成天赋的和/或受信息的限制(如不能通达意识)。后来我们可以看到,虽然乔姆斯基式模块是一种重要的认知结构,但它与泛模块论者所支持的立场关系不大。因为泛模块论者眼中的模块是一种认知机制。其理由是:一方面,很多泛模块论者都明确地提到了这一点。例如,斯珀伯 (Dan Sperber) 就说模块是一种"自主的心理机制",而科斯米德斯和图比认为模块是"有专门功能的计算机"。所有这些都表明,他们所说的模块是一种认知机制。另一方面,如果把泛模块论者的模块看成乔姆斯基式模块,我们就很难理解泛模块论者对其立场与其他观点之间关系的解释了。例如,泛模块性论题通常被认为是与下列观点相反的,这种观点是:中枢认知依赖于一个或一些目标一般性的计算机的活动。但是如果模块被看成是心理表征系统,就很难理解为什么对立的立场都应当存在。因为毕竟这种主张即中枢认知依赖于一个(比如)通用图灵机与存在乔姆斯基式模块(由这个机制所使用的信息体)是完全相容的。然而,这确实不是泛模块论者要支持的立场。塞缪尔斯在类似意义上,对表征模块性和计算模块性进行了区分。表征模块性就是按正确的方式组织并结合在一起的领域特殊性的数据包,计算模块性是领域特殊性的加工装置。虽然这两种模块性在某个认知领域经常一起出现,但并不必然如此。领域特殊性的认知能力在理论上仰仗表征模块来提供领域特殊性的信息,此后它就受控于各种领域一般性的过程。相反,对某个领域来说,存在一个计算模块,设计这个模块是为了把其他模块的输出作为输入,从而为那个特殊的领域产生表征模块。因此,要特别提醒:表征模块和计算模块是迥然不同的模块,某个认知领域可能包含有一种而没有另一种。参见 Stainton R. *Contemporary Debates in Cognitive Science*. Malden: Blackwell Publishing Ltd, 2006: 53. n. 1; Carruthers P et al. *The Innate Mind: Structure and Contents* [C]. New York: Oxford University Press, 2005, pp. 12-13.

② S. Horst, *Beyond Reduction: Philosophy of Mind and Post-Reductionist Philosophy of Science*, Oxford: Oxford Press, 2007, p. 153.

19世纪布洛卡所引领的创伤性研究,那时人们观察到脑区与心理功能存在着明显的关联。目前,神经科学通过脑成像等研究已证实了其中的一些结果,并深化了我们对日常认知的联结与分离的理解。以视觉为例。我们直觉认为"看"是一个单独的心理过程,休谟就曾将"看"比喻成像是在单独舞台上放映的戏剧。然而,就"看"的神经过程来说,来自视网膜的信息被快速地分成三个分支,即形状、颜色与运动,它们被登记在 LGN 中的不同细胞层级中以及分开的视觉皮层区域。通过 LGN,V1、V2 的三个信息流也通过不同的细胞层。V1 与 V2 在提取形式信息时做了大量工作。运动信息是从 V1 和 V2 传递到 V3 和 V5,并将颜色信息传递到 V4。信息在视觉皮层被进一步分成两条路径,即"实在"(what)路径和"位置"(where)路径。实在路径包括识别物体的类型、脸部识别等。位置路径包括将物体定位于空间以及它们动态的相互作用。[①](参见下图)

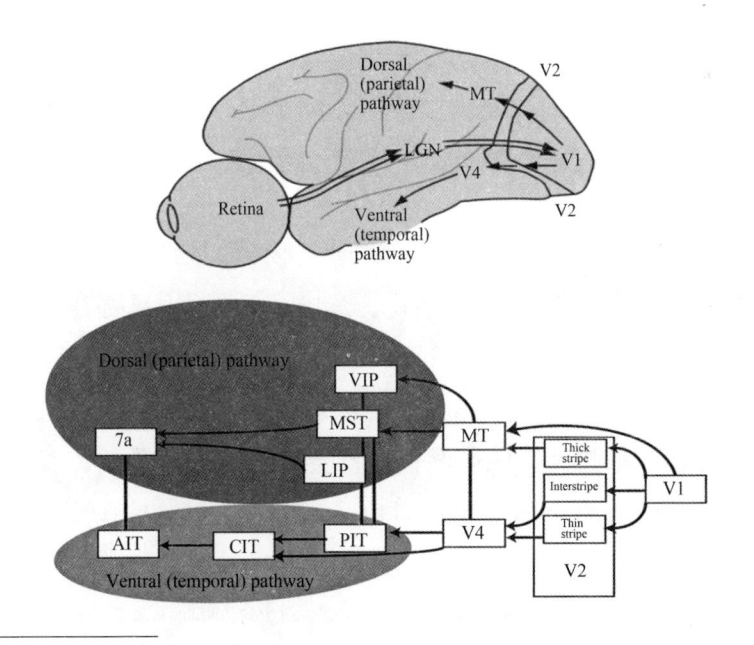

---

① S. Horst, *Beyond Reduction: Philosophy of Mind and Post-Reductionist Philosophy of Science*, Oxford: Oxford Press, 2007, p. 154.

霍斯特认为，大脑的劳动分工是规则而不是人脑中的特例。不仅知觉系统表现出了局域化，其他系统也有。从解剖学来看，大脑分成了许多不同的区域，它们在知觉、认知和行为中起着不同的作用，如脑干控制着血压、心率、呼吸等自主神经功能，小脑控制着平衡与姿势，中脑调控着血压、饥饿、渴、生理节律和情绪，丘脑和皮质共同处理知觉和运动。视觉与运动控制的功能映射到布罗德曼区（视觉投射野）。最近的神经成像技术特别是磁共振成像（fMRI）对研究大脑执行特定认知任务时的神经过程有极大的促进作用，这方面的研究被称为功能性神经解剖学。[①] 这些都为大脑的认知劳动分工提供了实验的证据。

三是基于神经科学实验的论证。认知多元论能解决神经科学研究面对的"捆绑问题"（The Binding Problem），这一成就也是支持它的重要依据。一般认为，大脑负责颜色、形状和运动的区域分别有不同的表征。例如，我在看到一个红色三角形和一个蓝色圆形时，大脑相关部位会显示"红色"和"蓝色"，其他部位则表征"三角形"和"圆形"。这些表征是分离的，位于不同的脑区，那么，大脑是如何知道"红色"伴随着"三角形"、"蓝色"伴随着"圆形"呢？我们何以不能将"红色"与"圆形"相联系、将"三角形"与"圆形"相联系呢？这就是"捆绑问题"。对此问题通常的解释是假设大脑中存在另一个"模块"，所有信息都在这里汇总并形成一个综合表征，丹尼特将这一假说戏称为"笛卡尔剧场"（Cartesian Theater），意思是说，大脑就像一个剧场，里面某个地方有一块屏幕，来自感官的刺激最终都会被投射到屏幕上，观众（自我）通过观看屏幕上的演出就可以了解内心发生的一切。[②] 但目前

[①] S. Horst, *Beyond Reduction: Philosophy of Mind and Post-Reductionist Philosophy of Science*, Oxford: Oxford Press, 2007, p.155.

[②] 刘占峰：《解释与心灵的本质——丹尼特心灵哲学研究》，中国社会科学出版社2011年版，第163页。

并没有证据支持这种假说。如丹尼特所论证的,心灵的"剧场"比喻是一个理论上的虚构,他提出了信息的"多重草稿模型"①。克里克(Francis Crick)和科赫(Christoph Koch)对捆绑问题提出了一种解释,认为捆绑是由不同脑区的细胞之间的一种相位同步来完成的。② 就上面的例子来说,表征"红"的细胞与表征"三角形"的细胞同相位,与表征"圆形"的细胞异相位。当然,这没有解释为什么存在与相位捆绑相结合的经验或现象学的统一性,它只是为解释两种处理流中的信息如何实现捆绑提供了一种可能的机制,而且它没有假设某个区域有形状和颜色的统一表征。霍斯特认为,认知多元论涉及一种非常特殊的非统一性,即表征的非统一性。大脑中并没有统一的表征,既表征了颜色又表征了形状。相反,不同的特征是在不同的脑区表征的,每一个都使用了适合其主题的表征计划。在某种意义上大脑确实"统一"了不同的表征,但不是通过在另一个脑区建立一种更为综合的表征,而是根据机制通过相位连接起来的,并根据功能将物体划分为不同的形状。

认知多元论也受到了一些挑战。第一,有些能力似乎与局域化不相符。第二,很多脑区都表现出等位性和可塑性。某些脑区通常承担的一些功能在被破坏时,其他部位往往能代替它们执行。例如,苏尔(M. Sur)等人对雪貂大脑的听觉与视觉联结做了大量实验研究。他们发现,雪貂和人一样,听觉信号达到听觉皮层之前就通过了丘脑,只不过人类在出生时就出现了这些联结,而雪豹则是出生之后才发展出这些联结。苏尔等人对初生雪豹的脑神经施加了人为干预。他们发现,如果切断听觉流到丘脑的联结,视觉神经就会联结皮层的视觉和听觉区域,雪豹的听觉皮层会发展出通常在视觉而不是听觉皮层中发现的细胞的"风车"组织,这些构造与视觉

---

① 刘占峰:《解释与心灵的本质——丹尼特心灵哲学研究》,中国社会科学出版社 2011 年版,第 166 页。

② 参见 F. 克里克《惊人的假说》,汪云九等译,湖南科学技术出版社 2007 年版。

皮层中的构造不一样多，也不同样有秩序，但在正常的听觉皮层中却没有发现明显的异常。雪豹大脑的这些部位充当了听觉皮层的作用，并逐渐在功能上变成了第二视觉区域，发展出了一种与通常的视觉皮层相联系的特征结构。苏尔等人的结论是，这些脑区表现了明显的发展可塑性，并且只通过发展和经验就获得了它们的"功能"。[①] 人类婴儿出生时就建立了从眼睛、耳朵到视觉与听觉皮层的联结，因此无法对他们进行干预。但研究发现人类大脑也具有可塑性，当一种感觉模块性丧失时，其他感官的敏感度就会增加，如盲人的听觉和触觉敏感度会增加。最近，研究者利用fMRI等技术已经能对盲人和暂时剥夺视觉输入的被试的神经活动进行研究，研究结果表明，被试在执行触觉和听觉任务时，视觉皮层会"点亮"。[②] 第三，功能性神经解剖学研究表明，认知功能与神经区域之间是多对多的关系，而不是局域化观点所说的一一映射关系。第四，说下棋之类习得的认知技能在大脑有一个"象棋区域"是不合理的，即使下棋能力归功于脑中一些细胞的局部组合，但这种能力也极不可能是天赋的，下棋的发明是晚近的事情，这里并没有遗传变异的过程。第五，人们一度认为，"祖母"之类的概念一定有局域化的神经基础，如以细胞或细胞组合的形式，它们负责这个概念的思想，但事实并非如此。如果这些概念有局域化的神经基础，那么人脑中细胞的死亡也必然会造成一些概念的丧失，但实际上并没有出现这样的事情。这表明，人类概念的神经基础不是简单的联结主义模式，因为后者倾向于认为模型概念有单一的"输出"节点。人类概念的神经基础必然采取的是其他形式，如分散于很多细胞的一种激活模式在个别神经元死亡时会迅速恢复。

---

① Sur, M., Garraghty, P. E., & Roe, A. W., 1988, Experimentally induced visual projections into auditory thalamus and cortex, *Journal of Comparative Neurology*, 242 (4884), 1437-1441.

② Pascual-Leone, Alvaro, Amir Amedi, Felipe Fregni, and Lofti B. Merabet, 2005, The Plastic Human Brain Cortex, *Annual Review of Neuroscience* 28: 377-401.

针对这些责难，霍斯特指出，人脑皮质区域比其他物种都大，但它们难以细分，尤其是较早进化的大脑区域。首先，心灵科学还处于发展阶段，明智的做法是不要从这些观察中仓促得出结论。无法为某种特定功能找到神经相关物，可能只意味着我们还不知道在哪里找或如何找，也可能意味着我们提问题的方式是错误的。例如，如果我们找到像"祖母细胞"这种形式的局域化概念，这也许由于个体概念不同于颜色、形状过程等功能过程。很多联结主义模型都表明，关于概念的表征是分布于网络之中的，但我们可以将包含这一网络的细胞解释成所有脑细胞的一个小子集。人与计算机模型不同，这种网络可能是定位在大脑新皮层的一组细胞中，即使这些细胞在解剖学上不是彼此邻近的，即使它们的划分和功能不是天赋的而是通过知觉和学习的网络训练所获得的一种功能。[1] 霍斯特还将几个不同的局域主义或模块主义论题进行了区别。第一个是非全局论（Nonglobalism），认为某功能 F 是由神经元集合促成的，而这组神经元只是整个大脑的一个小子集。第二个是解剖学的局域化，认为某功能 F 是由一个神经元集合非全局性地促成的，而这个神经元集合是可从解剖学上确认的单元，如布罗德曼区的一个细胞层。第三个是天赋论，认为功能 F 是由一个神经元集合非全局性地促成的，而这些神经元对 F 的操作是天赋决定。非全局论是解剖学局域化和天赋论的一个必要但不充分的条件。习得的事物（如大多数概念和下棋之类习得的技能）不应该是天赋的，也不是在解剖学上局域化的。如果人类概念系统的功能是一种识别机（discrimination engine），它能通过经验获取具体的识别能力，那么大脑就不会先天地储存具体的概念，至少不会先天地储存习得的各种概念。习得功能的有效结构是一种网络结构，其"形状"的驱动因素是学习而不是解剖学。解剖学能确定学习中要用到什么细胞以及学习过程

---

[1] S. Horst, *Beyond Reduction: Philosophy of Mind and Post-Reductionist Philosophy of Science*, Oxford: Oxford Press, 2007, p. 160.

的算法形式，但最终的功能结构则高度依赖于学习历史，而这种历史在不同个体之间是不同的。此外，个体大脑涉及一个过程的细胞的数量和浓度都是不同的，正常人类大脑可能在布罗德曼区的层面上是相似的，但这些区域内神经联结的细胞和拓扑结构却大大不同。因此，所有认知功能都是非全局性的，即使其中一些既非天赋的也非解剖学意义上的局域化的。①

其次，苏尔的雪豹实验等不是反驳非全局论的证据。在霍斯特看来，这些实验不仅没有推翻认知多元论，反而蕴含了认知多元论。有机体对不同的认知任务可能使用了不同的表征系统，系统的"选择"（通过进化或者学习）在很大程度上是由任务的信息条件驱动的，同时有机体的生物学事实也会为其设置条件。也就是说，这些实验发现的不是处于执行认知任务时整个大脑的激活，而是结构与功能之间映射的一种变化。事实上，这些实验最突出的方面是，在执行具体任务时有些意想不到的区域"点亮"了。霍斯特说："实验发现与解剖学上的局域论形式相一致。任何时候所研究的有机体中都有特定的大脑区域执行视觉、听觉和触觉等知觉。这些实验确实表明这些区域存在可塑性……这些可塑性表明功能与结构的映射不是种类不变的（species-constant），甚至在某个有机体中随着时间的推移也不是不变的。但是，它们也与这个论题相一致，即在任何时候都存在真实的功能与结构的映射。"② 总之，这些实验不仅没有危及作为认知多元论基础的认知的劳动分工，反而与之一致，它们仅仅对认知的劳动分工如何达到这个经验问题有影响。如苏尔的皮层可塑性研究表明，并非所有认知劳动分工都是由遗传决定的，它们对发展的条件很敏感，在霍斯特看来，这与认知多元论

---

① S. Horst, *Beyond Reduction*: *Philosophy of Mind and Post-Reductionist Philosophy of Science*, Oxford: Oxford Press, 2007, p. 161.

② S. Horst, *Beyond Reduction*: *Philosophy of Mind and Post-Reductionist Philosophy of Science*, Oxford: Oxford Press, 2007, p. 163.

并不冲突，因为认知多元论不是一个关于天赋论的问题。

第四节 从认知多元论到一元论基础上的实在多元论

认知多元论既包含自然主义因素，又有超越正统自然主义的一面。它认为科学解释有其重要作用，但也有其局限性，因而不能对世界做出完备的解释，霍斯特说："我的说明从认识论上说是'自然主义的'，即它利用科学解释（包括直接的认知科学之外的解释）来解释有关心灵的东西，但这些只是部分解释。我否认这些解释对所有心理现象作出了完备的说明，因此不赞成这样的形而上学结论，即心灵不过是自然科学所研究的那些过程的集合。"① 他还根据自然主义的一般性图式作了进一步解释。根据这个一般性图式，关于领域 D 的自然主义主张 D 的所有特征都应纳入自然科学所理解的自然的构架之内。那么，心理现象能否"纳入自然科学所理解的自然框架之内"呢？认知多元论对此的回答是否定的，其理由有二：一个是直接的理由，即它和其他非还原论一样不承认有关心灵的一切都能用非心理的词语来理解；另一个是间接的理由，即由于它是一种多元论理论，因此对存在"自然科学所理解的自然构架"这种单一的、统一的东西持怀疑态度，他说："如果'这种构架'意味着有一个统一的囊括一切的模型，那么我否认存在这样的东西。"② 他强调，认知多元论是不是一种自然主义，取决于我们如何理解"自然主义"的意义。如果我们认为它表示否定先验的方法论而支持与科学有连续性的方法，那么认知多元论就是一种自然主

---

① S. Horst, *Beyond Reduction: Philosophy of Mind and Post-Reductionist Philosophy of Science*, Oxford: Oxford Press, 2007, p. 201.

② S. Horst, *Beyond Reduction: Philosophy of Mind and Post-Reductionist Philosophy of Science*, Oxford: Oxford Press, 2007, p. 200.

义，而如果我们认为它指的是这种看法，即认为自然事实占据优越地位，其他事实都依赖于它们并从它们中产生，那么认知多元论就是对自然主义的否定，在此意义上，认知多元论就像唯心主义和实用主义一样，是一种典型的非自然主义观点，而他自己就是一个"反自然主义者"[①]。

我们认为，认知多元论基于认知科学的成果特别是关于模块性和认知劳动分工的研究揭示了观察世界的模型的多元性、不可通约性，论证了自然界的非统一性、多样性、异质性，无疑包含有片面的真理颗粒。这种论证从表面上看没有什么力度，因为它依据的是人的认知中的主观机制，因此这样做充其量似乎只是为主张自然的非统一性提供了主观的根据。其实不然，因为霍斯特曾强调，人有多样性的模型一定与外部世界的存在的多样性有关，是由其所引起的。他通过研究看到，认知有劳动分工，不同的分工有不同的目的、任务和完成任务所必需特定的、不能归并的结构、机制和方式。当然，由于认知多元论没有关于构成部分与它们所形成的整体、多样性与唯一性、多元性与一元性、分立性与统一性的辩证认知，因此在否定自然主义的还原主义强调统一性、可还原性的同时，又走向了另一极端，即否定统一性、一元性和可还原性。

由于认知多元论毕竟从特定的方面暴露了自然世界及其观察它的模型的复杂性，提供了能促进认知向纵深发展的宝贵资料，因此我们若能在此基础上做拓展性、掘进性思考，那么我们是能够将我们对自然界特别是心灵的构造、心与身的关系的认识向前推进一步的，例如在此基础上可阐发一种以唯物一元论为基础的实在多元论。

必须承认，人的认知及其模型有多元性，但同样不能否认的是，这种多元性既有其认知根源，又有其客观的实在根源，因此认

[①] S. Horst, *Beyond Reduction: Philosophy of Mind and Post-Reductionist Philosophy of Science*, Oxford: Oxford Press, 2007, p.199.

知的多元论本身就预设了实在的多元论。当然，我们这里所说的"多元"不是本原意义的多元，而是存在性质和方式上多样的不能简单归并、统一的特点。因为有关科学告诉我们，物理实在的形式越来越多，如无线电波和 X 射线，而且物质的纯粹的多样性变得越来越明显。由于有许许多多的能量种类被确认了，如动能、化学能、重力能、电磁能、核能等，因此能量概念被充实到这种多样化之中。因此所有这些实在很难再简单地归类为统一的"自然"。随着人们对各种不同类型的实在的认可，质/能的统一性也开始动摇了。① 世界的异质多样式性还表现在，世界上的存在具有开放性的特点，即当基本的存在样式或构成成分进入一种关系时便有新存在样式发生，它们一般表现为根本不同于作为其构成成分的高阶（higher-order）存在。此对象原本不存在，但当别的对象出现并发生关系时，便有它的出现和存在，例如"形状"和"旋律"。它们指的不是局部规定性的总和，而是一种有新的规定性的复合体。② 它们离不开基础性实在，但在结合中派生出了新的性质。从复合体的结构看，它们里面既有关系，又有基础性的构成，而且这些东西有机结合在一起了。因此如此开放地派生出的高阶的存在样式就成了一类不同于基础层次事物的事物。更重要的是，这新的对象当与其他对象发生关系时还会出现新的高阶对象，如此递进，以至无穷。另外，只要原有的对象中增加了一点东西，或关系、构型发生了一点变化，那么就会有新的存在突现出来。同样，减少、改变也有这样的效果。麦金说："我们在我们周围看到的是，多样性、差异性以及这样的张力感，它存在于关于普通物质实体的根深蒂固的观念之中。我们面临的是不可还原的变化多端性。"③

---

① 参见 C. McGinn, *Basic Structure of Reality*: *Essays in Metaphysics*, 2011, p. 176.

② A. Meinong, "An Essays the Theory of Psychic Analysis", in M. S. Kalsi (ed.), *A. Meinong*, The Hague: Martinus Nijhoff, 1978, p. 86.

③ C. McGinn, *Basic Structure of Reality*: *Essays in Metaphysics*, 2011, p. 177.

发生在特定的本体论和描述层次的过程可以将自身组织成新的现象，并形成新的本体论和描述层次。如发动机的部分没有动力，但一旦组合在一起，正常运转，就会产生动力，从而形成新的层次。新层次的出现既是转换，又是跃迁、质变。由于新突现的层次有跃迁的特点，因此低层次的过程不可能具有高层次过程的属性，高层次因有其独立性而不可能还原为低层次的事件及要素。

自然界不仅有层次上的多样性，而且在每一层次，还有存在形式的多样性。例如许多不同的现象像物理现象一样存在着。心灵只是许多不同自然现象中的一种，它对我们是特殊的，但对其他自然来说，并无内在的特殊地位。另外，完全有可能存在着半心半物的中间现象。总之，自然中存在的一切种类的事物都是自然地形成的现象，都有自己的本体论地位，都是自然科学分支的对象。以意向性为例，它是心灵的独特特征，它是通过低层次的过程而发生的，但又不能等同于或还原于后者，更不能从低层次的要素中分析出来，就像发动机的动力不能从发动机的组成单元中分析出来一样。当然这样说又不妨碍对自然界作统一的理解。

自然主义要向前发展，还必须正视、包容并说明这样一些新发现的事实或对象，如随着库存清单本体论探讨或本体论地理大发现的推进，简单对象之上可出现有自己独立存在地位的复杂对象。复杂对象是由简单实在和别的复合物所构成的东西，如复杂的生物有机体、房子等，在特定意义上价值也可看作一种复杂对象。传统价值论认为，价值是属人的性质，只有从评价主体的立场上看，一性质才能被看作价值，这样一来，价值的有或无，是随主体变化而变化的。但全面地看，存在着不依主体评价为转移的价值，例如某种行为具有绝对不变的善或恶的价值，有些艺术品和自然的美也不会因人而异。价值不是纯应然的东西，不是与事实对立的东西，而就是一种事实，即高阶的事实。而作为高阶事实，它的出现离不开这样一些条件，第一，有实际事物存在，且它们有引起人们作价值评价的能力。第二，价值离不开情感。第三，没有判断，不会有价值评价的实例出现。第四，价值依赖于人们的需要、渴求。可见，价值的出现是由多因素决定的。只要这些因素出现了，美、善、高贵、高尚等价值就能作为存在的样式现实出现。

心与物之间的异质性、不统一性以至它们之间的不可还原性就更明显了，因为心与物之间无疑是基础对象与高相对象的关系。心尽管有对物的依赖性、随附性，因而可根据物来对心作还原分析，但一方面，这种还原分析即使在现有技术条件下能做得很深很细，但不可能找到心得以产生的全部充要条件和构成因素，因此即使出现了让心产生的条件，其上也不一定真的有心出现；另一方面，心是在有关因素、必要条件具足的前提下出现的突现现象，有系统的性质，即有构成要素及其总和包含不了的东西，加之整体一定大于部分之和，因此还原分析或自然主义的自然化对于再现心理现象及其本质是远远不够的。不仅心物之间有不统一性、非还原性，而且心理世界内部的诸存在样式和个例也是如此。[1]

但同样不能否认的是，自然界本身又有其内在的一元性、统一性。从起源和形成过程看，根据宇宙大爆炸理论，复杂多样的世界是从简单的、唯一的世界逐渐演变出来的。[2] 从构成上看，异质多样、千变万化的存在样式是由简单、统一的材料如由质/能构成的。麦金说："物质/能量是宇宙的基本实在，它可能最终是统一的，但它可以广泛地采取不同的形式。这是抽象的形而上学图景，它说的是，一个基础性的统一性（可能已经从我们目前的概念中消失了）与这个统一性的惊人的不同形式结合在一起了。"[3] 自然界的所有一切存在样式都是它的种种形式，如电子、质子、场、神经元、大

---

[1] 《心性多样论：心身问题的一种解答》（《中国社会科学》2015 年第 1 期）一文中有较详细论述可参阅。

[2] C. McGinn, *Basic Structure of Reality: Essays in Metaphysics*, 2011, p. 181.

[3] C. McGinn, *Basic Structure of Reality: Essays in Metaphysics*, 2011, p. 178.

象、星星都是它的形式，不论我们是否把这同一或统一的事物称作"物质"。当然，我们这里强调统一性与前面强调差异性、多样性一样，同样有相对的意义。以心为例，它具有边界模糊而硬核清晰的特点。就整个世界而言，它既具有统一性，因此我们必须坚持世界的一元性，同时又有多样性乃至异质性，因此我们必须承认世界在存在样式和性质构成上的多元性。是故我们应该坚持一元论基础上的多元论。

第 六 章

多元论自然主义

卡胡恩（L. Cahoone）认为，现代哲学中占支配地位的是这样一种观念，即认为实在至多是由物理和心理两类实体或属性构成的，他称之为"两极失调症"（bipolar disorder）。它是唯心主义、二元论以及物理主义、唯物主义等不同派别共同具有的，由于受制于这种观念，已有的形而上学体系都是不合理的，已有的自然主义理论也没有一种能对心灵、意义、文化和神等做出合适的解释。由于自然主义是一种形而上学主张，面对这两个方面的批评，它必须为自己辩护。为了摆脱自然主义的困境，卡胡恩提出了多元论自然主义的构想。简单说，多元论自然主义作为一种系统的一般形而上学，其目标不是要达到某种确定性或者为其他研究奠基，即它"不是终极性的或者说是研究的终结，而是为进一步研究提供一些适当的、可以纠正的概念"。多元论自然主义能容纳物理的东西，但又不是物理主义，它承认还原解释与非还原解释是互补的，哲学研究与诸科学研究是一致的，因此，它"是科学的又是多元主义的"[①]。

第一节 适合形而上学的多元主义语言

卡胡恩认为，多元论自然主义是局域性的，它不要求所有存在

[①] L. Cahoone, *The Orders of Nature*, Albany, NY: State University of New York, 2013, p. 3.

都是自然的或都是自然的一部分,只要求自然是所做、所有和所存在的一切最易获得的因素。在他看来,一切存在或属性是不是自然的,并不能先天地决定,而要经过科学的研究。卡胡恩说,多元论自然主义所理解的形而上学是可错论的(fallibilist)和后验的(aposteriori),它反对形而上学和方法论的总体论(globalism)。因此,它回避一切关于整体或基础的言论,而接受一种彻底的多元主义语言。这就是作为背景的形而上学语言。这样,自然主义就被看成是最有力的理论,能说明在这种多元论中所辨认出来的一切。也就是说,局域论的形而上学使我们可以在多元论内或在多元论的基础上采用一种自然主义观点,进而产生一种多元论自然主义,它能够利用多门科学的成果,同时又化解传统的批评。①

这种多元论语言最初是布赫勒(J. Buchler)提出来的。他提出了一个本体论平等原则(a principle of ontological parity),根据这一原则,我们所能辨别的东西没有一种比其他东西更真实。② 也就是说,他完全抛弃了传统哲学在"真实的东西"(real, true, genuine)与"表象的"(apparent)、"副现象的"或"幻觉的"东西之间所做的区别。虚构人物、我可能会死、虚数 i 和天堂等与我正在敲击的键盘、与窗外的花草树木等一样真实。任何能够辨别的东西,在任何意义上现在、过去或将来存在的任何东西,都是一种"自然的复合物"(natural complex)。复合物可能是物理的对象、事实、过程、事件、共相、经验、制度、数、可能性、人为的东西以及它们的一切关系、属性和功能。这种关于自然复合物的理论是一种自然的复合物。对于布赫勒来说,"自然的"这个修饰词表示不可能存在间断的复合物王国,不存在世间的先验的复合物,而"复合物"一词则表示没有一种东西是单纯的或不能做进一步分析。

---

① L. Cahoone, *The Orders of Nature*, Albany, NY: State University of New York, 2013, p.15.
② 参见 J. Buchler, *metaphysics of natural complexes*, ed. by Kathleen Wallace and Armen Marsoobian, with Robert S. Corrington. Albany, NY: State University of New York Press, 1990.

因此,"什么是真实的"这个问题就被转换成了"某种东西何以是真实的"或者"它在什么关系等级中起作用"的问题①,这样一来我们通常在真实的东西与表象的东西之间所做的区别就不适用了。例如,虚构的卡车同路边的卡车在我看来同样真实,但虚构的卡车是在文学的等级中起作用,而向我驶来的卡车处于包括我的身体在内的物理事实的等级之中。每个复合物都必然与某个其他的复合物相联系,从而处于一个或更多这个复合物起作用的关系或等级的环境之下,因此而具有了一种"整体性"。复合物和等级与其他整体要么是强相关,从而是一种内在的或构成的关系,要么与该等级的幅度或范围弱相关。一个复合物的同一性或"轮廓"是每个复合物的整体与它的全部整体的集合之间的连续关系。② 他还将平等性拓展到了可能性和现实性。布赫勒还对复合物的"占据优势"和"失去优势"进行了说明,指出当一个复合物把其他复合物排除于一个等级之外或者将其他特性从其轮廓或同一性中排除时,它就在该等级中占据优势;只要它允许特性进入它的轮廓,它就失去优势,不再占据优势。

布赫勒反对任何关于"整体"或"世界"的言论,认为不存在"处于各种等级之上的等级"③,因为这种整体无法像通常那样定位,它不与它自身之外的任何东西相联系。事实上,每个东西都有客观的语境,我们不能决定关于语境的非语境事实。④

卡胡恩认为,布赫勒的形而上学是我们所拥有的最多元主义的形而上学。布赫勒提供了一个图式,这个图式由四个参数决定:

---

① J. Randall, *Nature and Historical Experience*, New York: Columbia University Press, 1958, p. 131.

② J. Buchler, *metaphysics of natural complexes*, ed. by Kathleen Wallace and Armen Marsoobian, with Robert S. Corrington. Albany, NY: State University of New York Press, 1990, pp. 22–23.

③ 参见 J. Buchler, "On the Concept of 'the World'", *Appendix III to Buchler*, 1990; "Probing the Idea of Nature", *Appendix IV to Buchler*, 1990.

④ L. Cahoone, *The Orders of Nature*, NY: State University of New York, 2013, p. 24.

（1）多元论，主张存在多种"事物"，每一种都表现出多样性或复杂性，因此任何东西都不是单纯的。（2）顺序性（ordinality）或逻辑的分布性，每个在关系背景下获得的复合物整体，至少与其中的有些是"强相关的"，用通常的哲学语言说，这就是内在于复合体的同一性。（3）连续性，是指所有等级都不是与其他等级完全不连续的，例如，不存在先验的或超自然的等级与世俗的或自然的等级的对立。（4）平等性，不存在复合物能参照进行形而上学排序的无序列或超序列的规范。只要一个可能世界不违背这些参数，它就能通过这种自然复合物形而上学来理解。[1] 卡胡恩认为，布赫勒图式给我们提供了一种多元论背景语言，这是建构新的形而上学所必不可少的，在此基础上，我们就能以他的多元论为基础阐述一种新的自然主义。[2]

第二节　从多元主义语言到多元论自然主义

卡胡恩基于多元主义语言提出一种关于自然复合物的新形而上学。他认为，自然是多元的，包含无限多的实体、结构、过程和属性。卡胡恩说："自然是复数的，有多种实体、属性、结构和过程，这意味着我们没有假设自然是物理的或物质的。自然肯定包含有物理的东西，但我们没有先验地假设物理的实体、属性或过程在自然中是普遍存在的。认为自然原则上等于所有物理的或物质的东西，或者认为自然的事件或属性都是由物理的或物质的东西决定的，这是物理主义者或唯物主义者的看法，而非自然主义者的看法。"[3]

卡胡恩认为，各种实在至少可以划分为五个相互依赖又渐次复

---

[1] L. Cahoone, *The Orders of Nature*, NY: State University of New York, 2013, pp. 24-25.
[2] L. Cahoone, *The Orders of Nature*, Albany, NY: State University of New York, 2013, p. 25.
[3] L. Cahoone, *The Orders of Nature*, Albany, NY: State University of New York, 2013, p. 27.

杂的等级，即物理等级、物质等级、生物等级、心理等级和文化等级。但究竟有什么种类、有多少种类以及哪些种类由哪些构成或决定，要由我们的解释实践来回答，而不能先验地解答。他说，多元论自然主义"并不认为现在、过去或将来存在的一切都是自然的，我们的任务是描述那些自然的复合物。我们不先验地假定自然穷尽了一切复合物，它可能穷尽了，但不假设它一定穷尽了。我们能否辨认出不能被纳入各种自然等级中的复合物，是一个需要探讨的问题"①。

多元论自然主义的基础是多门科学而不只是物理学，因此其研究方法是跨学科的，需要综合运用多种视角和方法，使用多门科学的知识。总之，要成为多元论的自然主义者，至少必须满足三个条件：（1）承认自然是一个具有时间连续性的整体，其成员之间至少存在间接的因果作用，因为自然的成员原则上不是因果孤立的。（2）所说的"自然"至少应包含物理的东西、物质的东西、生物的东西、心理的东西和文化的东西。当然，这并不是所有实体、事件和属性的完整清单。事实上自然主义者不仅应把物理学和物质科学、生物科学的对象当作自然的或者当作自然的一部分，还应把心灵、意向性、意义、交流、社会、艺术作品等看作自然的或者当作自然的一部分。尽管它们被纳入自然的方式不同，但一个人要成为自然主义者就必须把它们包含于其中。（3）自然科学的结论对关于自然的形而上学具有重要意义。当然，这不是要否认有其他的知识来源，或者说对自然科学所说的一切要照单全收，而是说一个人若在形而上学方面不尊重自然科学，他就不会成为一个自然主义者。

因此，多元论自然主义承认各等级的自然复合物在本体论上是平等的。它既认可实体多元论，也认可属性多元论，因此它是一种"热带雨林本体论"（tropical rainforest ontology），而不是奎因式的

---

① L. Cahoone, *The Orders of Nature*, Albany, NY: State University of New York, 2013, pp. 26–27.

"沙漠景观"(desert landscape)。① 另外，多元论自然主义与突现的概念是相一致的。在突现论看来，第一，自然是多元论的，是由很多不同种类的事物和属性组成的。第二，有些事物和属性在本体论上依赖于其他的事物和属性，例如，心理的东西依赖于生物的东西，生物的东西依赖于化学的东西。这意味着承认一种关于自然存在物和过程的分层的观点。而根据科学的解释，我们将看到还原的解释和非还原的解释都是不可避免的，因为有些系统的有些属性不能被解释为线性的产物或者解释为可相对分离的部分的属性的集合。卡胡恩说："还原和突现是程度的问题，因而是相容的。由于对一种本体论的证明就是它的解释的必然性，因此承认多样的、不可还原的科学初看起来就是接受突现性并进而接受本体论的多元论的理由。"②

卡胡恩认为，多元论自然主义能突破两极失调症的困境。两极失调症认为，世界上至多存在物理和心理两类事实，前者直觉上同一于可称重的物质，但在哲学实践中是由物理学的对象体现的，后者直觉上同一于人的意识，在哲学实践中是由表征性的信念、愿望状态体现的。这种观念塑造着当代心灵哲学，因为当代种种心灵哲学研究实质上都是围绕下述问题展开的，即后者是能被还原为前者（此即心理物理还原论），还是我们应坚持物理存在与心理存在的二元论或者坚持唯心论、泛心论，还是我们应坚持非还原的物理主义理论，认为即使一切在某种意义都是物理的，但心理学解释并不依赖于物理学解释。尽管各种理论有很大分歧，外交部一般都认为不存在其他相关的形而上学种类，化学、地球科学和生物学的对象都只是物理的东西的点位符。当代形而上学以及科学哲学、知识理论、心灵哲学和语言哲学的很多概念其实都隐含着这种两极失调症。多元论自然主义虽然也承认有物理的东西和心理的东西，并且

---

① L. Cahoone, *The Orders of Nature*, Albany, NY: State University of New York, 2013, p. 26.
② L. Cahoone, *The Orders of Nature*, Albany, NY: State University of New York, 2013, p. 27.

两者是不同的，心理的东西就像文化的、生物的和化学的东西一样，也间接地依赖于物理的实体、过程和属性，但它认为这并没有证明物理主义是正确的，而只是证明了承认这种依赖关系的自然主义是合理的。如果在基础本体论中将两极失调症中的心物二元关系重置为几类实体、过程和属性之中的两种之间的经验依赖关系，它就更容易处理。①

卡胡恩从三个方面对多元论自然主义进行了论证。首先，从局部来说，没有人怀疑人的存在，也没有人怀疑文化的意义和人的心灵都存在于生物的、物质的和自然之中，或者都是以其为基础的。也就是说，没有人怀疑人的心灵是依赖于神经系统的，交流的意义依赖于语言和文化，生命依赖于化学的新陈代谢，等等。其次，实践中当代自然科学的有效性是不容否认的，这强化并深化了人的生命在自然中的定位。我们能够合理地怀疑的是两个方面：一方面，我们可以怀疑特定的科学主张或理论的可靠性或真理性；另一方面，我们可以怀疑某种得到认可的理论阐释。任何科学主张都可以用不同的本体论假设或用另一种理论语言做出重新描述，最初它可能是不正确的，但如果进入更有效的现象领域，它有可能被看作正确的。人们可能认为关于某种现象的自然科学解释是不充分的，因此会给它增加种种因素，如进化中神的干预、二元论的心灵解释、关于行为的心理物理解释、经验现象学、人类动因的实用主义解释等，但没有人怀疑自然科学对棒球拍与棒球如何相互作用的解释，也不会怀疑活机体对其化学以及人心对人脑的依赖性。但这不意味着这种知识是确定的，而是意味着我们有理由相信它可能是正确的。最后，仅仅是近几十年科学才对宇宙的进化获得了较为全面的认识，而且这也是多科学携手合作的产物。根据这幅进化图，除非自然科学完全错误，否则就应该承认心灵是宇宙发展的结果。这作

---

① L. Cahoone, *The Orders of Nature*, Albany, NY: State University of New York, 2013, p. 28.

为有力的证据完全可以驳倒下述主张,即认为心灵(唯心论)、经验(现象学)、行动(实用主义)以及符号、文化或历史(后结构主义)或者某种先于主客划分的"原初经验"或"共生现象"是实在的基本背景。事实上,心灵、经验、行动、书写或文化都是很久之前就在自然中存在了。①

卡胡恩认为,多元论自然主义的有效性还取决于它能成功地处理正统自然主义遇到的反驳。其中第一个反驳是说自然主义是一种还原论,因此对心灵、自我和意义做出的解释是不恰当。卡胡恩说,这种反驳只适用于还原论的自然主义,如果我们接受突现论的和本体论的多元论自然主义,这种反驳就会失效。不仅如此,而且突现论的、多元论自然主义还能对上述现象做出一种合理的解释。②

正统自然主义遇到的第二个反驳是,自然科学在形而上学的应用表明,自然科学及其方法相对于社会的、文化的和人文主义的研究只是具有很大的优势。多元论则意味着物理方法对于物理的东西可以提供丰富的信息,同样,物质的方法对于物质的东西、生物学方法对于生物的东西、心理学方法对于心理的东西、文化的方法对于文化的东西都可以提供丰富的信息。因此,任何优势或者说认知的优越性都只是局域性的,都是相对于某种题材而言的,而且还都是可错的和试探性的。卡胡恩说:"鉴于多元论的自然观,所有这些方法都是'自然的'方法,它们都是考察自然的等级。每个等级都是一个领域,其最好的研究方法是一个因情况而定的问题。我关注所称的'自然'科学——与关于'人的'科学相对——是由于这一事实,即前者更具普适性,后者涉及一个生物学种类及其产物。"③

---

① L. Cahoone, *The Orders of Nature*, Albany, NY: State University of New York, 2013, pp. 29–30.
② L. Cahoone, *The Orders of Nature*, Albany, NY: State University of New York, 2013, p. 31.
③ L. Cahoone, *The Orders of Nature*, Albany, NY: State University of New York, 2013, p. 31.

第三个反驳是，自然主义原则上无法说明规范性，不能证明规范伦理学。也就是说，自然主义只能说明自然中发生的东西，说明什么是自然的事实和过程，但不能证明规范性判断。因为，我们不能在自然中找到价值。卡胡恩认为，这种看法是错误的，生物自然中当然有价值、目的和规范，因为有机体能对某些目的做出评价，而且自然所做的一些选择就是那种进行评价的习性。因此，至少只要生物学所使用的功能解释和目的论解释不能还原为物理解释，自然中就能得到价值。①

第四个反驳是认为自然主义太狭隘了，因为它否认了超自然的东西，因此取消了神圣的东西。卡胡恩说："多元论的和局域的自然主义避开了这种反驳。它原则上可以接受得到自然主义理解的神性，认为神性与自然的其他等级是连续的，并与之有因果作用。"②但有人对多元论自然主义提出了疑问，认为由于对世界上的实在持过于开放态度，把一切都看成是自然的，这也包括超自然的东西，因而是反自然主义的。卡胡恩认为，他的形而上学是局域性的和可错论的，因此并不是反自然主义。在他看来，说一切都是自然的是有限度的，他主张的是可了解的复合物可以被纳入这样理解的自然之中。由于他坚持的是局域主义的形而上学实践，因此对于多元论的形而上学语言来说，主张重视多种科学的自然主义至少局部正确的方法是很清楚的。③

---

① L. Cahoone, *The Orders of Nature*, Albany, NY: State University of New York, 2013, p. 32.
② L. Cahoone, *The Orders of Nature*, Albany, NY: State University of New York, 2013, p. 32.
③ L. Cahoone, *The Orders of Nature*, Albany, NY: State University of New York, 2013, p. 33.

第七章

生物学自然主义

　　当代自然主义的一个核心任务，是通过心灵的自然化而将之纳入自然秩序之中。但不同哲学家自然化心灵所使用的理论背景、工具和方法是不同的，塞尔生物学自然主义是通过批判物理主义的强硬立场来弱化科学自然主义主张的。塞尔解决心灵哲学问题的基本理论背景是外部实在论。所谓外部实在论，就是主张实在世界完全独立于我们的心灵而存在的学说。塞尔认为这一主张无法证明，任何对它的辩护都必须以它为前提，因为外部实在论主张时空中存在物质对象，但时空中的物质对象是关于世界如何存在的事实，这要以外部实在论为预设前提，因此外部实在论是关于事物的一种存在方式，是一种背景性预设。在塞尔看来，心灵和意识现象是实在世界本身发展而产生的一种自然现象。自然科学最根本的原则是原子物理学和生物进化论，心灵和意识都是物质世界的一部分，它们是由物质微粒所构成的世界长期进化的产物，是生物进化的产物，而不是什么神秘现象，因此心灵问题应该用生物学的方法和成果来处理。但心灵不能还原为物质，意识具有主观的、内在的、质的特征，它既不能还原为第三人称的东西，也不能被取消。尽管意识不可还原，但塞尔既反对二元论又反对唯物论，因为从微观层面上说，处于较低层次的神经生物学过程和化学过程可以用来解释意识现象，意识是在这些过程基础之上的更高层次的特征，一旦产生出来就不能被还原。在塞尔看来，心灵哲学中长期存在的唯物主义与二元论之争的根源，就在于两者都建立在一系列错误的假设之上，而造成这种状况的深层原因在于我们定义事物的方式，因此要想彻底解决心灵哲学的问题，必须抛弃这些定义。他将自己的学说称作"生物学自然主义"（biological naturalism）。[①] 说它是生物学的，是因为意识必须由生物学方法来说明，意识是"大脑的更高层次的特征，正如消化是胃的更高的特征一样"[②]；说它是自然主义，是由于意识并不是神秘现象，而只是实在世界的一部分。

第一节　唯物主义和二元论意识观的预设及其问题

塞尔指出，要说明意识是一种生物现象，必须首先分析唯物主义和二元论的意识观。他说："回应唯物主义的方法就是指出它忽略了意识的实际存在，战胜二元论的方法就是直接拒绝接受那些把意识说成是非生物学的东西。"有些人持唯物论观点，是由于认为唯物论是科学唯一能接受的观点，除此之外其他理论都是反科学主义的。换言之，如果不接受科学自然主义，就必须选择以笛卡尔主义为代表的反科学路径。总体看来，唯物主义有七个方面的预设：（1）对心灵进行科学研究时，意识及其特殊特征的重要性是微不足道的。（2）科学是客观的，这是因为实在自身是客观的。（3）由于实在是客观的，因此研究心灵的最好方法是采取客观的或第三人称的观点。（4）从第三人称的客观观点看，观察行为是解决"他心问题"的唯一方法。（5）行为及其因果关系在某种程度上是心灵的本质。（6）宇宙中的每个事实都是人类研究者可

[①] ［美］约翰·塞尔：《心灵、语言和社会》，李步楼译，上海译文出版社2006年版，第54页。
[②] ［美］约翰·塞尔：《心灵、语言和社会》，李步楼译，上海译文出版社2006年版，第51页。

以理解的。(7) 存在的一切都是物的，"物的"与"心的"相对立，这就意味着二元论与一元论相对立，而前者是错误的观点，后者才正确。① 这些观点之所以捆绑在一起，是由于 (2) 即实在是客观的，最终产生了 (7)，而 (2) 和 (7) 的客观本体论又导致了 (3) 和 (4) 的客观方法论，从而就产生了 (5)，同时又发展成 (4)。

在塞尔看来，上述观点都是错误的，究其原因主要是四个方面②。第一，我们害怕陷入笛卡尔二元论。笛卡尔假设世界上有两类实体或属性，即物质实体（属性）和心灵实体（属性），它们一直威胁着我们，为了与之彻底地划清界限，我们别无选择，只能选择科学自然主义。第二，我们从笛卡尔传统那里接受了一些词语以及与之配套的范畴，我们都在不知不觉地用这些概念框架思考问题。例如，心与物的划分以及"二元论"和"一元论"等范畴，它们给我们描述实在世界的一种存在造成了非常大的困难，因为它们并不是充分的。因此，如果我们想解决心灵问题，就必须放弃使用这些概念。塞尔说："唯物论在否定实体二元论者宣称世界上有两种实体或属性二元论者宣称世界上有两种属性的同时，无意中接受了二元论的范畴和词汇表。它接受了笛卡尔的讨论术语。总之，它接受了心智的与物理的、物质的与非物质的、心与身的词汇表就其所指完全是适当的……正是这套词汇以及伴随的范畴，是我们最深层的哲学困难的来源。"③ 第三，当代哲学、科学以及理性生活中存在着持续的客观化趋势。自17世纪科学取得重大进展以来，人们逐渐接受了实在是客观的这一形而上学，认为如果某种东西为真，就一定能用观察的方法观测到。因此，当我们研究心灵问题

---

① 参见［美］约翰·塞尔《心灵的再发现》，王巍译，中国人民大学出版社2008年版，第12—13页。
② 参见［美］约翰·塞尔《心灵的再发现》，王巍译，中国人民大学出版社2008年版，第14—18页。
③ ［美］约翰·塞尔：《心灵的再发现》，王巍译，中国人民大学出版社2008年版，第49页。

时,自然也会运用这一方法。第四,我们受到了奥斯汀所说的"沉迷高深理论的习性"的影响,即认为心灵理论要取得突破,只能寄希望于成熟的认知科学,因为低级的、肤浅的东西不足解释心灵,正如伟大的真理都来自成熟的物理科学一样,因此有些不合情理的、反直觉的理论也有成真的可能。

与丹尼特、麦金等心灵哲学家一样,塞尔也认为,现代以来的心灵哲学陷入了某种模式,而且这种模式一再重复。他说:"20世纪哲学唯物论的历史展现出一种古怪的模式,在这一模式中,一再出现下面的张力:一方面唯物论力求对精神现象做出解释,这种解释不涉及任何内在的或者不可还原的心智东西;另一方面又有普遍的认识要求,每位研究者都面临这种要求,即不说任何明显是错误的东西。"① 他认为,如果我们把过去几十年的心灵哲学看作一个人的话,那么这个人一定得了强迫性神经症,迫使他一再重复同样的行为,而要治愈神经症不能通过正面的攻击,而要找出导致行为背后的无意识假定,否则这个人无法从根本上克服他的行为。经过考察,塞尔认为陷入这种行为模式的原因在于我们被一套范畴束缚了,我们成了这套范畴的囚徒。他说,唯物主义者和二元论者都预设了概念二元论,而这种观念至少有三重错误:第一,心物二分的对立是虚假的,如我们在思考收支平衡问题以及不合语法的句子,就无法对它们进行归类。第二,笛卡尔将"物理的"定义为有广延的东西,但这一定义始终处于发展之中。第三,本体论的核心问题是世界上存在什么种类的东西,而不是"为了让我们的经验陈述为真,在世界上的位置必须是什么",这是一个深层次的错误。②

---

① [美]约翰·塞尔:《心灵的再发现》,王巍译,中国人民大学出版社2008年版,第31—32页。
② 参见[美]约翰·塞尔《心灵的再发现》,王巍译,中国人民大学出版社2008年版,第24页。

第二节 意识的本质特征及其在自然中的位置

塞尔认为，心灵的首要的和最根本的特征是意识，研究心灵就是研究意识。① 并不是所有的实在都是客观的，意识就是主观的东西。因此传统对心的观念的使用从一开始就是错误的，因为这种使用本质上是客观的、第三人称的。在塞尔看来，意识是以多种形式出现的，但在所有形式中，意识的本质特征是其内在的、质的和主观的性质。具体来说，首先，意识是内在的。一方面，这是因为它只能在大脑中进行，正如水的液体状态不能脱离水而独立存在，它必然发生在某个系统内部。另一方面，这是因为任何意识状态都只是作为一系统状态的一个要素而存在，例如我关于曾经参加某项运动项目获奖的思想，是由于它处在由其他一系列思想构成的复杂网络中才具有这种思想。其次，意识是质的性质。每种意识状态都有其特有的感知方式，有其特有的质的特性，用托马斯·内格尔的话说，都有成为那种意识状态所具有的"样子"。最后，意识具有主观性，意识状态具有第一人称本体论的性质，如疼痛只有在作为一个主体的经验时才存在。

塞尔认为，主观性是意识最重要的特征，但它也对意识的科学解释制造了很大障碍。不过，通常对此的论证是有问题的。一般的论证都采用这样的三段论推理：科学按照定义是客观的，而意识按照定义是主观的，因此，不可能有意识科学。② 塞尔认为，这个论证的错误在于混淆了"主观的"和"客观的"这些语词不同层面

---

① ［美］约翰·塞尔：《心灵的再发现》，王巍译，中国人民大学出版社2008年版，第191页。

② ［美］约翰·塞尔：《心灵、语言和社会》，李步楼译，上海译文出版社2006年版，第44页。

的含义。事实上，这些语词既有认识论的含义，也有本体论的含义，如果将这两个层面的含义混为一谈，正确的推理也会得出错误的结论。一般认为，如果某个陈述的真假不依赖于人的心灵，它就是客观的，反之它就是主观的。这是"客观的"和"主观的"在认识论上的区分。但它们也有本体论的区别。例如，大脑有客观的存在方式，它们的存在方式与是否被主体经验到无关，而意识有主观的存在方式，它们只是由于主体的体验才存在。上述三段论推进的错误就在于，它从意识具有本体论的主观存在方式推出了意识不能在认识论上由客观的科学来研究，实际上从本体论的前提是推不出这个认识论的结论的。例如，从本体论上说，"我现在手很疼"是主观的，但"陈丽现在手很疼"这个陈述则是一个简单的客观事实，而不是一个认识上的主观观点。因此，有关意识具有一种主观的存在方式的事实，并不妨碍我们具有客观的意识科学。[①]

在心灵哲学中，科学还原论有不同的种类，如本体论还原、属性本体论还原、理论还原、逻辑还原、因果还原，等等。塞尔认为，他的生物学自然主义是因果还原的一种形式。在科学史上，成功的因果还原往往导致本体论还原，当我们成功地进行了因果还原后，只需要重新定义还原现象的表达式，该现象就相当于它们的原因。例如，当我们把色彩因果地还原为光的反射后，人们就可以用光的反射来重新定义颜色，这自然会导致本体论还原。意识是一种生物学现象，但它不是普通的生物学现象。我们在解释普通的生物学现象（如消化）时，只要详细地描述酶、肾素和碳水化合物的分解等情况时就可以了，但对意识这样做是不够的。当我们通过丘脑以及各种神经活动说明意识的因果性基础之后，仍然没有对其主观性因素做出解释。因此，根据科学还原的标准模型，意识的主观性是不能还原为第三人称现象的。

[①] 参见［美］约翰·塞尔《心灵、语言和社会》，李步楼译，上海译文出版社2006年版，第44—45页。

塞尔还将排除性还原与非排除性还原进行了区别。① 前者是指某种东西实际上是一种假象，因此应该将此现象排除，如太阳东升西落实际上是不存在的假象。后者是指对于某种特征（如固体性），我们可以通过分子振荡来做出充分的因果解释，只要分子以这种方式运动，物体就不会为其他的东西所穿透。由于固体性可以通过分子运动进行解释，因此我们就可以将固体性还原为分子运动，这种因果还原就是非排除性还原。但是，我们对意识既不能进行排除性还原，也不能进行非排除性还原。不能进行排除性还原，是因为排除性还原应指出还原的对象只是一种假象，而对意识而言，"假象"就是存在本身。对意识进行非排除性还原，就是要将意识还原为大脑过程，但这种还原并不能解决意识的主观性即第一人称特性问题。

如果意识不可还原，我们就会陷入副现象论的泥潭。因为通常认为大脑是心理状态的原因，反过来则不成立，这样一来意识就成了一种无用的附属物。塞尔当然不承认意识是一种副现象，但解决这种困境就要协调意识的因果性与物理世界的因果封闭性、因果排除性等基本原则的关系。他认为突破口就是要考察副现象论所预设的因果性概念。一般来说，最原始的因果概念是指一物体对另一物体施加压力。随着我们对世界运作情况更深入的了解，因果关系概念也得到了扩展，即因果性不仅是推拉关系，而且还是一事物导致另一事物产生的关系。塞尔认为，从经验主义的观点看，心物之间是有因果关系的，只有当我们思考事物何以可能发生以及我们所经验到的因果关系如何与科学世界观相一致时，才会怀疑心物的因果关系，而这事实上是二元论与最原始的因果概念相结合的产物，也就是说我们把因果关系仅仅看成了推拉关系。假如我们抛弃这些预设，从一开始就从经验出发设定心物之间有因果关系，我们就会接受心物因果相关的事实。他说："在我们的生活中我们的确大量地

---

① 参见［美］约翰·塞尔《心灵、语言和社会》，李步楼译，上海译文出版社 2006 年版，第 56 页。

知觉到了必然联系","这些体验的确将那处在我们自己经验与实在世界之间的因果联系给予了我们"。① 塞尔认为,重新绘制概念方位图是哲学与科学理解发展的特色。例如,早期反对牛顿力学的人认为重力作为原因蕴含着一种超距作用,于是他们假定引力是把各种天体连接起来的线,而现在我们有了更为丰富的因果概念,就不再认为牛顿的重力观是错误的。另外,为了解释两个星球之间的因果作用,我们也不再假定它们之间是互相推拉的关系。当然,只从经验主义来反驳副现象论是不够的,塞尔还提供了充足的理由。首先,要抛弃把一切因果关系都看成推拉关系的狭隘因果关系概念。其次,要考察在各个物理系统中因果性是如何发挥作用的。如对于我移动胳膊就有两类因果说明:一是诉诸"我想移动胳膊"的心理活动来解释"我移动胳膊"的生理事实;二是通过我的神经活动以及肌肉纤维等来解释这个生理事实。从表面上看,用心理活动来解释生理事实有悖于科学主义的因果观,但塞尔不这样认为。他指出,对于汽车发动机的因果关系有两个完全不同的描述层次。在低层次上,我们解释活塞运动,可以诉诸电极的传导、氧化作用以及新化合物的形成等。而在高层次上,我们可以诉诸活塞、汽缸的作用以及它如何点火等。而这两个描述层次不存在矛盾,因此把高层次的描述看成是副现象的即因果无效的则是荒唐的。当然,塞尔并不认为副现象论在逻辑上是不可能的,逻辑上的确存在着副现象论的可能性,但从经验上看副现象论是不可能的。他说:"我并没有证明副现象论在逻辑上是荒谬的。我相信副现象论是错误的,但这里所说的错误的形式是经验性的错误,而不是逻辑的荒谬性。"②

既然意识是主观的和不可还原的,那么我们如何能对它作出科

---

① [美]约翰·塞尔:《心灵导论》,徐英瑾译,上海人民出版社 2008 年版,第 180、181 页。

② [美]约翰·塞尔:《心灵、语言和社会》,李步楼译,上海译文出版社 2006 年版,第 63 页。

学的说明呢？塞尔认为，物质原子论和生物进化论是科学世界观的基础理论，它们在很大程度上构成了我们的世界观。因此，要将意识纳入这个世界观，就要说明意识与这两种理论的关系。根据物质原子论，宇宙是由细小微粒构成的，小微粒构成大系统，大系统的许多特征都可通过小系统从因果上作出解释。这就意味着，对于同一现象我们可以从不同的层次来说明，如从宏观到微观或者从微观到宏观等。同样，根据生物进化论，有机体是由细胞这样的子系统构成的，人和其他有机体都是生物种类的一部分，因此肯定是复杂的神经系统产生了意识，即大脑这个由神经系统构成的大集合产生了意识。塞尔说："意识是人类和某些动物的大脑的生物特征。它由神经生物过程所产生，就像光合作用、消化或细胞核分裂等生物特征一样，都是自然生物秩序的一部分。"①

第三节 意向性是一种生物学现象

意识和意向性是心灵的基本特征，但在两者的关系上不同的哲学家看法不同。塞尔对此的基本观点是，意识更为根本，它是意向性的基础和核心，即使是无意识的意向性也是如此。他说："无意识本体论存在于大脑能够引起主观的、有意识的思想这一客观特征之中"，"无意识意向状态的概念是一个可能的、有意识的思想或经验的状态的概念"。②

塞尔指出，意向性是"表示心灵能够以各种形式指向、关于、涉及世界上的物体和事态的一般性名称"③。他反对流行的自然化理

---

① ［美］约翰·塞尔：《心灵的再发现》，王巍译，中国人民大学出版社2008年版，第78页。
② ［美］约翰·塞尔：《心灵的再发现》，王巍译，中国人民大学出版社2008年版，第133—134页。
③ ［美］约翰·塞尔：《心灵、语言和社会》，李步楼译，上海译文出版社2006年版，第81页。

论，认为意向性与意识一样，也是一种自然现象，不需要用自然科学术语对它加以说明或将其还原为非意向术语。他认为，解决意向性问题的第一步，也是抛弃传统的背景预设，而要找出传统哲学有关意向性的预设，就必须将内在的意向性、派生的意向性与"好像的"意向性区别开。看下述三个句子：（1）我此刻非常饿。（2）在法文中，"J'ai grand faim en ce moment"的意思是我此刻非常饿。（3）我园中的植物饿得需要养料。① 这三个句子都涉及饥饿的意向性，但其归属完全不同。第一个是把内在的意向性归属于我，只要我具有那种状态，不管其他人如何看待，这都是事实。第二个语句也归属了一种意向性，但归属的不是内在的意向性，而是一种派生的意向性，它来自说法语的人的内在意向性，语言的意义只有派生的意向性。第三个句子是归属了一种植物并没有的意向性，其实这里并没有真正的意向性归属，而只是归属了一种"好像的"意向性。"好像的"意向性是一种比喻，是说某种实体具有"好像的"意向性只不过是一种表达方式。因此，事实上只有内在的意向性与派生的意向性这两类意向性，前者依赖于观察者，而后者不依赖于观察者。

塞尔认为，生物学上最原始的意向性形式是肉体欲望形式的意向性，如渴和饿等。对于渴这种意向性的产生，他说："机体系统中由于缺少水分便引起肾脏分泌凝乳酶，凝乳酶作用于被称为'血管紧张肽'的循环肽，产生'血管紧张肽2'，这种物质进入大脑，作用于下丘脑，使该区域神经元放电频率增加，这就引起动物产生一种有意识的想喝水的欲望。"② 这是自然运作的实际情况。而这些有意识的意向性现象具有进化上的好处。例如，动物有意识地感到

---

① [美] 约翰·塞尔：《心灵、语言和社会》，李步楼译，上海译文出版社2006年版，第91页。
② [美] 约翰·塞尔：《心灵的再发现》，王巍译，中国人民大学出版社2008年版，第93页。

口渴会促使动物饮水从而保证其生存。在塞尔看来，他对各种意向性所提供的生物学，是解释意向性的新路径。

对于信息论、目的论以及因果论的意向性解释，塞尔认为它们都是还原论方案，也都是站不住脚的，其错误根源就在于它们把派生的意向性和"好像的"意向性当成了范式，并试图用它们来解释内在的意向性。他说："将意向性自然化的迫切要求，以及认为自然化的惟一形式就是某种还原的感觉是一种双重的错误。第一个错误是对能够指涉的事实是多么稀少感到惊奇，但在这之后还有一个更深的错误，即对怎么可能会指涉什么东西感到惊奇。第二个错误暗示的是没有什么东西可以内在地指涉。"[①] 但实际上，回答第二个错误必然要用到内在意向性的某些特别的特征。他说，认为有意识的视觉经验类似于石头、树木或消化等现象是荒谬的，因为有意识的视觉经验是一个自然过程，但它们具有内在意向性，石头、树木等充其量只有"好像的"意向性，而内在意向性与"好像的"意向性有本质的区别。在他看来，坚持意向性的还原论方案的人忽视这一点的原因有两个方面：一方面，他们没有将内在的意向性、派生的意向性与"好像的"意向性相区别开来。如果把派生的意向性或"好像的"意向性作为范式就会犯"小人谬误"，即认为某个地方存在一个小人，他将意向性归属给了各种现象，而这个小人的意向性则仍需要解释。另一方面，他们忽视了意识的中心地位。如果看不到意向性与意识之间的本质联系，就会认为世界上有多种意向性，并试图通过因果关系之类的东西来对它进行分析。

要探究意向性的本质，就要解释意向性产生的内在基础和条件，为此塞尔提出了"背景假说"。所谓"背景"，就是指能够使表征得以发生的一个由非表征性心理能力构成的集合。塞尔说："诸如意义、理解、解释、信念、欲望等的意向现象，只在一系列

---

① [美] 约翰·塞尔：《心灵、语言和社会》，李步楼译，上海译文出版社 2006 年版，第 91 页。

本身不是意向的背景能力中起作用","所有的表象,无论是在语言、思想或经验中,只能在给定一系列非表象能力时才成功地表象"。① 在他看来,"所有的意识意向性——所有的思想、感知、理解等——只是相对于一系列不是也不能是意识状态一部分的能力,决定了满足条件。实际的内容本身是不足以决定满足条件的"②。因此,背景或背景能力决定着意向性的指向能力。

那么,什么是背景能力?我们可以通过一个例子来理解。假如为了使我现在能够形成走向冰箱并拿出一瓶冰啤酒的意向,背后就要有与这一意向有关的生物学资源和文化资源,如果没有这些资源我就不可能形成站起来、走向冰箱、拿杯子、开冰箱、打开瓶子、倾倒和饮用等意向。激活这些能力一般会涉及表达和表征,如要打开门就必须看到门,但识别门和打开门的能力本身并不是表征。这些非表征能力构成了背景。因此,背景的地图至少包括"深层背景"(deep Background)与"局部背景"(local Background)或"局部文化实践"。③ 前者包括因生物构成而具有的背景能力,如行走、吃、理解、觉察、识别能力以及考虑到事物的固体性质的前意向立场,后者包括如开门、喝啤酒这样的前意向立场。

背景事实上构成了一个网络,也就是说,一个意向状态要起作用,不仅离不开由有意识的心理状态所构成的网络,还包括无意识的心理状态所构成的网络。例如,当我有意识地认为"拜登是总统"时,必须有一个网络存在,如我相信有一个叫拜登的人,他在某国做总统,等等,而且我可能是无意识地拥有这些信念。这些网络也是背景能力的一部分。塞尔说:"无意识意向性网络是背景的

---

① [美] 约翰·塞尔:《心灵的再发现》,王巍译,中国人民大学出版社2008年版,第146页。
② [美] 约翰·塞尔:《心灵的再发现》,王巍译,中国人民大学出版社2008年版,第157页。
③ 参见 [美] 约翰·塞尔《心灵的再发现》,王巍译,中国人民大学出版社2008年版,第157页。

部分。无意识的网络的这些部分的发生本体论是神经生理能力,但背景完全存在于这些能力中。"① 因此,"意向状态需要非意向背景"这一最初的定义应该说成"要拥有意识思想,一个人必须具有生成很多其他意识思想的能力。而这些意识思想为了应用,全部需要进一步的能力"。② 在塞尔看来,意识性的内在基础根植于人的神经生理能力中。根据他的生物学自然主义,意向性与意识一样是由神经生理系统构成的突现特征。他说:"这些意识状态只不过是大脑的更高层次的特征,是突现的特征,就像固态是 H_2O 分子在点阵结构(冰)时的更高层次的突现属性;液态同样是 H_2O 分子大致说来彼此滚动时(水)的更高层次的突现性质。"③

塞尔的生物学自然主义,从形式上看似乎应归入科学自然主义的纲领之下,因为它以生物进化论为基础,并认为要建立关于心灵的正确哲学理论,首先必须找到有关意识的正确科学理论。塞尔说:"一旦你明白原子论和进化论是当代科学世界观的核心,那么意识自然就是具有高度发达神经系统的有机体进化表型特征。"④ 但塞尔反对由科学来确定本体论,他说:"科学并没有为一个特殊的本体论领域命名,它所命名的就是那种旨在将任何允许被加以系统研究的东西查得水落石出的方法序列","压根儿就没有什么科学的世界。确切地说,只有这样一个世界,我们尝试去描述其动作方式"。⑤ 我们认为,生物学自然主义属于一种弱方法论自然主义和非

---

① [美]约翰·塞尔:《心灵的再发现》,王巍译,中国人民大学出版社 2008 年版,第 156 页。
② [美]约翰·塞尔:《心灵的再发现》,王巍译,中国人民大学出版社 2008 年版,第 157 页。
③ [美]约翰·塞尔:《心灵的再发现》,王巍译,中国人民大学出版社 2008 年版,第 16 页。
④ [美]约翰·塞尔:《心灵的再发现》,王巍译,中国人民大学出版社 2008 年版,第 78 页。
⑤ 参见[美]约翰·塞尔《心灵导论》,徐英瑾译,上海人民出版社 2008 年版,第 264—265 页。

还原的自然主义，本质上是一种多元论自然主义，这是其与强硬的科学自然主义的根本区别。

塞尔对心灵哲学的审视是值得我们重视的。他指出，当代心灵哲学之所以在一个固定的模式中摇摆，根源就在于流行的理论都以心物二分的范畴为前提，尽管心物二分对近代科学发展具有重要作用，但用它来理解心灵明显是过时的。正是因为唯物主义和二元论都接受了这个前提，所以才会陷入摇摆的困局。塞尔说："传统的二元论和唯物论都预设了所谓的'概念二元论'……最好把唯物论当作某种形式的二元论，即始于接受笛卡尔范畴的二元论……唯物论在某种意义上是二元论的最美的花朵。"① 要走出困局，就必须抛弃这一传统，进行概念革命。

当然，虽然塞尔的生物学自然主义吸取了自然科学理论尤其是物质原子论和生物进化理论，但其基础更多的是建立在预设和常识之上，如把外部实在论作为心灵哲学的基石，而外部实在论只是一个预设。另外，塞尔对意识因果作用的解释也是以常识为基础的，这也经不起推敲。

我们认为，塞尔的生物学自然主义是正统自然主义与二元论论战过程中出现的一个折中方案，它有倒向二元论的趋势，因为塞尔的心灵自然化方案背后就隐藏着二元论的倾向。他认为："我们彼此独立地知道二元论与唯物主义各自想说的东西都是真的。唯物主义试图说世界线圈是由力场中的物理微粒构成的，二元论则试图说世界中存在着一些不可还原的、不可消灭的心灵特征，特别是意识与意向性。但如果这两个观点都是对的话，那么就必定存在着一种能够融贯地将它们表达出来的方式。"②

---

① [美]约翰·塞尔：《心灵的再发现》，王巍译，中国人民大学出版社2008年版，第25页。
② [美]约翰·塞尔：《心灵导论》，徐英瑾译，上海人民出版社2008年版，第93页。

第 八 章

先验自然主义

在当代心灵哲学研究的"大合唱"中,尽管多数哲学家都承认意识是"最后的未解之谜",破解这个谜题的任务非常艰巨,但大多都对研究前景持乐观态度,矢志要"唱响"心灵哲学"好声音",然而却也有哲学家在"唱衰"心灵哲学,他们不断"泼冷水",试图将人们从心灵研究一片向荣的"幻梦景象"中摇醒。这些人中突出的代表就是著名哲学家柯林·麦金(Colin McGinn)。在麦金看来,心灵哲学研究陷入了"DIME"怪圈模式,是由于将本体论问题与认识论问题混为一谈了,要摆脱困境,就要对心身问题采取先验自然主义(transcendental naturalism)的立场,即坚持意识在本体论上并不神秘,心身关系是一种自然关系,但从认识论上看,将这种关系超越了人的认识能力,人们难以形成用于解决它的概念图式。因此,要走出心灵哲学的困境,就要变革我们认识物质和意识的概念图式。

对麦金的"先验自然主义"立场,我们可以做如下说明:第一,心身关系问题是心灵哲学的核心问题。心身关系包括两方面,即具身性问题和意向性问题,两者密不可分,但意向性问题依赖于具身性问题的解决。因此,要解决心身关系问题就必须先解决具身性问题。第二,心身关系之谜根源在于认知封闭性。过去主要有两类解答心身关系问题的方案:一类是构成性解答即传统的自然主义方案,即认为意识的产生是由于大脑或者身体的某种自然属性；另一类是二元论，即认为超自然的实在或力量如上帝可以解释意识的产生、存在和作用。但这两种方案都存在着无法克服的问题，无法正确地意识解释，因此，合适的方案应是既坚持非构成性解释又不能违背自然主义立场。他认为，意识是从特定的物质组织中自然产生的一种自然现象，我们可以将这种被大脑例示的自然属性称为 P，它负责意识的产生，但 P 并不是神秘的而是自然秩序的一部分。因此自然主义显然是正确的，但受我们的认知构造所限，我们都无法认识 P，也无法形成关于 P 的概念。第三，认知封闭性的原因在于人脑特有的组合范式。人类有一种特殊的认知结构或思维方式，即"带有似规律映射的组合原子论"（combinatorial atomism with lawlike mappings，简称 CALM）或"组合范式"。根据 CALM，一切复杂事物都是依据特定的规律由基本元素构成的，因此，你只要知道某事物的组合规律、组成成分及它们如何随时间而发生变化，你就会理解该事物。这种思维模式或认知结构实质上是一种几何学或空间化的思维方式。然而，尽管大脑活动产生了意识，但意识的"原子"并不是神经元，神经元及其活动的组合不形成意识，意识状态也不是空间性的实体，因此 CALM 这种空间性思维模式无法解释意识现象。第四，破解心身关系之谜的出路是进行彻底的概念变革。由于意识的神秘性根源在于我们的思维方式，换言之，认知封闭性是由于我们的大脑概念无法涵盖大脑的全部本质，因此要解决心身问题，就要发动一场"彻底的概念革命"，变革我们的思维方式和概念图式，重构新的心灵概念和物理概念。而由于人的认知结构中所隐藏的空间概念图式不能反映空间的实质，那么概念革命首先要变革空间概念，而这需要重新审视大爆炸宇宙论。

第一节 心灵哲学的"怪圈模式"与先验自然主义

总体来看,尽管当代心灵哲学发展空前繁荣,但整体并无实质性突破,如果考虑到在心身关系问题研究所遇到的困境,甚至可以说心灵哲学当前陷入了"危机"。各种心身关系学说虽层出不穷,但似乎都逃不出麦金所说的"DIME 模型"[①] 怪圈模式,即它们都在还原论、非还原论、取消主义和神秘主义这四种学说中绕圈子。那么,心身关系问题为何如此难解?究竟是什么原因造成了当前的研究困境?我们能否摆脱"DIME"这一怪圈模式的控制?麦金在批判反思传统自然主义的基础上创造性地提出了"先验自然主义"(transcendental naturalism,简称 TN),并把它作为一道"普照的光",用来审视当代心灵哲学的困境之源和心身关系问题的难解之谜。

一 "DIME"怪圈模式与心灵哲学的困境

在麦金看来,心身关系研究的成果尽管呈现出欣欣向荣的景象,但由于受传统自然主义的影响,也陷入了一个固定模式,他称为"DIME 模型",其中 D、I、M、E 分别代表典型的哲学立场:D 立场实际上是还原的物理主义立场。根据这种立场,可以对心灵采取还原论的策略,它们要么将心理现象、状态或事件还原为行为或行为倾向,要么还原为大脑神经生理状态或功能状态,换言之,它们都是用自然科学接受的实在、属性或语言来解释心灵,从而对心灵进行自然化,使之在自然秩序中占有一席之地。I 立场是非还原论立场。它认为,心灵是不可还原的最基本的自然事实。我们的日

---

① C. McGinn, *Problems in Philosophy*, Blackwell, 1993, pp. 31 – 35.

常概念已经充分地表达在心灵的本质之中。M 立场是超自然的神秘主义立场。神秘主义认为，心灵不能完全根据自然的原因、规律和机制来认识，因而要破解心身关系之谜，就要由超自然的力量来完成此任务。E 立场是取消主义立场。在这种立场看来，根本不存在意识或心灵，应当从我们的本体论中将它们取消，由于否定了心灵的存在，我们从而就避开了心身问题。在这四种立场中，E 与 D、I 与 M 具有天然的联系，M 是 I 的逻辑结论，E 是 D 的一种极端的情况。因此，反对 D 的人会指责它是 E，而 M 也常被看成 I 的潜在支持者。不同的心灵哲学家会选定"DIME 模型"中的某种立场作为自己的立场，而当他们发现一种立场面临困境时又会倒向另一立场。例如，当他发现还原举步维艰时可能会选择非还原论立场，但当他不承认心理现象具有本体论地位时又会选择神秘主义立场，而可能会因神秘主义与科学发展背道而驰时又会接受取消主义。

上述四类心身学说都面临着各种问题：还原主义立场维护了世界的物质统一性，但无法解释现象意识，而且试图将心灵塞进不适当的概念框架之中；非还原论立场尽管承认心灵的独特特征，但无法说明它在自然界中的位置；神秘主义立场虽看上去是一种融贯的立场，但夸大了意识的神秘特征，也无法对心身关系做出合理的解释；取消主义立场代表了统一科学的理想，但它试图从认识论前提推出本体论结论，这就犯了唯心主义错误。另外，我们日常生活中根本无法离开信念、愿望等心理状态，因此它是难以置信的。上述四种立场有三个共同点：一是它们的解释都是麦金所说的"构造性的"解答，即都想用某种属性来解释大脑产生出了意识。二是它们都认为这四种解释已经穷尽了解决心身问题的所有立场。三是它们都认为我们的概念图式是完备的，我们的理性和认知能力能够解释心身问题。可以说，"DIME 模型"中的每一立场都不能解释心身问题，但它又是解释心身问题的常见模式。于是，心身关系研究似乎陷入了一个摆脱不了的怪圈：尽管四种立场都不可行，但人们又不得不选择其中之一，周而复始，循环往复。

麦金认为，首先，心灵哲学之所以陷入"DIME"的怪圈模式，是由于我们高估了自己的概念图式和认知能力，认为它们对于解答心身问题是充分的，实际上"心身问题"包含两个问题："什么是心灵或意识的基础"和"心身关系为何给我们造成了哲学困惑"。前一个问题是我们不能回答的问题；后一个问题只需要我们找到认为存在着解释心身问题的理论或属性的理由，而不管我们能否提出这种理论或属性，那么我们就解释了我们感觉心身问题如此难解的原因以及我们会陷入"DIME"这种怪圈模式的原因。其次，"DIME 模型"并未穷尽关于心身问题的所有回答，除此之外，我们还可以选择"先验自然主义"的立场，即将关于心灵的认识论问题与本体论问题严格区分开来，既主张心身关系是一种自然事实，能够做出自然主义的解释，又坚持能够解释心身问题的属性或原则是我们的理性不能理解和认识的。他说："TN 是 DIME 中所有立场的一个被忽略了的选项……它无疑比那些立场更可取。""DIME 是由于完全忽视了先验自然主义立场造成的；因此，先验自然主义可以将那些觉得这些步骤无用的人从其中解脱出来。"[①]

二 先验自然主义

麦金认为，心灵哲学要走出"DIME"的怪圈模式，就要承认人类缺乏解决心身问题的概念图式和认知能力，也就是要接受先验自然主义。那么，何为先验自然主义？通常认为互不相容的"自然主义"与"先验的"为什么能和谐相处呢？麦金说："哲学困惑的发生是由于我们的认知能力有固有的、明显的局限性，而不是因为哲学问题所涉及的事实或实在是内在地成问题的或奇特的。哲学超出了我们心灵的基本结构。实在本身无论如何都完全是自然的，但

---

① C. McGinn, *Problems in Philosophy*, Blackwell, 1993, pp. 17–18.

由于我们的认知局限性，我们无法实现这条普遍的本体论原则。我们的认识结构妨碍了对客观世界之真正本质的认知。我将这个论题称作先验自然主义。"①

他认为，从本体论上来说，世界中的一切都是自然的，但由于我们的认知能力有缺陷，从而难以洞察一些事物的真正本质。"先验自然主义"并不矛盾，其中的"自然主义"强调的是本体论问题，而"先验的"是指认识论问题，这种立场主张：世界上的一切在本体论上都是自然的，没有超自然的东西，但从认识论上讲，由于人类的认知能力有其自身的局限性，因此我们不可能理解所有事物或事物的所有本质。

我们可以对先验自然主义做如下分析：第一，哲学问题一般可分为四类，即难题（problem）、谜题（mystery）、假象（illusion）和议题（issue），难题在我们的认知限度之内且原则上能够解决的问题，包括日常生活和科学中的很多问题。谜题，是相对于我们的认知能力而言的，而不是就其所涉主题的自然性而言的。假象指的是各种假问题，没有任何答案。议题指的是具有规范性特征的问题，例如伦理学和政治学等方面的问题，我们难以对它们做出科学的回答。值得注意的是，难题和谜题是相对于认知者的认知结构来说的，某个问题对于一类认知者是难题，而对于另一类认知者却可能只是谜题，反之亦然。总之，难题和谜题没有本体论上的区别，只是具有认识论的意义。在麦金看来，哲学问题对于人类来说就是上述意义上的谜题而非难题，它超出了我们人类的认知能力，因而是我们永远无法解答的。总之，"就某类存在者 B 来说存在着问题 Q，那么先验自然主义认为，Q 所涉及的事物具有三个属性：实在性、自然性、相对于 B 的不可认识性"②。第二，先验自然主义与标准的自然主义、非自然主义都是对立的。标准的自然主义是一种

---

① C. McGinn, *Problems in Philosophy*, Blackwell, 1993, pp. 2 – 3.

② C. McGinn, *Problems in Philosophy*, Blackwell, 1993, p. 4.

彻底的自然主义，它主张一切真正的问题都能用认知者所能掌握的理论来解答。超自然主义承认自然/非自然本体论的二分法，有些问题所涉及的事实是超自然的因而不能为人们所理解。先验自然主义并未做出自然/非自然的本体论划分，而只是做出了一种可答/不可答的认识论划分，因此 TN 与非自然主义是截然相反的。麦金指出，TN 实际上是两方面的自然主义：既是关于实在的自然主义，也是关于我们对它的认识的自然主义，自然界超越了我们的认识范围，这正好可以说明我们认识一个自然事实。我们受特定生物构造的影响，在某些领域表现出认知缺陷，这是自然的。他说："生物的心理能力是自然主义的，具有自然的起源、功能和结构，此部分的世界并不必然应该能理解彼部分的世界。TN 的'先验'成分就是表达了关于心灵的自然主义。"① 第三，TN 所设想的先验性是指认知的封闭性论题（closure theses）。封闭性论题是指认知者的所有模块都无法处理某种知识。比方说，如果我们把心灵看成一把瑞士军刀，每种小工具对应一种认知机能，那么对有些认知任务来说，军刀上根本没有与之相对应的工具，这就是认知的封闭性。他说："就哲学来说，模块与问题之间不相匹配。所以得到哲学知识是非常困难的：哲学问题的认识论特征是由于对这些问题之主题的系统偏离。"当然，麦金本人更倾向于封闭性论题。②

因此，先验自然主义是本体论的自然主义与认识论的神秘主义两者的结合，它承认认识的先验性，又否认先验的就是非自然的。它认为，世界上的一切事物从本体论上来说都是自然的，但从认识论上说，有些事物我们现在无法理解，但随着人类对世界的认识逐步深入，今后可能会理解。然而，由于人类的心灵具有特定的认知结构，其认知能力也具有某种固有的局限性，一定有我们终究无法认识的事物。心身问题深奥难解的原因，从根本上说是由于工具与

---

① C. McGinn, *Problems in Philosophy*, Blackwell, 1993, p.5.
② C. McGinn, *Problems in Philosophy*, Blackwell, 1993, p.7.

任务不相匹配,对它的认识超出了我们的认知能力,这一领域是我们人类永远无法回答的谜题。

三 CALM 组合范式

既然心身问题是由人的认知局限性造成的,而这种局限性根源于人类特殊的认知结构,那么,这种认知结构究竟是什么?造成局限性的根源何在?麦金对此提出了一种猜想:具有似规律映射的组合原子论(combinatorial atomism with lawlike mappings,简称 CALM),它认为人类的认知结构是"组合范式"。

CALM 猜想是一种组合式的思维方式,它与某些主题相适应。大致来说,这种猜想认为,一切复杂事物都是依据特定的组合规律由基本元素构成的,因此,如果我们知道了某种东西的组成成分、组合原则以及它们如何随时间而发生变化就会对这种东西有所理解。例如,如果我们知道了分子、原子和夸克,也知道它们之间组合原则以及其运动变化的情况,我们就会理解这世界上的物体。这种组合式的思维方式不仅表达了基本成分间的共时关系,还表达了它们之间的动态关系。它实质上是借助成分之间的组合关系来理解某个领域。[①]

麦金认为,CALM 猜想是我们最普遍的思维方式,我们也正是借助于这种思维方式才得到了所有的科学理论,科学理论都具有 CALM 特征,例如,在物理学中,我们处理的是分布于空间之中以及组合操作的成分,组合出来的宏观的物体受似规律的关系控制,因此,物理事物就是组合规律与随时间变化的规律的一个函数。CALM 特征在几何学中最为明显,我们可以把 CALM 结构看作几何学思维方式。因为在几何学中,点、线、面、体等成分可以根据组合规则构成复杂的几何图形,定理也是根据基本的几何关系来证

---

① 陈丽:《心灵的神秘性及其消解——柯林·麦金心灵哲学思想研究》,科学出版社 2016 年版,第 17 页。

明，几何学具有我们在理解中所寻求的简单性。总之，"成分和组合原则是主要的，映射和功能关系比比皆是，复杂事物由简单事物构成的情况随处可见。空间、结构以及可被定义的关系就是一切"①。

因此，CALM 猜想实质上是一种几何学的，即空间化的思维方式，它不适于解释非空间的意识，尽管意识由大脑活动产生，但神经元不是意识的"原子"，意识不是由神经元及其活动组合产生的，例如当你感觉到你的大脚趾疼痛时，这个痛感的确是由于你的大脑皮层触觉区域的神经元引起的，但这并不说明你的痛感具有神经过程。经验与引起它的神经元之间并不是组合关系。因此，CALM 思维方式不适于解释心身关系问题。人们总是把 CALM 思维方式运用于解释心身问题，是因为我们在运用这种思维方式解释空间世界时取得了巨大的科学成就，CALM 思维模式事实上是科学研究的主导性思维方式，但科学的进展并不意味着科学的思维方式同样适用于心灵，除非心理现象也是位于空间中的事物。"DIME"怪圈模式的无限循环也是由于 CALM 这种组合论的思维方式，麦金认为，如果我们认识到自然界并不总以空间组合的方式运行，就能打破 CALM 对我们认知的控制，因此，"我们不仅需要一次'范式转换'，而且从本质上说我们需要具有一种全新的认知结构"。

第二节 意识的隐结构

众所周知，意识是大脑的机能，它产生于大脑并对大脑有因果相互作用，但两者又不相同。例如，大脑占据空间，而我们却难以把空间概念归于意识。比如如果有人问你红玫瑰的经验距离你的疼痛感觉多远，你可能会感到茫然，难以作答。总之，如果我们把空

---

① C. McGinn, *Problems in Philosophy*, Blackwell, 1993, p. 128.

间属性归属给意识,似乎就会犯赖尔(G. Ryle)所说的"范畴错误"。因此,心身关系问题难解的症结就在意识。要破解意识之谜,关键要对意识进行自然化,对意识的"产生问题"(the problem of emergence)和"具身性问题"(the problem of embodiment)作出自然主义的解释。在麦金看来,这两个问题是从不同的角度对同一问题的两种表述方式:一种是自下而上的策略,即在大脑中找到某种属性,由此揭示意识如何能从大脑中产生的,这就是产生问题;另一种是自上而下的策略,即在意识的本质中找到某种属性,用以说明意识如何能依赖于或具身于大脑活动,这就是具身性问题。因此,"具身性问题"不过是"产生问题"的另一表达方式,反之亦然。他说:"自下而上进行时,我们的目标是弥补我们在大脑属性方面的无知,而自上而下进行时,我们的目标是弥补我们在意识属性方面的无知。"① 基于这些分析,麦金指出,要破解意识之谜,就是要承认世界上存在某种属性 P,它既自下而上地解释了意识的产生问题,又自上而下地解释了意识的具身性问题,它既是大脑的属性也是意识的属性,属性 P 将意识与大脑沟通或联系起来的中介属性或关系属性,"它之于意识和大脑,就像重力之于行星及其绕轨运行、动能之于分子及其所组成的气体的活动、DNA 结构之于父母及其后代"②。麦金认为,意识具有一种隐秘结构,P 就是"意识的隐秘结构的一种属性"。

假定某种事物或现象具有深层的结构,在科学史上是一种常见的解释模式。一般认为,世上万物除了呈现出来的表面现象外,还有一种难以观察的结构。例如,我们尽管能看出桌子、石头的外面,但很难看出其原子结构和化学构成。我们身体的各个器官也有其隐结构,例如血液的功能离不开丰富的内在结构。而且当我们在解释一些未知现象或事物时,也往往假定一些内在的原因和机制,

---

① C. McGinn, *The Problem of Consciousness*, Basil Blackwell, 1991, pp. 59–60.
② C. McGinn, *The Problem of Consciousness*, Basil Blackwell, 1991, p. 58.

例如解释物理事物时，我们会假定原子、夸克、基因等作为外部现象的内部机制；在解释心理现象时，我们会假设无意识过程是一些难以解释的行为的原因。总之，"要解释能够观察到的物体，只能假设它们具有的东西比它们呈现出来的多。我们是通过推断隐秘结构来解释它们的外在表现的"①。

麦金认为，这种关于表层结构与深层结构的划分也适用于意识，意识除了能内省到的表层结构之外，也有一种隐秘的、内省不到的逻辑结构。② 人们之所以反对通过假设隐结构来解释意识，是因为对意识的形而上学本质有错误的认识。通常，人们认为其他自然现象都既有表层也有底层，但却认为意识不是一种"有层次的"东西，它是一种没有内部结构的"透明薄膜"，没有自然的"厚度"，也没有隐秘的方面。麦金认为，这种传统意识观是错误的，意识也"有一种秘密的底层、一种隐结构、一种隐秘的本质"③。

意识具有隐结构是麦金的一个大胆而新颖的假说。这种隐结构是推论或想象的产物，是一种理论的假设。但这一假设不仅有理论上或解释上的需要，而且还有形而上学的、逻辑的和经验的根据。第一，思想的逻辑属性支持意识的隐结构。语言哲学研究表明，由自然语句所表达的命题既有表面的语法结构又有深层的逻辑结构。例如，"当今的法国国王是秃子"似乎蕴含当今的法国国王是存在的，但法国实行共和制，"当今的法国国王"没有指称。之所以出现这种情况，是由于我们不了解表面语法结构下的逻辑结构。根据罗素的摹状词理论来分析"当今的法国国王是秃子"："有且只有一个X是当今法国国王，X是秃子。"后者是这个命题的逻辑结构。在上述分析中，"当今法国国王"不再是主词而成了谓词，这样"当今法国国王"的实在性就在分析中消失了，从而就消解了自然

---

① C. McGinn, *The Mysterious Flame*, Basic Books, 1999, pp. 141–142.
② C. McGinn, *The Problem of Consciousness*, Basil Blackwell, 1991, pp. 94–95.
③ C. McGinn, *The Mysterious Flame*, Basic Books, 1999, p. 140.

语言造成的困惑。显然，自然语言的语法结构与其逻辑结构不相一致是造成上述情况的根源。麦金指出，逻辑分析在揭示语言的深层逻辑结构时，也揭示了意识的隐结构。因为思想先于语言，语言具有的结构是由于思想所具有的结构。"当意识流泛起思想的细浪时，表面下就有一些模式，表层的搅动只部分地反映了这些模式。意识和语言一样，也掩盖了其底层的逻辑结构。"①

第二，从反事实的角度看，如果我们不承认意识具有隐秘结构，就无法解释意识状态如何与大脑相联系。意识在构成上与因果上都依赖于物理状态，这是客观的自然事实。但是，无论是用可知觉的大脑属性还是用可内省的意识属性，都无法对这一事实做出合理的解释。因此要说明意识与大脑之间的因果关系，除了取消论和超自然主义之外，只能假设意识具有隐结构，即假设意识有某种隐结构，它既不是意识被内省而来的现象学属性，也不是通常被人们认为的大脑的物理属性，我们对它既不能内省也不能知觉到，但它能够作为心身之间的桥梁，从而将两者协调沟通起来。麦金说，要解释意识的具身性问题，就要"承认意识状态有一种隐藏的自然结构，而非逻辑结构，它在意识状态的表层属性与其构成上所依赖的物理事实之间起中介作用。这些表层属性本身不足以将意识状态与物理世界可以理解地联系起来，因此我们必须假设某些深层次的属性，它们提供了所需的这种联系。一定存在某些属性，以便将意识与大脑可以理解地联系起来，因为它就是这样联系的；我认为，这些属性就属于意识的隐秘本质。对意识状态的物理控制需要有一种隐结构来把这些状态与身体的物理属性联系起来"②。

第三，盲视（Blindsight）现象为意识的隐结构提供了经验证据。盲视是神经学现象，它由脑损伤引起，患者能对一些简单的视觉信号做出反应，但却语言上否认能看见它们。例如，一个人的初

---

① C. McGinn, *The Problem of Consciousness*, Basil Blackwell, 1991, p. 99.
② C. McGinn, *The Problem of Consciousness*, Basil Blackwell, 1991, p. 100.

级视觉皮层 V1 区即纹状皮层受到大面积损伤后，如果你在患者面前左右移动某物体，然后请患者回答物体移动的方位，他会回答什么也没看见，但他却能猜对，这就说明盲视患者的大脑里仍存有移动物体的信息。① 因此，麦金认为，在通常的视觉中，意识经验一定有两种属性在起作用：一种是被内省到的表层属性，另一种是内省不到的深层属性，只有在两者的共同作用下，人们才能有正常的视觉。盲视患者没有现象学的视觉经验，却能对一些简单的视觉信号做出反应。这是因为两种属性出现了分离，外部刺激没有激活表层属性，却激活了深层属性，而深层属性是内省不能通达的。麦金说："当你看一个物体并要求报告它的属性时，你的经验中既包含一种你能通过内省确定的成分，也包含一种不能通过内省确定的成分，后者是在盲视病例中存在着。"② 也就是说，视觉经验包含着两个层次：一是可内省的现象学层次，二是不能内省的隐结构层次。因此，盲视现象也表明了我们必须承认意识"是一座复式楼"③。

第三节　空间概念革命及其障碍

麦金在对心灵进行自然化的过程中，面临着一个令人纠结的困境：如果要坚持自然主义而反对超自然主义和取消主义，我们就需要假定意识有一种隐结构，但无论是对意识之谜的诊断还是对意识隐结构的深掘，我们都受到了同样的困扰：由于受到认知能力的限制，我们无法形成与意识隐结构相关的概念，因而无法洞察心物关系的本质。尽管如此，麦金认为，我们至少可以得出两个结论：一

---

① 参见［英］丹尼尔·博尔《贪婪的大脑》，林旭文译，机械工业出版社 2013 年版，第 141—143 页；［美］克里斯托夫·科赫《意识探秘——意识的神经生物学研究》，顾凡等译，上海世纪出版集团 2005 年版，第 306—307 页；［英］弗朗西斯·克里克《惊人的假说》，汪云九等译，湖南科学技术出版社 2000 年版，第 176—178 页。
② C. McGinn, *The Mysterious Flame*, Basic Books, 1999, p.149.
③ C. McGinn, *The Mysterious Flame*, Basic Books, 1999, p.150.

是当前的物理学不完备，我们对物理实在的认识有缺陷，解决心身问题必须建立新的物质观；二是我们对意识本质的认识也有缺陷，解决心身问题也要建立新的心灵观。而要建立新的概念图式，我们需要首先重新考虑空间的构成，因为传统认为大脑有空间性而意识是非空间的，因而非空间的意识如何产生于、具身于空间性的大脑就成了难解的问题。由此可见，产生问题和具身性问题其实都源于意识的"空间问题"。而空间问题的存在，是由于我们认知结构中所隐藏的空间概念图式未能反映空间的真正本质，那么建立新的物理概念和心灵概念的一个重要前提就是要建立新的空间概念。

众所周知，笛卡尔认为心灵与物质的区别在于，心灵能思想而无广延而物质有广延但不能思想。从那时起，非空间的心灵如何能从空间性的世界中产生的问题就一直是哲学家们争论的一个焦点问题。哲学史上对这个问题主要有超自然主义的解答和自然主义的解答两种。前者以各种二元论为代表。它们承认心灵是非空间的但否认是从物质中产生的，认为心灵独立于物质，拥有自主的存在地位：它要么始终存在，要么是和物质同时产生的，要么是由于上帝的作用才产生的。总之，心灵不是物质的产物，而是一个独立的本体论范畴，因此空间问题是基于一个错误的前提而提出来的。后者以各种唯物主义心灵理论为典型。它们承认心灵产生于大脑但否认心灵是非空间的，认为心灵并不是细胞结构和过程之上的东西，意识状态和大脑状态一样是空间的，心灵的非空间性是源于我们误解了实在的真正本质而产生的一种错觉。麦金认为，人们之所以否认心灵或意识有空间性，是由于他们把空间和意识的本质及关系弄乱了，其实上述两种回答并非水火不容，我们可以对两者加以吸收，提出第三种解答，即意识既产生于大脑又是非空间的。他说："大脑不可能只有当代物理科学所承认的空间属性，因为这些属性不足以解释大脑产生意识的成就。大脑除了所有的神经元和电化学过程外，一定还有当代的物理世界观所未表达的方面，这是我们完全未知的。根据这种观点，我们关于实在，包括物理实在的看法就很不完善。要解释意识的产生，我们需要发动一场概念革命，在这场革命中会确认一些全新的属性和原则。"① 在他看来，"空间问题"的症结在于我们没弄清"空间如何构成，以及由哪些要素组成"这个更根本的问题，质言之，就是由于我们的常识空间观是错误的。

根据常识的空间观，"空间是一个可视的、为某对象提供运动条件的东西，形象地说，空间是一个装实物的框子。它在数量上是一，要么是一个实在（牛顿），要么是一种属性或存在方式（莱布尼茨等）。从构成上说，它有三维，有中心，等等"②。可以说，三维空间是事物的存在方式，根据它可以判定某个对象是否存在。倘若真是如此，那么由于意识没有这样的空间性，我们当然可以据以取消它的存在地位。在麦金看来，意识的产生、存在和作用是客观的事实，因此面对这样的矛盾，我们不是要修改关于意识的理论，而是要修改传统的空间概念。他说："有意识的心灵是另一种反常现象。它们也对我们的空间观提出了挑战，似乎使空间与意识的共存是不可能的。但是……心灵与空间中的物质有因果关系，因此它们不可能完全处于空间之外。而如果空间包含一切有因果作用的东西，那么有意识的心灵在某种意义上就一定处于空间之中。"③ 也就是说，如果空间只包含三维的物质，意识显然不在空间之中，因此心身作用就成了问题，但如果空间包含一切具有因果作用的东西，那么意识就不可能外在于空间。他说："或许客观的空间有一种结构，能顺理成章地既包含物质又包含意识，不过这种包含方式并不是我们当前所理解的空间的一部分。"④ 他认为，传统的空间观根本没有反映空间的真正本质，因为它把空间与非空间绝对割裂开了，

---

① C. McGinn, *Consciousness and its Objects*, Clarendon Press, 2004, p. 104.
② 高新民：《心灵与身体——心灵哲学中的新二元论探微》，商务印书馆2012年版，第562页。
③ C. McGinn, *The Mysterious Flame*, Basic Books, 1999, pp. 127–128.
④ C. McGinn, *The Mysterious Flame*, Basic Books, 1999, p. 124.

人为地在它们之间制造了一条不可逾越的鸿沟，这样一来，非空间的意识如何能从空间性的物质产生，就成了一个永远无解的难题。如果我们洞察了空间的真正本质，就会明白意识既产生于大脑又具有非空间特征。

因此，要解决空间问题，首先要变革常识的空间观。其实，科学史上关于常识的空间观已经历过多次变革，甚至可以说物理学和天文学中的许多重大进展都与此有关。例如，相对论和量子力学否定了欧几里得式空间概念，而代之以弯曲的时空观。麦金认为，回顾科学发展历程有助于我们诊断有关意识的问题，因为意识也是一种对常识空间观造成了压力的现象。常识的空间观认为，意识是一种没有空间的现象。在麦金看来，这只是一个认识论的事实而非一个本体论事实，换言之，这只是说明我们缺乏用以理解这种关系的理论。意识和空间本身一定是以某种自然方式相联系的，但要说明这种关系，我们就需要以完全不同的视角来看待空间。他说："我们用'空间'所指称的东西有一种与我们以通常所认为的东西不同的本质；它的不同是因为能'包含'我们现在所设想的非空间的意识现象。空间中的东西能够产生意识，只是因为这些东西在某个层次上并不只像我们所认为的那样；它们拥有某个隐秘的层面或原则。"①

在麦金看来，我们要理解空间的本质，需要重新审视宇宙大爆炸理论。根据大爆炸理论，137 亿年前，一个密度无穷大"奇点"发生了大爆炸，之后宇宙开始膨胀，并逐渐扩展和演化，空间、时间以及万物随之产生。② 后来，随着宇宙的演进，世界上逐渐出现了生命、神经细胞以及脑器官，并最终产生了意识。总之，宇宙万物的产生，最终都能追溯到大爆炸这个初始起点。而麦金认为，大

---

① C. McGinn, *Consciousness and its Objects*, Clarendon Press, 2004, p. 105.
② 参见［英］帕特里克·摩尔等《大爆炸——宇宙通史》，李元等译，广西科学技术出版社 2010 年版，第 26 页。

爆炸并非一切存在的开端，大爆炸也有自身的原因，由于空间是随着大爆炸产生的，因此大爆炸之前的宇宙肯定不是空间的，这就意味着空间是从非空间的或前空间的结构产生的。就此而言，大脑产生意识的过程与大爆炸产生宇宙的过程是逆向的过程：大爆炸从非空间的宇宙产生了空间的宇宙，而大脑从空间的大脑产生了非空间的意识。因此，搞清楚大爆炸如何从非空间中产生空间，有助于理解意识之谜。宇宙学家之所以认为大爆炸是宇宙万物之源，是因为他们犯了一个唯心主义谬误，即从我们对大爆炸之前的状态一无所知的认识论前提得出了之前什么也不存在的本体论结论。事实上，大爆炸只是宇宙演变过程中的一个插曲。既然空间产生于非空间的结构，那么根据质能守恒定律，这种非空间结构在大爆炸后仍会以某种形式存在。这样，大爆炸之后，宇宙中就既有空间的结构，也有前空间的或非空间的结构，这些原始的前空间结构既是物质的原因也是心灵的原因，它们既解释了大爆炸也解释了意识的产生，因此它们是"最基本的实在，是它们在大爆炸时被转换成了物质，也是它们使物质能通过脑组织的形式产生意识"[1]。从意识的角度来说，大脑能够产生意识，利用的就是大爆炸之前就存在的这些宇宙属性，这些属性在大爆炸之后仍然存在，只不过被空间和物质覆盖了。大脑复活了这种非空间的结构，使它呈现为意识的外观，在这种意义上，不难看出，意识其实比空间中的物质更古老。

根据麦金对大爆炸理论的新阐释，我们当前的空间概念只部分地反映了空间的本质，真正的空间既包括我们现在所理解的空间，也包括大爆炸之前的非空间结构。也就是说，真正的空间＝现在的空间＋非空间结构。根据这种新空间观，意识的隐结构和大脑的未知属性实际上是客观空间的未知结构，即大爆炸之后保存下来的宇宙的前空间结构，正是它使得意识牢牢地锁定在大脑、行为以及环

---

[1] C. McGinn, *The Mysterious Flame*, Basic Books, 1999, p. 121.

境的物理世界之中。麦金说"产生的原则和具身性的原则是一致的",大脑产生意识所利用的未知属性与意识的使自身具身于大脑的隐结构是重合的,对意识做出解释的未知的大脑属性就是意识的隐而不彰的方面,它们只是"一枚硬币的两面","我们只是描述了两种接近同一些未知事实的方法,即从大脑的方向或者从意识的方向。最终,告诉我们大脑有一个未知的方面的根据也是相信心灵有一个未知的方面的理由"。①

彻底的概念革命是解决心身问题的必要前提,但这并不意味着人类能完成这场革命。麦金指出,虽然我们知道心身问题的解答必须采取分析的同一性陈述,这种解答将使用能揭示意识的深层结构的新概念,也涉及关于空间、物质和意识的本质的新概念,但由于人类认知能力的限制,我们无法获得这些新概念。也就是说,我们知道目前的理论不合适,也知道正确的解答必须建立新的空间观、物质观,还承认意识有一种隐结构,但我们提不出能满足这些条件的理论。他说:"能看出理论的缺陷何在是一种见识,但能否填充这种缺陷却是另一个问题,我对后者持否定回答。"②

麦金认为,要完成概念革命,我们不仅需要来一次"范式转换",而且本质上需要一种全新的认知结构,这是因为尽管范式转换在科学史上经常发生,但解决心身问题所需的这场概念革命与以往的科学革命都不同:过去的范式转换不要求超越人类的认知能力,只要求我们基于已有的认知能力提出新的概念和理论,但解决心身问题却"需要一种视角的转换,而不只是一种范式转换,不只是一种世界观的转换,而且是理解世界方式的转换。我们需要变成另一种完全不同的认知存在物"③。倘若真是如此,那么如果我们只有目前的认知能力,肯定无法实现概念革命。麦金指出,在漫长的

---

① C. McGinn, *The Mysterious Flame*, Basic Books, 1999, pp. 155–156.
② C. McGinn, The Mysterious Flame, Basic Books, 1999, p. 219.
③ C. McGinn, *Consciousness and its Objects*, Clarendon Press, 2004, p. 24.

进化过程中，随着人脑构造的变化，人类的认知能力也得到了相应提升，那么从理论上说，我们也可以通过人工选择方法特别是基因工程改变人脑结构，以此来完成概念革命，获得解决心身问题的能力。就此而言，假如意识有一种内省不到的隐秘结构，而这种隐秘结构包含着心身问题的解答，那么解决心身问题的途径就是要拓展人类内省的范围。由于人的内省能力依赖于大脑构造，而大脑构造最终又由基因决定，因此原则上我们可以通过操纵基因来扩大内省能力的范围，洞察包含着心身问题解答的隐秘结构，从而完成概念革命的任务。这个过程就像显微镜的发明，人们用它看到了一个新的实在层次，而一些旧的难题也会随之消失。同样，对于心身问题来说，我们实际上就是要找到一种能洞察意识的隐秘结构的"显微镜"或"生物装置"，它根本不能由自然进化而来，但我们可以寄希望于基因工程，因此人类心灵在经过恰当的遗传设计后有可能找到解决心身问题的新概念。[①]

基因工程的方法实际上是把人变成了另一种智能存在物，这除了伦理上的顾虑之外，还有其他代价。基因工程可能会彻底改变人脑的结构，与之相伴，我们将失去一些目前珍视的品质。麦金指出，我们表征事物的主导性方式是空间表征，这是由于我们的身体是空间性的物体，它们与世上其他物体的空间关系决定着我们的命运。但如果解决心身问题需要一种迥然不同的智能形式，我们可能就必须放弃当前这种表征事物的方式，而这会让人类在空间的世界上寸步难行。在改变大脑结构之后，"我们可能享受到了解答心身问题的愉悦，但生活方面却可能非常凄凉、难以忍受"，因此，即使我们通过基因工程能设计出一个能解决心身问题的大脑，它也可能是无人想要的大脑。

麦金对其心灵哲学思想的论证更多的不是基于历史事实的归

[①] C. McGinn, *The Mysterious Flame*, Basic Books, 1999, p. 221.

纳，而是基于对心灵或意识的存在条件和根据的追溯所进行的演绎。其基本思路是：既然心灵或意识是一种客观的现象，那么它一定有其产生和存在的条件和根据，而这些条件和根据只能是自然的，因为心灵或意识是自然中实际存在的事实，这就意味着大自然已经解决了意识的产生问题和具身问题，因此我们既不能接受超自然主义的解释也不能赞成取消主义，那么我们就只能到自然中去探寻心灵或意识的存在条件和根据，但由于运用我们现有的认知能力和概念工具都难以完成这项工作，因此剩下的可能就只是：我们的认知能力有局限性、我们的概念不完备。可以说，他的心灵哲学思想建立在反思人类认知构成的基础之上，试图证明我们没有一种既能认识意识又能认识大脑的机制或能力，在某种意义上，这可称作心灵哲学研究中的"哥白尼式革命"，即把心身问题研究的目标转向了人类认知能力或认知结构本身。他在表述自己的理论时，根据不同语境使用了"本体主义""存在的自然主义""先验自然主义""不可知的实在论"等不同的名称，弗拉纳根等人也用"反构造的自然主义""本体的自然主义""新神秘主义"等来称呼它。[①] 不同称呼之间并没有矛盾，都是从不同角度和方面揭示了他的心灵哲学思想的实质和特点。

　　称之为"本体主义"或"本体的自然主义"，是借用了康德关于本体与现象的区别。康德在阐述灵魂与身体的协同性（交相作用）问题时指出："众所周知，由这个任务所引起的困难在于预设了内感官的对象（灵魂）与外感官的对象的不同质性，因为在这些对象的直观的形式条件上，与内感官相联系的只有时间，与外感官相联系的还有空间。但如果人们考虑到这两种不同类型的对象在此并不是在内部相互区别开来，而只是就一个在外部对另一个显现出来而言才相互区别开来，因而那个为物质的现象奠定基础的作为自

---

① O. Flanagan, *Consciousness Reconsidered*, Cambridge, MA: MIT Press, 1992, p. 8.

在之物本身的东西也许可以并不是如此不同质性的，那么这种困难就消失了，所剩下的问题只不过是：一般说来诸实体的协同性是如何可能的。"① 也就是说，从"显现"的现象上说，心身之间具有不同质性，由此我们感到有一个关于心身关系的难解的形而上学问题，但从本体或者"自在之物本身"来说并没有这样的心身问题。我们之所以把心身问题看成一个谜，是误把现象当成了本体，它反映了我们对于世界的一种扭曲而片面的观点。麦金认为，心身关系是一种自然关系，但这种关系是康德意义上的"本体"。他还说："绝对的本体主义与其否认不可否认的东西，倒不如在超自然的东西中行进。"② 这里的本体主义就是康德式的本体论，即认为物自体尽管不可认识，但却不能绝对否认它们存在。

称之为"存在的自然主义"或"先验自然主义"，针对的是"有效的自然主义"。后者认为，对自然中的一切我们都能实际地说明其充分必要条件，对之作出自然主义解释。而存在的自然主义是一个具有形而上学特征的论题，认为不管我们能否理解自然事物的产生过程，它们都不会是超自然的或违背基本规律的。麦金认为，有效的自然主义是一种唯心主义，因为它把人的理论建构能力作为了衡量自然事物存在的尺度，但没有人能保证我们有无所不知的能力。就意识来说，它是通过自然过程而产生的自然现象，但由此不能推出我们一定拥有理解这些过程及其本质的工具和概念。存在的自然主义适合于意识，也可称之为"超验的自然主义"，即表达了这样的观点：我们知道是一些自然事件使意识成了一种自然现象，但这些事实超出了我们的认识能力。换言之，从客观上说，意识和自然中的其他一切一样是自然的，但我们不能理解这种自然性的本质。

称之为"反建构的自然主义"或"不可知的实在论"，指的是

---

① ［德］康德：《纯粹理性批判》，邓晓芒译，人民出版社2004年版，第306页。
② C. McGinn, *The Problem of Consciousness*, Basil Blackwell, 1991, p. xii.

自然主义虽然正确，但我们对于意识的本质却难以建立一种自然主义的解释理论。麦金反复强调，不能把实在本身和我们对实在的认识混为一谈，意识之谜源于我们自身而非源于世界。从客观上说，心身关系并不神秘，是大脑的某种属性导致了意识的产生，只是我们无法认识这种属性罢了，但我们不能把不认识当成不存在或当成奇迹。说它是"新神秘主义"，强调的是它不同于传统神秘主义和现代超自然主义，仍是自然主义阵营内部的一种立场，它坚定地维护自然主义原则，反对各种传统的二元论和宗教神秘主义，但又认为意识是我们难以破解的一个谜。

不难看出，不管使用哪一种名称，都是想从不同的角度揭示麦金心灵哲学思想的特色，都想传递他的这种看法：意识是一个难解之谜，这不是因为它是一种非自然的现象或者超自然的奇迹，而是由于我们固有的认知局限性或封闭性，我们难以认识它的本质。用麦金本人的话说就是：意识"只是看起来是奇迹，因为我们没有掌握解释它的东西；它只是看起来不可还原，因为我们找不到正确的解释；物理主义只是看起来是唯一可能的自然主义理论，因为这就是我们所受到的概念方面的限度；它也只是看起来会招致取消，因为我们从我们的概念图式找不到对它的解释"。当然，认知封闭性有绝对和相对之分，就意识来说，一方面，如果存在上帝或具有更高智慧的心灵，那么意识对他们就不是神秘的，另一方面，如果能改变人脑的结构，拓展人的认知能力，那么意识也有可能对我们是不神秘的。

我们认为，麦金尽管声称自己坚持的是自然主义立场，但也要看到他的思想中还有另外一面，即二元或多元的倾向。确切地说，他的心灵哲学的基本立场是自然主义与二元论或多元论的"混血儿"。说其是二元论或多元论，一方面是因为他像一般二元论者一样承诺心灵的独立的存在地位，认为心灵具有不同于物质的特征，如它不占有空间或不"删除空间"、是不可感知的、可内省的、不可错的等。意识与大脑、心灵与物质在起源和存在方式上都有根本的差别。他说:"意识肯定不同于纯粹的大脑过程。比如说,我听到了'嘭'的一声本身就表现出它是不同于我大脑某部分中的电子活动的不同类型的东西。想到在海滩上行走,这种想肯定不同于我的大脑皮层中的无数的神经元的释放。"① 而"心与身在客观实在的层面形成一个不可侵害的统一体"②,我们就是由心灵和物质组成的混合物。另一方面,他又提出了一种新的本体论分类法,即空间、物质、场、心灵这四者之间存在重要的本体论差别,特别是物质与空间有本质的区别,两者虽然都有广延,但前者的本质属性是不可入性,而后者则是可入性的。因此,传统的心理/物理二分法具有误导性,我们应当将空间从"物理事物"概念中分享出来,给予其特殊的存在地位,心灵也不能被包括进目前的"物理事物"概念之中。

当然,他的二元论或多元论又是以自然主义为前提的。他说:"我关于宇宙的一贯立场是绝对的自然主义,因为没有严肃的理由支持有上帝、非物质灵魂和精神世界的存在。"③ 意识等现象尽管神秘莫测,但我们也不能诉诸超自然的原因来解释。他说:"我赞成的方案是自然主义的方案,而非构造性方案。我认为,我们尽管没法说明大脑中的什么东西产生了意识,但我敢肯定:不管意识是什么,它也没有什么内在的神秘性。"④ 这就是说,即使要说明意识怎样从物质中产生出来这一困难问题,也用不着通过构造去设想一种有解释力的东西,只需诉诸头脑中的自然力量就行了。在他看来,宇宙的基本实在是物质/能量的统一体,是世界中各种现象、事实、存在的基础,具体的物质形态、电子、场等都是这种基本实在所采

---

① C. McGinn, *The Mysterious Flame*, Basic Books, 1999, p. 24.
② C. McGinn, *The Mysterious Flame*, Basic Books, 1999, p. 230.
③ C. McGinn, *The Mysterious Flame*, Basic Books, 1999, p. 77.
④ C. McGinn, *The Problem of Consciousness*, Oxford: Basil Blackwell, 1991, p. 2.

取的不同形式，而"意识本身是物质的另一种形式"，"是能量的一种表现形式"。① 这种作为世间万物之基础的物质/能量统一体又可以追溯到宇宙大爆炸。他说："意识必定起源于产生宇宙中的一切物质的事件。如果我们认为自大爆炸最初时刻以来的宇宙史是一个物质分化过程，那么，意识就是物质分化的众多方式之一。"②

应当看到，麦金的自然主义是弱化形式的自然主义。尽管他主张应诉诸自然力量来解释心灵，但他所承认的自然力量比其他自然主义者的要多得多，他所说的意识的隐结构、空间的非空间结构、心灵原子、作为意识的特殊物质形式等都是其他自然主义者完全没想到的。也就是说，他承诺了"超自然"物的存在，但这种超自然物并不是神秘的、神学的实在，因为在意识的起源、存在和本质问题上，他既反对物理主义还原论，也反对超自然的神秘主义、取消论，他坚持的是"单一实在的多样变体主义"，这其实是介于还原论、同一论和有神论以及神秘主义之间的一种中间立场。

麦金像笛卡尔一样，把意识与大脑的一个区别归结为空间与非空间的区别，只是他通过空间概念革命，将空间结构和非空间结构都纳入了同一个空间概念之下，但这不过是把空间之外的二元对立变成了空间之内的二元对立罢了。就当代心灵哲学的发展来说，麦金的立场代表了一种新的走向：无论自然主义还是二元论，尽管相互之间还有对抗，但相互靠近并借鉴、吸纳对方的合理成分乃至基本原则越来越成为一种"潮流"。就麦金的自然主义二元论或多元论而言，尽管它是一种自然主义，但作为一种后现代立场，它又不认可激进的取消主义和乐观的构造自然主义，它试图"向科学主义的心脏插一枚道钉"，以抵制科学的狂妄；虽说它主张意识是一个难解之谜，但又不同意托马斯·内格尔的不可知论；虽然它承认意识与大脑截然不同，但它坚持反对各种非自然主义。可以说，在这

---

① C. McGinn, *Basic Structures of Reality*, Oxford Uniersity Press, 2011, pp. 178, 180.

② C. McGinn, *Basic Structures of Reality*, Oxford Uniersity Press, 2011, p. 181.

种理论里，自然主义与多元论、实体一元论与形式多元论、可知与不可知、本质与现象、空间与非空间、神秘与非神秘等因素都辩证地熔于一炉，自然主义表现出了与传统的物理主义和唯物主义不同的面貌。因此，对于当代坚持自然主义的心灵研究者来说，只说自己是自然主义者是不够的，你还必须说明自己采取的是哪一种自然主义形式。还要看到，在麦金的自然主义多元论中，在大爆炸之前就存在的物质/能量统一体、前空间结构具有重要的地位，但若真有这样的实在，它们就具有自身的本体论地位，那么当代物理学的本体论就要做出相应修改。由此可见，麦金的奇思妙想不仅对心灵问题做出了新颖独特的解释，而且也提出了科学家没有解决的问题，如大爆炸这个"原点"之前是什么样子，大爆炸前的状态是什么，等等，这不仅拓展了心灵研究的视野，也有助于自然科学研究的深化。

第九章

自然主义二元论

无论就基本宗旨和主张还是就历史事实来看,自然主义都是与二元论相对立的一种学说。但随着心灵哲学的发展,自然主义阵营中出现了一些带有"混血儿"性质的理论,查默斯的自然主义二元论就是其中的典型代表。自然主义二元论一方面坚持自然主义的基本原则,另一方面又有与二元论融合的趋势。它是当代最弱的一种自然主义形式,坚持从自然主义出发来解决心灵哲学问题,始终以自然主义为基本原则,其重要表现就是要建立关于意识的真正科学。但与其他自然主义者不同,查默斯关注的是意识的困难问题而非容易问题,认为意识是自然界中根本的、不可还原的属性,意识之所以如此特殊,是因为它根源于物质实体中的原现象性质,物理和心理共同依赖于一种本原或根基即"心原"。因此,查默斯的自然主义二元论也被称为"泛心原论"或"泛心论"。当然,查默斯不同的场合对其思想也使用了不同的称呼,如"泛心原论""自然主义二元论""非还原的功能主义""两方面论",等等。

第一节 意识的困难问题和容易问题

查默斯认为,心灵哲学中意识提出了最令人困惑的问题,"我们直接知道的除了有意识的经验,再别无其他,但是再没有什么比这更难解释的了。近年来,所有的心理现象都受到了科学的研究,而唯有意识顽固地予以抵制"①。基于此，甚至有人提出，意识问题太难对付了，好的解释可能是无望的。不过，在查默斯看来，意识研究方面的困境，在很大程度上源于人们没有认识到意识问题本身的歧义性，从而把不同的问题混为一谈，如有的人提的是关于现象学意识的问题，而实际讨论的却是关于内省等心理意识方面的问题，这就像并没有采取实际行动却空许了承诺，根本没有实际意义。因此，要探讨意识问题，首先必须对意识问题进行细分。查默斯指出，"意识"是一个模糊的概念，它事实上可分为两个方面。一方面是心理意识，指的是各种心理性质，如可报告性、内省、自我意识等。另一方面指的是现象学意识或主观经验，即以某种方式感觉到的东西，也就是经验的主观品质，如经验到鲜明的颜色、疼痛或烦躁不安的瘙痒等。这种当下经验到的品质或者体验不同于引起此经验的外在刺激，也不同于在经验基础上抽象出来的概念。例如，花的颜色是由特定的电磁波构成的，这些电磁波能引起人们关于红色的经验，因此，红的经验肯定不同于特定的电磁波刺激，也不同于在经验基础上概括出来的"红"的概念，前者是第一人称视角，后者是第三人称视角。

意识问题也不只是一个孤立的问题，它指的是许多不同的现象，其中每一个问题都需要解释，但有些问题比另一些更难解释。从问题解决的难易程度来看，意识问题可分为"容易问题"和"困难问题"两类。所谓意识的容易问题，是指可直接接受认知科学的标准方法的处理、可用计算的或神经机制的术语来解释的问题，这些都是用还原论方法解决的问题。如对环境刺激做出分辨、范畴化和反应的能力、通过认知系统对信息的整合、心理状态的可报告性、系统理解自身的内在状态的能力、集中注意力等问题就属于这一类。所谓意识的困难问题，是关于意识所具有的不可还原的

---

① 高新民等主编：《心灵哲学》，商务印书馆2002年版，第360页。

主观方面的问题，它们难以用标准的认知科学方法来处理。查默斯说："意识的真正困难的问题就是关于经验的问题。当我思考和感觉时，有一信息加工过程的匆匆而过，但也有一主观的方面。……存在着可能作为有意识的有机体的某东西。这个主观的方面就是经验。例如当我们看时，我们就经验到一种视感觉：红色的被感觉到的质，关于黑暗和光亮的经验，视域的深度的质。其他的经验会以不同的方式伴随着知觉：清脆的声音，樟脑丸的气味。还有躯体感觉，从疼痛到极度兴奋；能内在地呈现出的心像；情绪的被感觉到的质，对有意识思想之流的经验。把所有这些状态统一起来的东西是：有某东西可能存在于它们之中。所有这些都是经验状态。"[①] 经验来自一定的物理基础，它们与大脑系统中的物理过程密不可分，但是大脑系统为什么以及如何产生了相应的经验状态，我们并没有找到令人满意的解释，这才是意识的真正的困难问题。值得注意的是，查默斯的"经验"与"现象意识""感受性质"等意义相当，只是他认为"有意识的经验"或"经验"更为自然和直接。他认为，只有把意识的困难问题与容易问题区别开，我们才能聚焦真正的意识问题，考察意识为何如此难解的真正原因。

容易问题之所以容易，是因为它们涉及的是对认知能力和功能的解释。而要解释认知功能，我们只需具体说明能够实现功能的机制就可以了。认知科学方法最适合于这类解释，因此也适合于处理意识的容易问题。例如，对于知觉辨认，我们可以说明神经的或者计算的机制负责区分相关的刺激。当然，对于很多意识现象，我们还不能确切地知道相关的机制是什么，但找到这些机制并没有原则性的障碍，解释相关的第三人称材料亦是如此。这种解释在科学的很多领域都是常见的。例如在解释基因现象时，需要解释的是通过繁殖传递遗传特征的客观功能，而当我们逐步理解 DNA 分子是如

---

① 高新民等主编：《心灵哲学》，商务印书馆2002年版，第362—363页。

何执行这一功能时，基因现象就可以逐步得到解释。

相比较而言，困难问题之所以困难，主要是因为它不只是关于功能执行的问题，即使我们解释了所有与意识相关的功能，如辨别、存取、整合、控制、报告等，但这些功能的执行为什么会伴随有经验这一困难问题依然未得到回答。因此，困难问题是不同于功能解释的问题，需要做出不同的回答。他说："在功能和经验之间存在着一解释鸿沟……我们需要通向它的解释桥梁。纯粹的功能说明仍停留在那鸿沟的一边，因此那桥梁的材料必须在别的地方去寻找。"①

在查默斯看来，对意识的困难问题已经有大量的研究，但这些研究都是有缺陷的，因为它们解释的目标只是指向了意识的容易问题。例如，克里克与科赫假定大脑皮层中 35—75 赫兹的神经振荡是意识的基础。尽管这对大脑中的信息整合提供了一般性的说明，但却未解释有关内容为什么被经验。再如，埃德尔曼的神经达尔文主义模型解释了有关知觉觉知和自我概念的问题，但对为何存在经验却未做出说明。还有，丹尼特的"多草稿模型"只解释某些心理内容的可报告性，福多的"直接层面"理论只说明了作为意识基础的某些计算过程，他们都没有涉及有关意识经验的困难问题。

查默斯认为，我们可以用简单的论证来反驳这些还原主张。（1）第三人称材料是关于物理系统的客观结构和动力学的材料。（2）低层次的结构和动力学只能解释关于高层次的结构和动力学的事实。（3）解释结构和动力学对于解释第一人称材料是不充分的。因此，（4）第一人称材料不能根据第三人称材料得到完全的解释。前提（1）是关于第三人称材料的一些特征，即它总是涉及物理结构的动力学；前提（2）表明根据对这些过程的解释也只能解释进一步的过程，这些过程之间可能存在巨大的差异，简单的低层次结

---

① 高新民等主编：《心灵哲学》，商务印书馆 2002 年版，第 367 页。

构和动力学产生了复杂的高层次结构和动力学,但仍然是结构与动力学循环;前提(3)说明解释结构和动力学只是解释了客观功能,但解释客观功能并不足以解释主观经验的第一人称材料。从(1)、(2)、(3)自然会得到结论(4)。但是,查默斯又不同意麦金等人的主张,即意识问题对我们具有认知封闭性,完全超出了人类理解的认知范围。他说,坚持这种悲观主义还为时过早,意识的困难问题正是充满希望和有趣的地方,还原论解释失败了,但这正是非还原论解释大展身手的时候。他说:意识经验是自然世界的一部分,像其他的自然现象一样,它迫切需要一种解释。这种解释的目标主要有两个:一是最核心的目标是解释为什么意识经验存在。如果意识来自物理系统,那么它是如何产生的?这个问题又会引发一系列具体问题,如有意识的经验自身就是物理的,还是说它只是物理系统的一个附属物?二是要说明如果有意识的经验存在,为什么个体经验会有质的不同。例如,当我睁开眼睛看见我的办公室时,为什么会有这类复杂的经验?为什么红色看上去是这个样子而不是别的样子?

第二节 随附性与泛心原论

既然现象意识不可还原为物理属性,那么,它与物理属性之间是什么关系、它们以什么样的方式相联系?一般来说,物理主义认为,现象意识在逻辑上随附于物理实在,它们可还原为物理实在;实体二元论承认现象意识的存在,但认为物理实在与现象意识是两种独立的存在。查默斯选择了一条折中路线。他认为,尽管世界上大多数事物都在逻辑上随附于物理事物,都可以用微观术语进行解释,但意识是个例外。为了对现象意识与物理事物之间的关系做出自然主义解释,查默斯提出了一种新的随附性理论,即自然随附性。

自然随附性是相对于逻辑随附性而言的。逻辑随附性表达的是一种较强的可能性和必然性。在任何形式的逻辑系统中，逻辑随附性不能按照可演绎性来定义，而要根据逻辑可能的世界或个体来定义。一般来说，当 B 属性在逻辑上随附于 A 属性时，我们可以说 A 事实蕴含 B 事实，如果前者成立而后者不成立在逻辑上是不可能的，那么一个事实蕴含另一个事实。因此，当 A 事实与 B 事实之间的逻辑随附性关系成立时，A 事实是如此，B 事实亦是如此。自然随附性表达的可能性和必然性更弱。当两种属性在自然界系统地相关时，这种较弱的自然随附性就会出现。例如，1 摩尔气体所施加的压力取决于它的温度和体积，那么根据定律 V = KT（其中 K 是一个常数），在现实世界中当给定温度和体积时，只要有 1 摩尔气体，它的压力就会被确定。也就是说，两个不同量的气体具有相同的温度和体积却有不同的压力，这在经验上是不可能的。由此可以推出：1 摩尔气体的压力在某种意义上随附于它的温度和体积，但这种随附性比逻辑的随附性要弱。1 摩尔气体在给定的温度和体积下具有不同的压力，这在逻辑上是可能的。我们可以设想有一个可能世界，其中的气体常数 K 更大或更小，因此这种情况只是一个有这种相关性的自然事实。在这个关于自然随附性的例子中，压力属性自然地随附于温度、体积和 1 摩尔气体的属性。一般来说，如果任何具有 A 属性的两种情形也具有 B 属性在自然的意义上是可能的，那么 B 属性就自然地随附于 A 属性。

意识不是逻辑地随附于物理实在，而是自然地随附于物理实在，对此我们可以根据"无心人"（Zombie）论证来进一步说明。"无心人"在物理上与我们正常人完全相同，包括心理状态、行为状态、功能状态都和我们相同，但他们没有主观经验。例如，他在说"我感觉到疼"时，事实上并没有疼的经验。因此，从外在表现看，"无心人"与我们几乎没有任何区别。当然，我们在现实世界中是找不到这样的"无心人"的，但从逻辑上说他们是可能的，我们完全可以想象存在与有意识的人类在物理上完全相同的"无心人"。查默斯认为，由"无心人"概念从逻辑上说可以理解可以推出这样的结论，即意识经验不可能在逻辑上随附于物理实在。在现实世界上，意识经验随附于物理实在，但这种随附性不是逻辑随附性而是自然随附性。物理实在与意识经验之间的必然联系不是以任何逻辑的或概念的力量来保证的，而是以自然法则为保证的。

查默斯认为，把逻辑随附性与自然随附性区别开意义重大。如果 B 属性逻辑地随附于 A 属性，再假设存在上帝，一旦他创造了具有某些 A 事实的世界，那么 B 事实就会作为一个必然的结果无条件地出现。然而，如果 B 属性只是自然地随附于 A 属性，那么在确定 A 事实后，为了要确定 B 事实上帝还有很多工作要做。例如，他必须查明将 A 事实与 B 事实联系起来的法则，一旦找到这样的法则，A 事实会导致 B 事实，但原则上还可能出现 A 事实不导致 B 事实的情况。也就是说，如果从逻辑上说存在与我们人类在物理上完全相同的"无心人"是可能的，那么意识的出现就是个额外的事实，因为意识的出现不是物理实在所保证的。这样一来，物理实在就没有穷尽世界上的所有存在形式，意识就是一种新的存在形式。由此就得出了二元论的结论，即世界上存在物理和心理两种特征。当然，这不是笛卡尔意义上的实体二元论，而是属性二元论。

查默斯坚持自然主义的基本原则，但他既反对物理主义，又抵制实体二元论化，最终选择了一条折中的自然主义二元论路线，在此基础上他还进一步提出了"泛心原论"来统一心物这两种特征。在他看来，现象意识根源于物理实在中的原现象性质或心原，这种原现象或心原是更为根本的特征。查默斯认为，现象学意识根源于物理实在中的原现象性质，"这种性质，是一种与基本的物理性质联系到诸如温度这种非基本性质的相同方式，再联系到经验。我们可以把它称为原型现象的（protophenomenal）性质，因为它们自身并不是现象，但它们一起就能产生现象。当然，我们难以想象原型现象的性质可能是什么,但是我们不能排除它存在的可能性。无论怎样,在大多数时间里,我们把基本性质本身仿佛作为现象来谈论"①。在他看来,心原或原现象性质是最为原始的、本原性的东西,物理实在以及我们经验到的意识都根源于这种根本的原现象性质。原现象性质与物理实在不同,它不是由微观粒子构成的,而是相对于人的主观认识才存在的东西。他说:"自然是具有内在(原)现象属性的实体构成,这些实体在时空中具有多方面的因果关系。据我所知,物理学就是从这些实体之间的诸关系中产生,而且意识是从它们的内在本质中衍生……这种观点承认意识在物理世界中有明显的因果作用,即(原)现象属性是所有物理因果关系的最终范畴基础。"② 这就表达了泛心论的两条最重要的原则:一个是心是世界的根本特征,另一个是心或心理属性是世界上普遍存在的东西。查默斯指出,原心或原意识是为解释现象意识的根源而给出的一种猜想,但他并不把泛神论作为其理论的基础。他说:"泛神论不是我观点的形而上学基础,宁可说,我观点的形而上学基础是配以心理物理学定律的自然主义二元论。泛神论只是经验随附于物理可能起作用的一种方式。在某种意义上,自然随附性提供了一个框架,泛神论仅仅是实现其细节的一种方式。"③

在查默斯看来,原现象等同于现象意识,那么对原现象属性的解释与物理概念就不属于同一范畴,这就意味着现有的科学原则、规律和术语是不适合解释原现象的,而且科学还应以原现象为形而上学基础。因此,查默斯的自然主义二元论要成立,就不能将意识建立在现有科学的基础和原则之上,关于意识的科学理论必须是一

---

① [澳] 大卫·查默斯:《有意识的心灵:一种基础理论研究》,朱建平译,中国人民大学出版社2013年版,第156页。
② [澳] 大卫·查默斯:《意识及其在自然中的位置》,载《心灵哲学》,斯蒂芬·P. 斯蒂克等主编,高新民、刘占峰、陈丽等译,中国人民大学出版社2014年版,第148页。
③ [澳] 大卫·查默斯:《有意识的心灵:一种基础理论研究》,朱建平译,中国人民大学出版社2013年版,第362页。

种崭新的理论。

第三节　意识科学及其形而上学基础

对于自然中的现象，人们往往用还原论的方法进行解释，如果能够还原为更基本的实在，它们就有实在性，否则就是不存在的。但并非一切现象都能用还原的方法来解释，基本的物理实在就不能通过还原为更简单的实在来解释，因为人们把它们当作基本的，这就要为它们如何与其他实在相关提供一种理论。例如，19世纪，电磁过程不能根据经典物理学的力学过程来解释，于是人们就引入了电磁电荷和电磁力来发展物理学本体论，用它们来解释新的基本属性和基本规律。查默斯认为，经验也是如此，要想对经验做出科学的解释，也要找到新的基本属性和基本规律，这样才能构建关于意识的科学理论。

这样的意识科学不是要想方设法对经验进行还原，而是在严肃对待第一人称材料的基础上，探讨第一人称材料与第三人称材料之间的联系。查默斯说："意识科学的任务是要将两类关键材料系统地整合到一个科学框架中，即将关于行为与大脑过程的第三人称材料与关于意识经验的第一人称材料相整合。当从第三人称的角度观察一个有意识的系统时，一系列特定的行为和神经现象就会呈现出来；当从第一人称视角观察一个有意识的系统时，就会呈现出一系列具体的主观现象。这两种现象都是意识科学的材料。"[①] 具体来说，意识科学计划可以分为六个子计划或步骤。

第一步，解释第三人称材料。意识科学的一项重要任务是对相关的第三人称材料做出解释，这并不需要涉及第一人称材料，但它仍然能够提供意识科学理论的重要成分。例如，有的研究者根据神

[①] D. J. Chamlmers, "How Can We Construct a Science of Consciousness?" in M. Gazzaniga (ed.), *The Congnitive Neurosciences III*, MIT Press, 2004. p. 1.

经共时性对捆绑问题做出了解释并指出，建立解释理论过程中的一个关键作用是由同步的神经元激活完成的。如果这是正确的，它将为解释知觉信息的整合提供重要的成分，而这反过来又与意识问题密切相关。当然，解释捆绑本身并没有解释意识的第一人称材料，但它有助于找到意识的神经相关物。

第二步，比较有意识的过程和无意识的过程。许多认知能力在有意识和无意识两种情况下都能进行，也就是说，无论有没有主观经验，认知能力都能进行。例如，外显（explicit）记忆和内隐（implicit）记忆之间的区别可以被看作有意识和无意识记忆之间的区别。外显记忆本质上是与所记信息的主观经验相联系的记忆；内隐记忆本质上没有这种主观体验的记忆。两种记忆的差异可以让我们看到第一人称材料方面的区别与第三人称材料方面的区别存在系统的联系。

第三步，研究意识的内容。意识经验具有复杂的表征内容。有意识的主体通常具有知觉经验、身体感觉、情感体验和有意识的思想之流等，其中的每种成分本身都很复杂。例如，视觉经验具有内在的结构，可以呈现颜色和形状不同的对象，这些复杂性包括意识的内容。我们可以借鉴心理学的研究成果，为感觉经验的第一人称材料与刺激的第三人称材料之间建立基本的联系。

第四步，寻找意识的神经相关物。这是意识科学研究的核心任务。意识的神经关联物（NCC）就是与意识状态直接相关的最小神经系统。据推测，大脑是作为一个整体的神经系统与意识状态相关的，但并非大脑的每个区域都与意识同等相关。NCC计划就是要分离出与主观经验直接相关的大脑区域。意识经验的不同方面，可能有许多不同的NCC。例如，某个神经系统与意识而非无意识相关，另一个神经系统与视觉意识的具体内容相关，听觉、味觉等意识是以不同的形式与意识内容相关的。这些都是在说明有关脑过程的第三人称材料与有关主观经验的第一人称材料之间的一种联系。

第五步，对这种联结进行系统化。随着科学的发展，人们会发现更多这样的系统联系，并对第一人称材料与第三人称材料之间的联系提出一些原则。例如，人们最终形成的对视觉意识的神经相关物的说明，不仅可以说明哪些神经系统与视觉意识相关，而且还会提出一些系统原则来解释视觉体验的具体内容是如何与这些系统中的神经过程发生共变的。

第六步，推断基本原则。如果上述五项子计划取得了成功，我们就可以提出将第三人称材料与第一人称材料联系起来的普遍原则。当然，这样的普遍原则还不是根本原则，它们仍然非常复杂，而且也仅仅局限于意识的具体方面，局限于特定的物种。因此，我们还要探究在这些基本原则背后发挥统一的根本原则，而根本原则具有普遍性和简单性。在理想状况下，我们应找出最普遍的、能适用于一切意识系统和意识经验的所有方面的根本原则，而且这个根本原则在形式上与基本的物理定律一样简单。

不难看出，建构科学的意识理论最重要的是两个方面：一是要把经验当成最根本的东西。经验与质量、电荷、时间、空间一样，是世界的根本特征，但这种特征究竟是什么，还需要进一步研究。查默斯认为，我们知道意识理论离不开对于我们的本体论来说是十分重要的某东西的附加物，我们可以增加某些全新的非物理特征，经验正是从中派生出来的。二是要向基本的自然规律中加入新原则。通常，我们可以根据与质量有关的基本原则来解释与质量有关的高层次现象，同样，我们也可以根据与经验相关的基本原则来解释与经验相关的现象。当然，新建立的心理物理原则与物理规律是不相干的，因为物理规律是一个封闭的系统，新的原则是物理理论的附加物。因此，科学的意识理论需要建立一种解释桥梁，用以说明物理过程是如何引起经验的。查默斯认为，意识科学是由一组心理物理原则构成，这些原则构成了科学的意识理论的基石，它们将物理过程的属性与心理过程的属性连接起来。这些原则主要是结构一致性原则、组织不变性原则和信息两面论，其中前两个原则是非基本原则，信息两面论是基本原则。

结构一致性原则，是指意识的结构与觉知的结构之间具有一致性。觉知就是与意识相关的各种功能现象以及经验的认知过程。当觉知的内容作为中枢系统存在的信息内容时，它们就能影响行为控制。也就是说，觉知是整个控制可以直接利用的，觉知的内容具有直接可存取性，即能做出语言报告的内容。尽管觉知是一个功能概念，但它与有意识经验直接相关，有意识就会有觉知，有意识经验，对控制行为和语言报告有效的认知系统中就会有与之对应的信息，反之亦然，当信息对执行和整个控制有效时，就会有意识经验。因此，意识与觉知之间存在直接的对应性。如果意识与觉知之间存在一致性，那么觉知的机制就是意识经验的关联物。组织不变性原则，是说两个系统如果有相同精密的功能组织，就会有同一的质的经验。如果我们在硅片上复制神经组织的因果模式，并让一硅片复制每一神经元及其相同的相互作用模式，那么就会有相同的经验再现。结构一致性原则和组织不变性原则不是基本原则，其原因有两个方面：一方面，尽管它们是科学的意识理论的最终组成部分，对意识理论的最终形式也有约束作用，但由于知觉和组织所涉及的是高层次的概念，因此它们与意识理论所要建构的根本规律仍不处于同一层面，它们仍然不够"基本"。另一方面，这两个原则对心理物理联系的说明仍然非常笼统并且证据也不充足，它们还只是建立起科学的意识理论的大体轮廓。

信息两面论是科学的意识理论的基本原则，它与信息概念密切相关。根据申农的信息理论，有信息，就有内在于信息空间的信息状态，而信息空间都有一种基本结构，其元素之间的差异关系表征了空间中不同元素的异同情况。信息空间是一个抽象对象，但我们在看到信息的物理状态时，就有一个空间上不同的物理状态，它们之间的差异可以通过因果路径传输。信息两面论就源于具体的物理信息空间与现象信息空间之间存在的同构关系。根据结构一致性原则，现象状态之间的差异有一种结构，它直接对应嵌入物理过程的差异，这样我们就可以在物理处理和意识体验中找到相同的抽象信息空间，因此就导致了这样一个自然的假设，即信息至少是某些信息有两个基本方面：物理方面和现象方面。这一假设具有基本原则的地位，它是从物理的东西中产生经验的基础，也是对此做出解释的基础。经验的产生是由于它是信息的一个方面，但同时它的另一个方面又体现在物理处理之中。总之，在查默斯看来，物理学规律是可根据信息来建构的。由于信息具有两面，在心理和物理之间架设桥梁即确定心理物理规律也可以根据信息来进行，这样一来，我们就得到了一种世界观，信息是根本的，它有两个基本的方面，分别对应于世界的物理特征和现象特征。

查默斯指出，一旦发现了经验与信息之间的根本关联，关于世界本质的更重要的形而上学就会应运而生，因为过去人们认为物理学是根据其他实在之间的关系来描述基本实在，而其他实在又是外在地描述的，它并不承认有内在属性，而信息的观点可以解释物理事物的内在属性。根据信息两面论，这种内在属性就是现象属性，因此信息的观点有助于我们理解"经验作为物理事物的内在方面何以能具有一种微妙的因果关联物"。

查默斯在不同场合对其理论使用了不同的称谓，如非还原的功能主义、泛心论、属性二元论等，这些称谓从不同侧面揭示了其理论的不同特点。但从上述分析可以看出，无论哪一种称呼，其实质都是围绕带有二元论倾向的自然主义展开的。科学的意识理论假定物理属性之外还有其他的基本属性，而且物理规律中也加入了新的心理物理原则，心物之间的这一桥梁法则解释了经验是如何从物理过程中产生的。因此，这种理论就具有二元论的性质。查默斯说："非还原论最好的选择是 D 类二元论、E 类二元论或者 F 类一元论，即互动论、副现象论或泛原心论。如果我们承认物理之物与现象之间存在认识论鸿沟,如果我们排除了原始的同一性和强必然性,那么我们就会被引导到了这三种观点中的一种。其中每种观点至少都有某种希望,没有一种有明显的致命缺陷。对我来说,我对其中的每一种都有些相信。我认为,在某些方面 F 类观点最有吸引力,但这种感觉主要还是建立在对其说服力一无所知的美学考虑之上。"①

当然,自然主义二元论不同于传统二元论,因为"它对传统二元论有诸多的超越,如它在承认意识是基本属性的同时,又承认意识有依赖于物理实在的一面。同时,它还把意识结构与大脑结构的同型关系、意识与功能组织的协变关系概括成心理物理规律"②。在查默斯看来,他的理论的整体结构仍是自然主义的,因为意识是一种自然现象,这是由基本的功能组织决定的。意识虽然依赖于功能组织,但又不等同于它,而是功能组织之上的一种属性。而要理解这一点,就要把决定关系与等同关系区分开,一事物由另一事物决定与一事物等同于另一事物是不同的,正如子女由父母的基因决定但他们又不等同于父母一样。因此,科学的意识理论是可以同科学的世界观共处的,它们与物理学理论并不矛盾。查默斯承认其理论的实质是自然主义二元论,他说:"从根本上说,可能存在一种根据这一规律得到系统阐述的意识理论。如果用一个名称来表示这个观点,最好的选择就是自然主义二元论。"③

查默斯的自然主义有一些离奇和猜想的成分,但它代表了心灵哲学中自然主义的弱化走向。当代心灵哲学中,自然主义不仅是一种与二元论相对立的学说,而且还出现了一种弱化走向,即它不再像科学自然主义那样与二元论处于彻底对立的状态,而是尽量向二

---

① [澳]大卫·查默斯:《意识及其在自然中的位置》,载《心灵哲学》,斯蒂芬·P. 斯蒂克等主编,高新民、刘占峰、陈丽等译,中国人民大学出版社 2014 年版,第 134 页。

② 高新民:《心灵哲学中二元论和自然主义发展的新势:以查默斯自然主义二元论为线索》,《学术月刊》2011 年第 9 期。

③ [澳]大卫·查默斯:《有意识的心灵:一种基础理论研究》,朱建平译,中国人民大学出版社 2013 年版,第 380 页。

元论靠拢，吸收其合理成分甚至接受它的一些基本原则。例如，查默斯认为要解决意识的困难问题首先要严肃地对待具有第一人称特征的现象意识，而现象意识虽然受物理实在决定，但物理实在不是唯一的决定因素，物理实在内部所隐藏的心原才是最根本的决定因素，而且心原甚至还是物理实在得以产生的原因。现象意识具有不可还原性，心原也有其独立的本体论地位，这些都是他接受了二元论基本原则的具体表现。

查默斯的自然主义二元论有其合理的因素，对我们理解意识具有启发意义，也有助于我们重新审视本体论自然主义。严格来说，事物的状态、过程、活动等都是不同的存在方式，每种方式都有其特殊的存在地位，因此它们都应该有本体论地位。例如，当我们感知到一朵花时所呈现出来的主观经验就是一种新的存在样式，它至少是一种不同于大脑活动的高阶状态。如果真如查默斯所说现象意识也是世界的根本实在，那么本体论图景就应当进行重新审视和变革。同时，科学自然主义特别是物理主义的意识解释已经穷途末路，心灵哲学要想在意识的困难问题上取得突破，就必须以更开阔的视野、以全新的思维方式来建构意识理论，就此而言，查默斯的自然主义二元论是对意识困难问题的一种可能解答，其探索的意义在于引发人们思考：是否只有跳出科学的藩篱才能直面意识的困难问题。舒梅克曾指出，查默斯的自然主义二元论即使遭遇失败也是可以理解的，因为他的论证依赖于他的直觉，如果这些论证失败了，但考察它们失败的原因仍有助于我们更深入地理解他所提出的问题。

当然，自然主义二元论也面临着一种两难困境。一方面，它需要回应传统二元论所面临的问题，如第一人称现象与第三人称材料是如何联系的；另一方面，查默斯也提到目前建立科学的意识理论仍存在难以克服的障碍。自然主义二元论否定了科学自然主义所蕴含的世界观，但它自身并没有真正建立起可行的科学意识理论，它只是指出现象属性是自然界的一种不可还原的属性,指出目前的物理科学无法对它做出解释,但这种现象属性究竟是什么,它只提出了信息两面论的构想,而这只是一种猜测,最终有走向神秘主义的危险。乔姆斯基就深刻指出:"在关于心灵研究的'自然主义探寻'方面与我们研究其他任何方面一样,都期望最终能与'处于中心的'自然科学相联系,从而使得构建的解释合理化……自然主义者在研究脖子之上的人时,要求我们必须抛弃科学理性,固执地实施科学从未考虑过的规定和先验的要求,或者其他背离正确研究规则的方式,从而在这一特定领域内成了一名神秘主义者。"①

---

① N. Chomsky, "Naturalism and Dulism in the study of Language and Mind", *International Journal of Philosophical Studies*, 1994, Vol. 2, No. 2, p. 182.

结　　语

20世纪下半叶以来，科学自然主义曾经一路凯歌猛进，在英美哲学中独占鳌头，成为一种"正统"主张，正如德·卡罗等人所指出的："似乎可以公正地说，分析哲学的命运如今在很大程度上是与科学自然主义的命运联系在一起的。这种推测产生于这一事实，即20世纪后期到21世纪初越来越多的分析哲学家都倒向了还原论（有人可能说好战的）形式的科学自然主义——它们依赖于非常严格的自然科学和（科学的）自然概念。"① 究其根源，主要是三个方面：一是人们普遍接受了"物理王国的因果封闭性原则"，即认为物理世界在因果上是封闭的，任何结果都不可能有非物理的原因；二是人们想对实在及其运行做出清晰而可靠的说明；三是自然科学的发展及其解释力的不断增强，坚定了人们用自然科学的成果和方法解释一切的信心。②

然而，从我们前面的考察来看，近年来这种形势开始变化，出现了一种新的走向，即科学自然主义越来越受到质疑，其强势地位

---

① M. De Caro et al (eds.), *Naturalism in Question*, Cambridge: Harvard University Press, 2004, p. 9.

② 参见 D. Papineau, "The Causal Closure of the Physical and Naturalism", in B. Mclaughlin et al (eds.), The Oxford Handbook of Philosophy of Mind, Oxford: Oxford University Press, 2009, p. 53; T. Clark, "Worldview Naturalism in a Nutshell", http://www.naturalism.org/worldview-naturalism/naturalism-in-a-nutshell; S. D. Schafersman, "Naturalism is Today An Essential Part of Science", http://www.stephenjaygould.org/ctrl/schafersman_nat.html.

开始动摇，人们开始对其本体论和认识论标准作"弱化"处理，从而提出了各种新的自然主义形式。究其原因，第一，解释多元论在大多数科学部门中成了没有例外的规则，而解释之所以是多元的，原因就在于本体论的多元性。凯切尔和杜普雷以生物分类为例指出，不同的分类法反映了物种的多样性，它们之间不是对与错的竞争关系，每种可行的分类法都挑选了自然中的合法种类。杜普雷说："我不否认基本粒子物理学最终有可能为我们提供关于某种东西——构成世界的终极材料的本质——的全部真理。我不相信除了物理学家的理论化所涉及的东西之外还存在非物质的心灵或神灵。然而，我相信存在无穷多的其他种类的事物：原子、分子、细菌、大象、人及其心灵，以及大象群、桥牌俱乐部、工会和文化。就这些事物最终是由物理学家所谈论的实在构成的而言，我和物理主义者意见一致。我的不同在于我对这种最低限制的构成物理主义的结果的评价。在我看来，关于物理材料的真理决不会成为关于一切事物的真理。"[①] 解释和本体论的多元论无疑对坚持一元论和还原论的科学自然主义构成了威胁。第二，量子力学和复杂进化系统理论的发展进一步暴露了科学自然主义的局限性。例如，量子系统和复杂系统的轨迹不是决定性的和可准确计算出来的。这与坚持决定论的科学自然主义不相符合。第三，科学自然主义自身还有很多没有得到很好解决的问题。如科学自然主义的自洽性问题。科学自然主义依赖于严格的自然概念，而这又依赖于严格的科学概念，但科学自然主义对科学的理解是有问题的。斯特劳德说，科学自然主义者想还原或取消颜色、价值、意义等，但要这样做他们就要理解我们关于颜色、价值和意义的信念的内容，而这是严格的自然概念所不允许的。杜普雷指出，科学自然主义认可物理主义的一元论和还原论，"自然主义是根据反对超自然主义来解释的，而后者又是依据

[①] J. Dupré, *Human Nature and the Limits of Science*, Oxford: Oxford University Press, 2001, p. 5.

唯物主义来兑现的；物理科学所提出的全新的物质概念使唯物主义变成了物理主义，而物理主义常被认为需要一元论"①。一元论是以科学的统一和物理学的完备性为基础的，但这两者本身就是超自然的神话。他说："相信任何一种科学的统一至少是不太有理由的。审视一下科学中所使用的各种方法就能看出，以方法为基础的统一性观念将无法存活。内容的统一性观念——以物理学的完备性为基础——似乎也缺乏让人信服的理由，而且更重要的是缺乏经验的支撑。"② 因此，"一元论以及当代一元论所依赖的科学统一学说……是一种新的神话的构成要素。一元论确实不是以经验论为基础的"③。再如心灵的自然化问题。科学自然主义承诺了物理世界的因果封闭性原则，但意向状态、理性和动因等都具有规范性的特征，因而似乎难以用这一原则来解释。麦克阿瑟指出，科学自然主义承诺了"因果的经验模型"（a causal model of experience），它在心灵与世界之间造成了一条因果鸿沟，并最终导致了科学自然主义难以回答的怀疑论问题。他说："自然主义者既不能回答也不能消除自然主义世界观所导致的怀疑论威胁。关于自然主义与怀疑论关系的常识观念与事实的情况截然相反。自然主义不是对怀疑论的治疗，而是其原因。"④ 比尔格拉米（A. Bilgrami）认为，意向状态本质上是规范的，它们不能还原为物理状态，而且意向状态也不是科学自然主义者所说的"倾向"（dispositions），而是"承诺"（commitments）。他说，"意向状态是内部的应当或承诺"，"不可能被自然

---

① J. Dupré, "The Miracle of Monism", in M. De Caro et al (eds.), *Naturalism in Question*, Cambridge: Harvard University Press, 2004, p. 39.

② J. Dupré, "The Miracle of Monism", in M. De Caro et al (eds.), *Naturalism in Question*, Cambridge: Harvard University Press, 2004, p. 51.

③ J. Dupré, "The Miracle of Monism", in M. De Caro et al (eds.), *Naturalism in Question*, Cambridge: Harvard University Press, 2004, p. 55.

④ D. Macarthur, "Naturalism and Skepticism", in M. De Caro et al (eds.), *Naturalism in Question*, Cambridge: Harvard University Press, 2004, p. 108.

主义地还原为倾向"。① 一个人可以有思考某事的承诺却不一定有这样的倾向，这与科学自然主义关于意向状态随附于物理状态的命题是矛盾的，因而这个命题只是一种自然主义的偏见。另外，科学自然主义对动因（agency）以及伦理学的和美学的规范性等也难以做出满意的解释。

新自然主义者与科学自然主义者还围绕一些核心论题展开了激烈的争论。比如，科学自然主义者认为"自然"和"自然的"等词语只指称自然科学本体论中的东西，而新自然主义者认为这个本体论命题过于严格，我们不能说不能被自然化的东西就是非自然的或超自然的，就要被当成虚构或幻觉。麦克道威尔（J. Mcdowell）指出，思想概念、规范性概念等所属的"理由的逻辑空间"是自成一格的，它不能被纳入科学规律，即不能归入自然科学在其中起作用的"自然的逻辑空间"，但这并不意味着理由空间中的概念就是非自然的或超自然的。事实上，我们是自然的一部分，只不过由于我们通过参与理由空间而与其他人共享了一种文化，从而获得了一种"第二自然"，但第二自然仍然是自然。② 再如，就科学自然主义的认识论命题来说，新自然主义者认为即使放弃"第一哲学"，哲学与科学也不是连续的，传统的哲学方法不仅完全合法，而且在定义哲学事业中还是必不可少的。

总体而言，新自然主义和科学自然主义都反对超自然主义，两者分歧主要集中在两大问题上，其他分歧都与此有关：一个是哲学与科学的关系问题。科学自然主义者认为哲学依赖于科学，它没有真正的独立性或自主性，新自然主义者则认为哲学的看法只要与当时最好的科学理论相容就行了，而无须从科学中借用主题、目的和

---

① A. Bilgrami, "Intentionality and Norms", in M. De Caro et al (eds.), *Naturalism in Question*, Cambridge: Harvard University Press, 2004, pp. 140, 142.

② J. McDowell, *Mind and World*, Cambridge, MA: Harvard University Press, 1994, "Lecture IV".

方法。另一个问题是如何处理科学的观点与自主体观点（agential perspective）之间有不同。科学自然主义者认为后者要么还原为前者，由前者接管、吸纳，要么被取消，而新自然主义者认为，自主体观点是不可还原、不可取消的，而且在理智上也很宝贵。双方争论的一个焦点是规范性问题：科学自然主义者否认规范性，如麦奇（J. Mackie）基于其"错误理论"（error theory）指出："如果存在客观的价值，那么它们将是一种非常怪异的实在，与宇宙中的其他一切都迥然不同。"① 在他看来，世界上不会有这类怪异之物的空间，因此规范性判断只是自称是客观的，其实是完全虚假的。普特南指出，这种反规范论是科学自然主义的意识形态标志，其吸引力来自对规范性的恐惧，但这种恐惧只有在科学主义的形而上学的语境下才说得通。② 考斯佳（C. Korsgaard）则对麦奇做出了针锋相对的反驳，他说："它们的确是怪异的实在，而且认识它们也不像认识其他东西。但这并不意味着它们不存在……因为与人的生活有关的最熟悉的事实是，世界包含着这样的实在，它们能告诉我们做什么并能教会我们做。这就是人和其他动物。"③ 考斯佳实际上预设了由康德、彼得·斯特劳森和托马斯·内格尔等人所倡导的观点，即对人可以从两种观点来看待：从客观的科学观点我们只能看到所生之事（happenings），而从主观的自主体观点我们只能看到所行之事（doings）。只有采用后一种观点，即把我们看成自主体，我们对规范和价值的反应才可以理解，规范和价值才不会看起来是怪异的东西。德·卡罗认为，两种观点的关系问题对于科学自然主义者和新自然主义者都至关重要。科学自然主义者的目标是证明自主体观点所涉及的概念要么能还原为自然主义的概念，要么是虚假

---

① J. L. Mackie, *Ethics: Inventing Right and Wrong*, New York: Penguin, 1977, p. 36.
② H. Putnam, "The Content and Appeal of 'Naturalism'", in M. De Caro et al (eds.), *Naturalism in Question*, Cambridge: Harvard University Press, 2004, p. 70.
③ C. M. Korsgaard, *The Sources of Normativity*, Cambridge: Cambridge University Press, 1996, p. 166.

的，如果他们成功了，自主体观点就被证明是错误的。而新自然主义者是要证明这些概念是合法的、不可还原的、不可取消的，如果他们成功了，就证实了自主体观点的合法性和自主性。因此双方的争论是一场"零和游戏"，哪一方若失利了，其所持的主张也将被否定。①

各种新自然主义尽管在理论的重点和细节方面存在差异，但都共有四个特征：第一，哲学的关注点开始从非人的自然转向人性（human nature），认为后者是偶然的力量在一定历史条件下的产物。第二，普遍对规范性持非还原的态度。如普特南所说，科学自然主义的主要动机来自对规范性的恐惧，因此它往往将自成一格的规范性当成超自然的东西，认为它亟须自然化。但新自然主义认为，自成一格的规范不能被理解为超自然的、神秘的、怪异的东西，相反它们是自然的真正的方面。例如，针对科学自然主义取消传统认识论课题的企图，金在权指出，如果证成（justification）从认识论中消失了，知识本身就也会从认识论中消失，因为知识概念与证成概念不可分割，而知识概念本身就是一个规范性概念。② 第三，都强调应在科学自然主义之后重塑哲学自身的形象。新自然主义承认应拒斥第一哲学，但否认哲学与科学是连续的，认为哲学有自己的自主性和独立性，有不同于科学方法的方法。此外，尽管科学发现能为哲学反思提供推动力，甚至有助于否定具体的哲学结论，但哲学的结果和权威性并不依赖于具体的科学发现的支持。第四，都坚持关于科学的多元论。它不仅否认化学和生物学能还原为物理学，而且认为科学统一的理想是一场尚未实现也不可能实现的白日梦，不仅没有能被称作科学方法的方法，而且也没有清晰的、有用的、争

---

① M. De Caro, "Varieties of Naturalism", in R. C. Koons et al (eds.), *The Waning of Materialism*, Oxford: Oxford University Press, 2010, p. 374.

② J. Kim, *Supervenience and Mind*, Cambridge: Cambridge University Press, 1993, pp. 224 – 225.

议的科学定义。另外，多元论也对科学自然主义的自然化方案持怀疑态度，认为他们根本没有认识到意向性、动因、意义等在我们的生活和经验中的重要意义。

黑格尔曾指出，一切哲学都是在概念中把握到的现实。自然主义的弱化走向本质上反映的是心灵本身的复杂性，反映了"心性多样性"这一客观的事实，正是由于心灵具有多样、多层、多态的特征，因此用一个模式来套多样的心灵肯定会对心灵的本质做出方枘圆凿的解释。① 事实也正是如此，各种科学自然主义理论的误区就在于把心灵当成了单一体或单子性的存在，从而想用一种模式来应对心灵的多样性，试图对其本质做出一劳永逸的解答。事实上，心灵和身体一样是一个矛盾复合体，包含形式多样、性质各异的心理个例和样式。从横向上看，各种心理样式和个例有无限多样。例如，心灵包括自我、心理行为或活动、心理过程、心理内容、心理对象或意向对象、感受性质等多种样式，这些样式之间具有差异性或异质性。因此，我们在探讨心灵的本质时，必须注意心理概念一名多实的特点，如"意识""思想""感觉"等表面上看有单一而明确的指称，但其实它们都有多种指称，而且其不同指称还有质的差异，毋宁说，它们所指的是不同的心理样式。例如，"意识"一词就指称多种心理样式，有时指一切有意识的心理现象的共同特征，有时泛指所有心理现象，有时指清醒的觉知状态，有时指注视、注意或人们常说的高阶思维，还有时指人的生动的、非理性的经验或"感受性质"，等等，因此，意识其实是一个复合体，包含意识活动、意识内容、体验或感受性质等不同的心理样式。思维、意志、情绪、情感等心理现象也同样有这种多形性或多态性特点，因此我们在认识心灵的本质时，不仅要关注这些形态各异的心理个例，还要注意它们所包含的各种心理样式。从纵向上看，各种心理

---

① 参见高新民、刘占峰《心性多样论：心身问题的一种解答》，《中国社会科学》2015年第1期。

现象又具有层次性、梯级性，而后者又表现出开放性、生成性的特点。而这些特点又反映了不同心理现象的存在方式和存在程度的差异。"存在方式"是指事物表现自己的方式，如有形事物是以个体的形式出现在有时空界限的机械秩序中，微观粒子是以相互缠绕、相互渗透的方式出现在微观世界的隐缠序中，[①] 还有的事物是以"随附于"物理事物的方式存在的，有些事物或现象是以高阶的方式存在的。"存在程度"是指事物的独立性、真实性程度。有的事物能独立存在，有的只能依附于其他实在而存在。在依附性的存在中，根据其离基础实在的远近关系，其存在程度会有量的细微差别，如表现为一阶、二阶、三阶等存在阶次，随着阶次的升高，其存在程度愈来愈低。以心理内容为例。它是心理活动加工或施加作用的东西。心理内容不同于外部对象，而是内在于心灵的东西，其作用是将对象呈现出来。它也有很多样式，如信息内容、概念内容、经验内容、表征内容等。心理内容作为一种高阶存在，是以抽象对象或形而上的方式存在的，因为它们虽然依赖于实现它们的大脑动力系统和心理活动，但又有相对的独立性，因而是基础存在之上的一种高阶存在。另外，心理内容还可作进一步的分解、组合，从而还可以在它们之上派生出更多更高阶的存在。不同的心理样式有不同的本质，如有的是大脑的机能和属性，有的是心理的产物，有的是大脑活动；有的是物理的，有的是物理的派生物，有的是非物理的；有的位于大脑之内，有的具有具身性和延展性。就此而言，心灵在特定意义上是没有统一性的，其界限、范围和数量也不是固定的。

当代各种弱化的新自然主义也在某些方面传递了心理现象的这些特点。比如，自由自然主义一方面从本体论上拓展了自然的范围，认为自然界不仅包含科学自然主义者所认可的实在，还包含没

---

① 参见［美］戴维·玻姆《整体性与隐缠序》，洪定国等译，上海科技教育出版社2004年版。

有因果作用的实在。从认识论上说，另一方面又拓展了理解模式的范围，认为理解能用非科学方法解释的属性也不要求任何与理性理解相矛盾的特殊的理解模式。因此，有些实在不能从科学上做出解释或消解，但也不是超自然的，因为它们不违反科学所研究的世界规律，也不是用反科学的方法理解的。朴素自然主义认为，包含心灵的世界是朴素自然的，自然界中既包含非人的自然，也包含与人性一致的自然，既包含"自在自然"，也包含"人化自然"。各门科学在描述、解释事件时会使用不同的语言和方法，而在描述和解释人及其心灵时必须将人的层次的解释和亚人层次的解释区别开，因为亚人解释强调人的某些部分，而人的解释关注整个人。近似自然主义则指出，信念、愿望等心理状态首先不是大脑状态而是整个人的状态，大脑只是思维的器官，真正的思维者只能是人，就自然实在来说，自然界具有生成性，会有新的实在诞生，而第一人称观点作为基本实在的组成部分，是进化的产物。总之，新自然主义在质疑科学自然主义的狭隘自然观和还原论取向时，对不同的心理样式及其性质进行了探究，呈现了心灵本质的复杂性。由此不难看来，当代自然主义的探讨不仅有助于解决许多理论的纷争，而且对哲学自身的发展也是有意义的。由于有不同的自然主义，因此人们对如何建设哲学便有了不同的看法。因此，可以说面对自然主义，"哲学站在了一个重要的十字路口"。根据强自然主义，哲学应通过自然化操作不断纯化，抛弃原有的错误和混杂，让哲学的方法、知识、本体论和概念与科学保持连续性。经过这样的纯化，哲学就变成了科学。而在科学自然主义之后，新的哲学方向在两个方面坚持了自然主义："一方面，将自然概念延伸到科学的自然之外，以便将人性的各个方面和规范性维度全部包含在内，另一方面，重新解释对哲学的基础主义抱负及其传统的对权威性的要求的否定。一个人可以接受不存在第一哲学，但仍可以肯定哲学可能具有自主性。"①

当然，虽然当代新自然主义看到了心理样式的多样性、层次的梯级性和性质的异质性以及心理个例的生长性、开放性，但它们在探讨心灵的本质时也有其自身的局限性。其一，它们仍然将心灵局限于某种样式或属性，而未对各种心理样式及其性质进行全面考察，最后得到的自然主义理论仍像科学自然主义一样将心灵当成了一个东西，只不过是把科学自然主义的整体心灵变成了心灵的某个模式，犯了以偏概全的错误。其二，正是由于没有看到心灵自身的多样性和层级性，因此它们对于心身问题、心脑问题的认识，其实不过是某种心理样式与身体或大脑的某些部位和活动的关系，由此所产生的认识当然不是全面的。因此，对于由新自然主义所启示的心灵哲学研究方向还有必要做进一步的深度挖掘。

---

① M. De Caro et al (eds.), *Naturalism in Question*, Cambridge, Harvard University Press, 2004, p. 17.

主要参考文献

一　中文文献

（一）中文专著

陈丽：《心灵的神秘性及其消解——柯林·麦金心灵哲学思想研究》，科学出版社2016年版。

陈波：《奎因哲学研究：从逻辑和语言的观点看》，生活·读书·新知三联书店1998年版。

高新民：《意向性理论的当代发展》，中国社会科学出版社2008年版。

高新民：《心灵与身体——心灵哲学中的新二元论探微》，商务印书馆2012年版。

高新民、储昭华：《心灵哲学》，商务印书馆2002年版。

洪谦：《维也纳学派哲学》，商务印书馆1989年版。

刘占峰：《解释与心灵的本质——丹尼特心灵哲学研究》，中国社会科学出版社2011年版。

倪梁康：《面对实事本身：现象学经典文选》，东方出版社2000年版。

田平：《自然化的心灵》，湖南教育出版社2000年版。

吴国盛：《科学的历程》（第二版），北京大学出版社2002年版。

赵敦华：《西方哲学简史》，北京大学出版社2001年版。

（二）中文译著

［美］戴维·玻姆：《整体性与隐缠序》，洪定国等译，上海科技教育出版社2004年版。

［澳］大卫·查默斯：《有意识的心灵：一种基础理论研究》，朱建平译，中国人民大学出版2013年版。

［美］丹尼尔·C. 丹尼特：《意向立场》，刘占峰、陈丽译，商务印书馆2016年版。

［英］丹尼尔·博尔：《贪婪的大脑》，林旭文译，机械工业出版社2013年版。

［英］弗朗西斯·克里克：《惊人的假说》，汪云九等译，湖南科学技术出版社2007年版。

［美］克里斯托夫·科赫：《意识探秘——意识的神经生物学研究》，顾及凡等译，上海世纪出版集团2005年版。

［德］康德：《纯粹理性批判》，邓晓芒译，人民出版社2004年版。

［美］欧内斯特·内格尔：《科学的结构》，徐向东译，上海译文出版社2002年版。

［英］帕特里克·摩尔等：《大爆炸——宇宙通史》，李元等译，广西科学技术出版社2010年版。

［美］罗伯特·威尔逊：《MIT认知科学百科全书》，上海外语教育出版社2000年版。

［加］史蒂芬·平克：《语言本能：人类语言进化的奥秘》，欧阳明亮译，浙江人民出版社2015年版。

［美］斯蒂芬·P. 斯蒂克等主编：《心灵哲学》，高新民、刘占峰、陈丽等译，中国人民大学出版社2014年版。

［英］托马斯·鲍德温编：《剑桥哲学史（1870—1945）》（上），周晓亮等译，中国社会科学出版社2011年版。

［美］唐纳德·戴维森：《真理、意义与方法——戴维森哲学文选》，牟博选编，商务印书馆2008年版。

［美］唐纳德·戴维森:《心理事件》,牟博编译,商务印书馆 1993 年版。

［英］W. H. 牛顿－史密斯主编:《科学哲学指南》,成素梅、殷杰译,上海科技教育出版社 2006 年版。

［美］约翰·塞尔:《心灵、语言和社会》,李步楼译,上海译文出版社 2006 年版。

［美］约翰·塞尔:《心灵的再发现》,王巍译,中国人民大学出版社 2008 年版。

［美］约翰·塞尔:《心灵导论》,徐英瑾译,上海人民出版社 2008 年版。

二 外文文献

D. Armstrong, *In The Nature of Mind and Other Essays*, St. Lucia: University of Queensland Press, 1980.

D. Armstrong, M. Charles, and U. Place, *Dispositions: A Debate*, London: Routledge, 1996.

A. Bird, *Nature's Metaphysics: Laws and Properties*, Oxford: Oxford University Press, 2007.

B. Bashour et al (eds.), *Contemporary Philosophical Naturalism and Its Implications*, New York: Routledge, 2014.

D. M. Borchert (ed.), *Encyclopedia of Philosophy*, 2rd., Farmington Hills: Thomson Gale, 2006.

J. Buchler, *AppendixIII to Buchler*, 1990.

J. Buchler, *Metaphysics of natural complexes*, NY: State University of New York Press, 1990.

L. R. Baker, *Explaining Attitudes*, Cambridge University Press, 1995.

L. R. Baker, *Persons and Bodies: A Constitution View*, Cambridge: Cambridge University Press, 2000.

L. R. Baker, *The Naturalism and First - Person Perspective*, Oxford: Oxford University Press, 2013.

M. Bunge, *Matter and Mind: A Philosophical Inquiry*, New York: Springer, 2010.

R. Boyd et al (eds.), *The Philosophy of Science*, Cambridge: MIT Press, 1991.

R. Bogdan, *Mind and Common Sense*, Cambridge University Press, 1991.

D. Chalmers, *The Conscious Mind*, New York: Oxford Univeristy Press, 1996.

L. Cahoone, *The Orders of Nature*, Albany, NY: State University of New York, 2013.

P. M. Churchland & P. S., Churchland (ed.), *On the Contrary*, Cambridge, MA: MIT Press, 1998.

P. S. Churchland and T. J. Sejnowski, *The computational brain*, Cambridge, MA: MIT Press, 1993.

R. Chisholm, *Perceiving: A Philosophical Study*, Ithaca. NY: Cornell University Press, 1957.

R. Chisholm, *The First Person: An Essay on Reference and Intentiaonality*, Minneapolis: University of Minnesota Press, 1981.

M. De Caro et al (eds.), *Naturalism in Question*, Cambridge: Harvard University Press, 2004.

M. De Caro et al (eds.), *Naturalism and Normativity*, New York: Columbia University Press, 2010.

N. Chomsky, *International Journal of Philosophical Studies*, 1994.

W. L. Craig et al (ed.), *Naturalism: A Critical Analysis*, London and New York: Routledge, 2000.

D. Dennett, *Brainstorms*, Bradford Books, 1978.

D. Dennett. *Reduction, Time, and Identity*, Cambridge University Press, 1981.

D. Dennett, *Content and Consciousness*, Routledge & Kegan Paul plc, 1986.

D. Dennett, *Consciousness Explained*, Boston: Little, Brown, 1991.

D. Dennett, *Dennett and His Critics*, Oxford: Blackwell, 1993.

D. Dennett, *Mind and Consciousness: 5 Questions*, Automatic Press, 2009.

D. Dennett, *Oxford Handbook of Philosophy of Mind*, Oxford: Clarendon Press, 2009.

F. Dretske, *Naturalizing the Mind*, Cambridge, Mass: MIT Press, 1995.

J. Dewey, *Logic: The theory of inquiry*, New York: H. Holt, 1938.

J. Dewey, *Experience and nature*, La Salle, IL: Open Court, 1958.

J. Dupré, *Human Nature and the Limits of Science*, Oxford: Oxford University Press, 2001.

M. Davies et al (ed.). *Folk Psychology*, Blackwell, 1995.

R. Descartes, *The Philosophical Works of Descartes*, Cambridge, England: Cambridge University Press, 1967.

P. Edwards (ed.), *Encyclopedia of Philosophy*, New York: Macmillan, 1967.

A. Fine, *The Shaky Game: Einstein Realism and the Quantum Theory*, Chicago, IL: University of Chicago Press, 1996.

J. Fodor, *Representations*, Brighton: Harvester Press, 1981.

J. Fodor, *Modularity of Mind*, Cambridge, MA: MIT Press, 1983.

O. Flanagan, *Consciousness Reconsidered*, Cambridge, MA: MIT Press, 1992.

O. Flanagan, *The Really Hard Problem: Meaning in a Material World*,

Cambridge, Mass: The MIT Press, 2007.

P. French, T. Uehling, Jr. , and H. Wettstein, eds, *Philosophy of Science*, Notre Dame, IN: University of Notre Dame Press.

P. A. French et al (eds.), *Philosophical Naturalism*, Notre Dame: Notre Dame Press, 1994.

Guttenplan (ed.), *A companion to the Philosophy of Mind*, Oxford: Blackwell, 1994.

M. Gazzaniga (ed.), *The Congnitive Neurosciences III*, MIT Press, 2004.

S. Guttenplan (ed.), *A Companion to the Philosohpy of Mind*, Cambridge, Mass: Blackwell, 1995.

B. Huebner and D. Dennett, *Behavioral and Brain Sciences*, 2009.

J. Hornsby, *Simple Mindedness: In Definse of Naïve Naturalism in the Philosophy of Mind*, Cambridge, MA: Harvard University Press, 1997.

S. Horst, *Beyond Reduction*, Oxford: Oxford University Press, 2007.

T. Honderich (ed.), *The Oxford Companion to Philosophy*, Oxford: Oxford University Press, 1995.

C. M. Korsgaard, *The Sources of Normativity*, Cambridge: Cambridge University Press, 1996.

D. Kahneman, *Thinking, Fast and Slow*, New York: Farrar, Straus and Giroux.

E. Kandel et al, *Principles of Neural Science*, New York: NcGran-Hill, 2001.

J. Kim, *Supervenience and Mind*, Cambridge: Cambridge University Press, 1993.

J. Kim, *Mind in a Physical World*, Cambridge MA: MIT Press, 2000.

J. Kim, *Physicalism, or Something Near Enough*, Princeton: Princeton

University Press, 2005.

J. Kim et al (eds.), *Blackwell Companion to Metaphsics*, Oxford: Blackwell, 2009.

M. S. Kalsi (ed.), *A. Meinong*, The Hague: Martinus Nijhoff, 1978.

P. Kurtz, *Philosophical Essays in Pragmatic Naturalism*, New York: Prometheus Books, 1990.

R. C. Koons et al (eds.), *The Waning of Materialism*, Oxford: Oxford University Press, 2010.

Y. H. Krikorian (ed.), *Naturalism and the Human Spirit*, New York: Columbia University Press, 1944.

B. Loar, *Mind and Meaning*, Cambridge, England: Cambridge University Press, 1981.

C. S. Lewis, *Miracles*, New York: Harper Collins, 1947.

D. Lewis, *Papers in Metaphysics and Epistemology*, Cambridge: Cambridge University Press.

G. Levine (ed.), *The Joy of Secularism*, Princeton, NJ: Princeton University Press.

P. Layton et al (ed.), *Oxford Handbook of Religion Philosophy*, Oxford: Oxford University Press, 2006.

R. Llinás, *I of the Vortex: From Neurons to Self*, Cambridge, MA: MIT Press, 2001.

W. Lycan (ed.), *Mind and Cognition: A Reader*, Cambridge Mass: Basil Blackwell, 1990.

A. J. Marcel and E. Bisiach, *Consciousness in Contemporary Science*, Oxford: Clarendon Press, 1988.

B. Mclaughlin et al (eds.), *The Oxford Handbook of Philosophy of Mind*, Oxford: Oxford University Press, 2009.

C. McGinn, *The Problem of Consciousness*, Oxford: Basil Blackwell, 1991.

C. McGinn, *Problems in Philosophy*, Oxford: Basil Blackwell, 1993.

C. McGinn, *The Mysterious Flame*, Basic Books, 1999.

C. McGinn, *Consciousness and its Objects*, Clarendon Press, 2004.

C. McGinn, *Basic Structure of Reality: Essays in Metaphysics*, Oxford: Oxford Uniersity Press, 2011.

De Caro M (Ed.), *Interpretation and Cause*, Dordrecht: Kluwer Academic Publishers, 1999.

I. Miller, *Husserl*, Cambridge, MA: MIT Press, 1984.

J. D. Madden, *Mind, Matter & Nature: A Thomistic Proposal for the Philosophy of Mind*, Washington, D. C.: The Catholic University of America Press, 2013.

J. McDowell, *Mind and World*, Cambridge, MA: Harvard University Press, 1994.

J. L. Mackie, *Ethics: Inventing Right and Wrong*, New York: Penguin, 1977.

P. Maddy, *Naturalism in Mathematics*, Oxford: Clarendon Press, 1997.

P. K. Moser et al (eds.), *Contemporary Materialism: A Reader*, New York: Routledge, 1995.

T. Metzinger, *Being No One: The Self – Model Theory of Subjectivity*, Cambridge MA: The MIT Press.

T. Nagel, *Secular Philosophy and the Religious Temperament*, Oxford: Oxford University Press, 2010.

A. O' Hear (ed.), *Current Issues in Philosophy of Mind*, Cambridge: Cambridge University Press, 1998.

D. Papineau, *Philosophical Naturalism*, Oxford: Blackwell, 1993.

J. Perner, *Understanding the Representational Mind*, Cambridge, MA: MIT Press, 1978.

J. Perry, *Identity, Personal Identity, and the Self*, Indianapolis: Hackett, 2002.

W. V. O. Quine, *Word and Object*, Cambridge, Mass: M. I. T. Press, 1960.

W. V. O. Quine, *Ontological Relativity and Other Essays*, New York: Columbia University Press, 1969.

W. V. O. Quine, *Quintessence*, Cambridge MA: Harvard University Press, 1990.

D. Rosenthal, *Research Group on Mind and Brain*, ZiF, University of Bielefeld, 1990.

D. Rosenthal, *The Natural of Mind*, Oxford: Oxford University Press, 1991.

J. Ritchie, *Understanding Natrualism*, Acumen, 2008.

J. Randall, *Nature and Historical Experience*, New York: Columbia University Press, 1958.

Stainton R, *Contemporary Debates in Cognitive Science*, Malden: Blackwell Publishing Ltd, 2006.

D. W. Smith et al (eds.), *Phenomenology and Philosophy of Mind*, Oxford: Clarendon Press, 2005.

E. Sober and D. S. Wilson, *Unto Others: The Evolution and Psychology of Unselfish Behavior*, Cambridge, MA: Harvard University Press, 1998.

F. Schmitt, *A Companion to Metaphysics*, Oxford: Blackwell, 1995.

J. Searle, *Freedom & Neurobiology*, New York, NY: Columbia University Press, 2007.

P. F. Strawson, *Individuals*, London: Methuen, 1959.

R. W. Sellars, *Evolutionary Naturalism*, Chicago: Open Court Press, 1922.

W. Sellars, *Science, Perception, and Reality*, London: Routledge & Kegan Paul, 1963.

后　　记

本书是国家社会科学基金"当代西方心灵哲学的自然主义及其弱化走向研究"的终期成果之一。课题从选题申报开始就得到了我的博士导师、华中师范大学高新民教授的悉心指导，特别要提到的是刘占峰老师，从结构到内容，从材料的收集到观点的凝练，每一步都离不开他的指导，受他的启发。

本书的主体部分在西子湖畔完成，感激那段专注的时光。这本书只是我学术研究"朝圣"之路上的一小步，但我能心无旁骛地完成这一步，是因为有人在我身旁默默"负重"同行。向为我创造学习和研究环境的家人表达诚挚的谢意，也向所有鼓励我的领导、同事和朋友表达感谢。

当代西方心灵哲学中的自然主义弱化走向形态很多，我挂一漏万地列举类型或许只是冰山一角。由于我的资质和精力有限，本书难免存在问题和缺点，向对我寄予厚望的老师表达歉意，也欢迎读者批评指正。

陈　丽

2023 年 5 月